병영문화와 인권친화리더십

병영문화와 인권친화리더십

김창주 · 유명덕 · 이원봉 · 박균열 공저

KCSI 한국학술정보[주]

머리말

베트남전 최대 격전장이었던 구찌현의 구찌땅굴 속에서 불가사의한 所懷를 경험하였다. '베트콩의 항전이 얼마나 위력적이었으면, 당시 세계 최첨단무기로 무장된 미군 보병 제25사단이 베트콩을 제압하지 못하고 철수하면서 구찌현 전체를 자유폭격지대로 선언했을까'라는 점이었다. 철수 후에도 구찌현에 대한 미군의 공격은 집요했다. 그 피해가 인정되어 구찌현의 자손들은 지금도 법률에 의해 군 복무를 면제받는다. 1975년에 불명예스럽게 철수한 미군은 제일 먼저 병역제도를 개선하였다. "징병제의 포기는 반역이다"라고 할 만큼 강력한 반대가 있었음에도 불구하고 지원제로 개혁하였고, 군대윤리로 재무장한 결과 미국은 걸프전과 이라크전에서는 베트남전에서와는 달리 좋은 성과를 거두게 되었다.

전승의 요결은 Hard Power와 Soft Power가 조화를 이뤄야 한다는 점에는 의문의 여지가 없다. 하지만 베트남전과 이라크전을 비교해 보면 Soft Power가 Hard Power에 못지않게 더 중요하다는 것을 알 수 있다. 건국과 건군 60주년을 맞이하면서, 올해가 선진한국의 건설 원년으로 선포되었다. 이를 뒷받침하기 위해 군은 정예화된 선진강군을 건설하기로 하였다. 그래서 우리 필자들은 Soft Power 중에서도 Man Power 부분에 대해서 실용적이면서 창의적인 공동의 연구를 강화하기로 다짐하였다. 전쟁을 억제하고 평화를 유지하며 평화를 완성하는 것은 결국 사람이기 때문이다. 이는 또한 최근 강조되고 있는 Smart Power의 또 다른 표현이라고 본다.

필자들은 모두 육군의 정훈장교 출신으로서 국가공동체 속의 가치교육과 고급리더십에 관심을 가져왔다. 국가를 중심으로 하는 연구는 지속적으로 협력하여 이루어져야 한다. 물론 국가기관이나 관련 연구소를 중심으로 체계적인 기획하에 이루어지는 국책형 보고서 형식의 연구도 중요하지만, 소규모의 학문적 연대에 의한 연구노력도 결코 소홀히 되어서는 안 된다고 본다. 이를 위해 저자들은 향후 계속해서 국가공동체를 위한 가치관과 의식 제고를 위해 힘쓸 것을 다짐하면서 그동안 축적해 온 개인 연구물들을 모아 작은 첫 출발을 도모하기에 이르렀다. 그 첫 저술의 제목으로 『병영문화와 인권친화리더십』을 설정해 보았다.

이 책의 제1장은 한국 군사사상의 기본인 爲國獻身 護國精神을 다루었고, 제2장은 한국의 병영문화를 다루었다. 제3장은 병력집약형의 대량 군에서 소수 정예군으로 싸우면 이기는 군을 건설하기 위해서 필요한 변수들을 찾아내어 현재 우리가 선택할 수 있는 대안을 살펴보았다. 제4장은 병사들의 위기인식을 탐구하고 그 관리방법을 제시했으며, 제5장에서는 신세대 장병들을 설득할 수 있는 기술도 소개하였다. 그리고 제6장과 제7장은 전쟁의 주역인 장병의 인권보장과 인권친화적인 리더십을 논했다.

이 책을 만드는 데는 많은 분들의 격려와 애정 어린 후원이 있었다. 사실 본인은 금년 말에 참으로 많은 보람을 안고 군문을 떠나게 된다. 지난 세월을 돌이켜 보면 많은 추억들이 떠오른다. 나의 소중한 추억과 보람을 새삼 많은 말로서 표현할 수는 없을 듯하다. 왜냐하면 나에 비하면 선배 전우들의 고생과 그 공덕이 너무나도 크기 때문이다. 지난 1970년 육군3사관학교에 입교한 이후 38년의 성상, 1976년 정훈장교로 전과한 지 32년, 특별히 이곳 육군종합행정학교 정훈공보학처의 군 교수로 부임한 지 25년 동안 많은 추억은 기쁨의 아쉬움이 되어 가벼운 눈물과 함께 앞을 가린다. 그동안 특별히 굽어 살펴주셨던 역대 학교장님, 역대 처장님, 그리고 선배 정훈장교님들의 격려와 보잘것없는 선배를 과분하게 존경해 준 후배장교님들의 후원은 결코 잊을 수가 없다. 특별히 이 작은 연구물에 함께 이름을 넣어주신 세 분의 교수님들께는 무어라 고마움을 표할 길이 없다. 유명덕 교수님, 이원봉 교수님, 박균열 교수님은 본인에게 군 교수로서의 학문적 자부심을 곧추세워 주시고 뜻을 함께해 주신 동지들이다. 좋은 책으로 묶어주신 한국학술정보(주) 관계자 여러분께도 감사한다.

이 책의 모든 내용에 대한 책임은 전적으로 저자들의 몫이다. 이에 대한 지적과 충고는 언제든지 고맙게 수용할 것이다.

2008. 7.
저자들을 대신하여
육군종합행정학교에서
김창주 사룀

목 차

제1장 한국 군사사상의 전통

이원봉*

1. 머리말

국가나 민족이 생존하기 위해서는 불가피하게 전쟁이라는 과정을 거쳐야 하며, 이 전쟁에서 승리하기 위해서는 전쟁에 관한 명확한 인식이 필요하고, 이러한 인식에 바탕을 둔 군사력 건설 및 군사력 운용의 지표가 될 군사사상이 선행되어야 한다.

한국 군사사상은 오랜 민족사를 통하여 우리 선조들의 피와 땀으로 얻은 고귀한 전쟁체험을 통해 형성되어 왔고, 동시에 이러한 전쟁에 직면할 때마다 우리 민족 특유의 군사적 인식과 전쟁 수행신념을 통하여 한국 군사사상이 우리 생활 속에 連綿히 이어 왔다. 다만 이 숨겨진 보석을 찾아내어 갈고 닦아서 빛을 내려는 우리 세대의 노력이 부족하였다. 그리하여 지금껏 한국 군사사상이 무엇이냐고 질문을 당하거나 우리 스스로 자문해보면 "이것이다" 하고 내놓을 수 있는 것이 마땅치 않을 뿐이다.

따라서 본 연구의 연구 배경 및 목적은, 우리 국민의 내면세계에 실재하고는 있지만 명확하게 드러나지 않는 우리의 고유한 군사사상을 발굴, 정리하여 민족사적 측면에서 재조명하고 이것을 오늘의 관점에서 발전적으로 재정립하는 데 있다. 동

* 국방대학교 교수. 이장의 내용은 필자의 다음 원고를 보완·발전시킨 것이다: 이원봉, "한국군사사상의 발전적 정립을 위한 제언", 『군사논단』, 한국군사학회, 제47호, 2006, pp.164－183.

시에 이것을 토대로 더욱 발전시켜 적과 싸워 이길 수 있는 사상적 기조를 설정하는 데 있다.

한국 군사사상을 발전적으로 정립하기 위해서는 몇 가지 작업이 필요하다. 먼저 군사사상의 일반적 개념을 명확하게 정립하는 것이 무엇보다 중요하다. 따라서 본 연구에서는 군사사상에 대한 기존의 선행연구 내용을 면밀히 분석하고 종합하여 그중 적합한 개념이나 방법론을 인용하고 적용할 것이다. 그리고 이 개념에 부합되는 한국군의 전통적인 군사사상을 고조선부터 시대별로 확인하고 이를 군사사상의 구성요소 및 영향요인 등과 연계하여 분석 정리하며, 그 공통점이 무엇인지를 도출해 내려고 한다. 즉 우리 민족의 맥박 속에 連綿히 이어져 흘러오고 있는 그 군사사상이 무엇인지를 탐구하는 데 중점을 두기로 한다.

그리하여 민족사의 물결 따라 흘러온 그 군사사상이 오늘의 한국군에 어떻게 적용되고, 대표되며, 상징화될 수 있는 것인지를 탐구해보는 것이다.

2. 한국 군사사상 정립을 위한 이론적 고찰

가. 군사사상의 개념

"군사사상"을 간단히 정의하면, '특정 공동체의 군사활동이나 군사문제에 대한 포괄적 견해 또는 인식의 틀'이라고 할 수 있다. 이를 좀 더 구체적으로 정리하면, "공동체의 목표를 달성하기 위하여 현재 및 장차전에 대한 인식을 올바르게 정립하고, 이를 토대로, 어떠한 전쟁의지와 신념으로 어떻게 준비하고 수행할 것인가를 계획하고 추진하는 개념적 사고체계"라고 할 수 있다.[1)]

이러한 군사사상은 두 가지 개념을 포함한다. 첫째는 상위의 개념으로써, 전쟁의 특성, 전쟁의 목적, 전쟁 승리의 요인 등을 밝히는 전쟁에 대한 올바른 인식과 의

1) 육군본부, 『한국군사사상』(대전: 육군본부, 1992), p.5.

지를 말하며, 이는 통수권자로부터 국민에 이르기까지의 통일된 사상적 구심점이요 정신적 기조라고 할 수 있다. 둘째는 군사사상의 하위개념으로써, 군사력의 운용 및 소요의 기준을 말하는데, 이는 효과적인 전쟁수행 방법인 용병과 전략전술의 기준이 되며, 노력의 종합과 능력의 집중을 가능케 하는 근거가 된다.[2)]

따라서 이를 종합해보면 군사사상은 전쟁에 대한 올바른 인식을 바탕으로 어떠한 전쟁의지와 신념으로 적과 싸울 것인가, 군사력을 어떻게 운용하여 승리를 도모할 것인가, 군사력을 어떻게 건설할 것인가에 대한 사고체계라고 해석할 수 있다.[3)]

나. 군사사상의 구성요소

앞의 군사사상 개념에서도 이미 언급되었듯이 군사사상을 정밀하게 분석해보면 여기에는 군사사상을 구성하고 있는 핵심적 요소가 나타난다. 따라서 특정국가의 군사사상을 고찰할 때에는 이러한 군사사상의 구성요소가 각기 어떻게 자기 특유의 기능을 발휘하면서 동시에 이들 구성요소가 어떻게 상호 교호작용을 하고 있는 기를 면밀하게 분석해야 한다. 이에 본 항에서는 군사사상의 구성요소와 관련된 문헌들을 분석하고 이를 종합적으로 정리해 보고자 한다. 먼저 자유중국 군사사상에서는 그 구성요소를 전쟁관, 전투력 건설을 위한 군사사상, 전투력 운용을 위한 군

2) 육군본부, 『육군군사용어사전』(대전: 육군본부, 1994)

3) 김종두, "군사사상과 연계한 정신전력 강화 방안", 『정신전력연구 제34호』(서울: 국방대학교, 2004), p.125 참조. 이 외에도 小山弘健은 "군사사상 연구"에서 '군사사상은, 군사과학, 전쟁 실천에 관한 역사와 현상, 용병술 등을 그 내용으로 하고 있지만 오히려 그 때그때 시대적 결정체인 군사적 이데올로기로서의 사상성과 그 시대가 제기하는 객관적인 군사상의 과제를 해결하기 위한 노력이 兵術의 형태를 취하여 구체화되는 전체적인 병학체계의 내면적 계보를 다루는 것'이라고 설명하고 있고, 대만에서 발간된 "중국의 군사사상"에서는 '군사사상이란, 전쟁에 대한 인식을 바탕으로 한 전투력의 건설과 그 운용에 관한 기본적인 정신 및 주장으로, 첫째는 전쟁에 대한 올바른 인식을 바탕으로 예상되는 장차전의 특성, 목적, 형태 및 전승요인의 소재를 명확하게 간파하고, 둘째는 이와 같은 여건에서 전승을 획득할 수 있는 최선의 전쟁 지도, 준비, 수행방법이 무엇인가를 구상하는 것'이라고 설명하고 있다.

사제도, 병기, 용병 등으로 분류하고 있다.[4] 또한 김희상의 '생동하는 군을 위하여'에서는 군사사상 구성요소를 전쟁인식, 군사력 운용, 군사력 건설의 3가지 분야로 설명하고 있다.[5] 그리고 육군본부에서는 군사사상의 구성요소를 전쟁 지도 및 신념, 군사력 운용, 군사력 건설로 구분하고 있다.[6]

이상과 같은 견해들을 종합해보면, 군사사상의 구성요소에는 비록 그 표현은 다르지만 다음의 3가지 요소를 포함하고 있음을 알 수 있다. 첫 번째 요소는 "전쟁수행신념"이다. 이는 국민 또는 군인들이 '전쟁을 어떻게 인식하고 어떤 수행의지를 가지고 전쟁을 치룰 것인가' 하는 전쟁관을 의미한다. 두 번째 요소는 "군사력 건설"이다. 이는 '전쟁의 승리를 위해서 어떻게 준비할 것인가' 하는 建軍思想을 표현한 것이다. 세 번째 요소는 "군사력 운용"이다. 이는 '전쟁의 승리를 위해 어떻게 군사력을 사용할 것인가' 하는 用兵思想을 말한다.

따라서 본 연구에서는 육군본부에서 제시한 3가지 구성요소인 전쟁 지도 및 수행신념, 군사력 건설, 군사력 운용의 3가지를 군사사상의 구성요소로 선정하고, 이를 중심으로 우리 민족사의 전통적 군사사상을 고찰하며, 동시에 오늘의 국군에 대한 군사사상을 정립해보고자 한다.

다. 군사사상 정립 영향 요인

군사사상 즉 '공동체의 군사문제를 인식하는 틀'을 형성하는 데에는 그 공동체 특유의 집단적 체험인 민족문화적 요인과 지정학적 요인, 그리고 역사적 요인 등 3가지가 크게 작용한다. 따라서 한국군의 발전적 군사사상 정립을 위해서는 이 3가지 요인을 고찰해보는 것이 중요하다.

---

4) 이석우, "통일후 한국 군사사상 정립방향", 국방대학교 석사학위 논문, 1994. p.2.

5) 김희상, 『생동하는 군을 위하여』(서울: 典廣, 1993), p.212.

6) 육군본부, 『한국군사사상』, p.25.

1) 민족문화적 요인

민족문화적 요인은 주로 이념 및 사회체제 등 그 국가의 국민의식과 가치관에 관한 것이다.[7] 이러한 민족문화적 요인은 국민의지에 직접적인 영향을 미치며, 동시에 군사사상에 지대한 영향을 미친다. 또한 민족문화를 바탕으로 형성되는 국가이념은 국가목표와 국가전략에 영향을 미치게 되므로 이를 바탕으로 하는 군사사상에도 영향을 직접적으로 미친다. 예를 들어 일본은 막부시대의 무조건적 충성심과 이른바 무사도 정신이 민족정신으로 자리잡았다. 그리하여 이 정신은 제2차 세계대전 당시 제국주의 일본군으로 하여금 저돌적인 돌격행동, 옥쇄, 가미가제식 자폭행동 등 합리적이기보다는 맹목적 충동적 애국심으로 몰고 가는 결과를 초래하였다. 이처럼 극한적 이기심을 요구하는 작전양식을 활용할 수 있었던 것은 일본 특유의 전통적 민족정신의 영향 때문이었다.

2) 지정학적 요인

국가의 위치는 그 나라의 자연환경을 조성하는 기본요소인 동시에 국방, 기후, 산업, 그리고 국제정치에 있어서의 지위결정 등에도 큰 영향을 미친다. 그리하여 군사사상과 관련하여 국가의 위치가 어디냐에 따라 군사사상이 달라지며, 역사적으로 보면 크게 대륙적 위치와 해양적 위치로 나누어 고찰할 수 있다.[8]

미국, 영국과 같은 해양적 위치의 국가는 마한(A. T. Mahan)의 "바다의 지배가 곧 세계의 지배"라는 '해양 지배론'의 군사사상을 가지고 있다. 이들 국가는 바다라는 방파제가 있기 때문에 적대국가의 직접적인 위협에 반응할 시간적 여유가 육지보다는 많고, 또한 국가의 군사력 건설이 해군 위주로 건설 운용되므로 해양지배의 군사사상을 가지게 된다. 반면에 구소련과 같은 대륙적 위치의 국가는 맥킨더(H. J. Macknder)의 심장지역 이론(heart land theory)의 영향을 받았다. 적대국가와 직접 접하고 있고 군사력 건설이 지상군 위주로 되므로 섬멸전략, 직접전략의 형태

---

7) 이석우, 앞의 책, p.24.

8) 임덕순, 『정치지리학 원리』(서울: 법문사, 1989), p.102.

를 띠게 되었다.

이와 같이 그 국가의 지정학적 여건은 그 나라의 독특한 군사적 환경을 지배하게 되고, 그러한 것은 유구한 세월을 거치면서 군사사상으로 성립, 발전하게 되는 것이다.

3) 역사적 요인

역사적 요인에서는 국가의 생존위협과 군사적 전통의 관점에서 고찰해볼 수 있다. 국가생존위협은 '그 국가가 역사적으로 얼마만한 생존위협을 받아 왔는가' 하는 역사적인 적의 위협 여부 및 정도와 관련된 문제이다. 한 국가가 역사적으로 국가생존위협을 지속적으로 받아왔다면 군사사상도 수세적이고 방어적으로 된다. 중국은 중일전쟁 이전의 100여 년 동안 국가생존위협을 주로 외국의 침략과 계속되는 내부분열과 대립으로 인해 통일된 힘을 결집하여 대외적으로 지향할 수 없는 여건하에 있었다. 따라서 중국군은 단지 지배영역을 방어하는 수세적인 경험만을 가지고 있었으므로 군사사상도 수세적이고 방어적이었다.[9]

반면 국가생존위협을 거의 받지 않은 국가의 군사사상은 공세적이고 선제적이었다. 일본은 역사적으로 한반도가 북방세력의 방파제 역할을 해주었기 때문에 국가생존 위협을 거의 느끼지 못한 국가 중 하나다. 그리하여 오히려 1592년에 임진왜란을 일으켜 조선을 침략한 역사적 경험을 가지고 있다. 이러한 경향은 명치유신 이후 현대적 제도와 장비 등으로 대만침략과 청일전쟁, 노일전쟁으로 이어졌고, 항상 자국영토 외에서 전쟁을 시도하였다. 일본군이 역사적인 경험에서 형성한 군사사상은 결국 기습과 속전속결, 결전추구 등 공세적 형태가 되었다.

---

9) 이석우, 앞의 책. p.32.

3. 한국군의 전통적 군사사상 고찰

이상에서 살펴본 군사사상의 개념 및 구성요소, 그리고 영향요인 등을 중심으로 한국 군사사상의 발전적 정립을 시도해보고자 한다. 그런데 한국 군사사상의 발전적 정립을 위해서 필수적으로 거쳐야 할 과정이 있다. 바로 고조선 이후 우리의 민족사를 통한 전통적 군사사상 연구와 반만년 동안 連綿히 흘러온 군사사상의 공통적 요소의 탐구이다. 우리의 조상들은 공동체를 형성하는 민족 역사 초기부터 전쟁에 대하여 올바른 이해를 가졌고, 닥쳐오는 전쟁에 대비한 준비 역시 게을리 하지 않았다. 때문에 반만년 동안 930여 회의 크고 작은 전쟁을 치르면서도 민족의 생존을 도모할 수 있었다. 그러나 군사사상의 기본적 구성요소인 전쟁을 인식하는 태도나, 그에 따른 군사력 건설 및 군사력 운용 방법은 각 시대가 처하고 있는 상황이나 여건에 따라 서로 다를 수밖에 없었다.

따라서 본 장에서는 한국군의 전통적 군사사상을 고찰함에 있어서 우리의 민족사적 군사사상이 시대별로 어떻게 변화, 발전되어 왔으며, 이러한 변화 가운데서도 우리 민족의 맥박 속에 連綿히 공통적으로 흘러오고 있는 군사사상은 과연 무엇인지를 탐구하는 데 중점을 두기로 한다.

가. 고조선시대

1) 전쟁 지도 및 수행신념 측면

고조선 시대의 전쟁 지도 및 전쟁 수행신념은 한마디로 "홍익인간" 이념에 입각한 것이라고 할 수 있다. 이는 桓因天帝가 그의 아들 桓雄에게 천하를 널리 이롭게 다스릴 수 있도록 天符印[10] 3개를 주었던 것에서 시작되었다. 또한 환웅은 무

10) 천부인 3개는 광명을 뜻하는 거울과 위엄을 의미하는 칼, 그리고 번영을 뜻하는 種子를 말한다.

리 3천을 거느리고 백두산 神檀樹 아래에 神市를 베풀고, 풍백, 운사, 우사를 지휘하였으며, 그 아들 단군이 평양성에 나라를 세우고 조선이라 일컫게 되었다. 단군은 아버지 桓雄天王의 뜻을 이어받아 백성을 다스리는 지도 이념으로 홍익인간을 내세우고, 가정, 사회, 국가에 대해서는 충성과 의무를 다하는 신의의 사회를 이룩하는 데 중점을 두었다. 그리고 이를 위해서 하늘숭배(崇天), 조상공경(敬祖), 인간에 대한 사랑(愛人)으로 체계를 갖춘 "仙"사상을 공동생활 영위를 위한 구심점으로 설정하여 외부의 침략을 물리침으로써 부족의 생존번영을 도모하였다. 이러한 선사상으로 정신적 지주를 삼고 청동기 무기로 장비한 고조선 사람들은 서방을 정복하여 넓은 만주 벌판에서 융성하였으며, 중국의 秦, 漢 등 강대국의 세력이 위협적 존재가 되었을 때는 전 국민이 일치단결하여 仙사상에 의한 자위, 자강의지로 뭉쳐 이에 맞서 대항했다.

이렇게 볼 때 고조선 시대의 전쟁 지도 및 수행신념은 仙사상에 의한 홍익인간 구현이었다. 즉 하늘의 밝은 세계를 본받아 지상에 天道를 실현함으로써 理想國家를 건설하겠다는 신념을 정신적 공통분모로 하여 전 부족민을 하나의 공동체로 묶어 외침으로부터 스스로 지키려는 자위적인 의지였던 것이다. 그리고 부족을 지키기 위해 스스로 힘을 길러 주변 위협을 배제하겠다는 자강의지를 국가발전을 위한 정신적 구심점으로 삼았던 것이다.

2) 군사력 건설 및 운용 측면

고조선 시대는 한마디로 "全族武裝"에 의한 군사력 건설에 주력했다고 할 수 있다. 고조선 시대는 신석기 시대로부터 청동기 시대에 이르는 장구한 기간으로써, 이때 중국의 경우는 燕나라와 秦나라 등이 청동기 무기를 가지고 만주의 요서, 요동지역과 한반도 등지는 물론 멀리 중원에 이르기까지 정복활동을 전개하고 있었다. 또한 고조선 시대는 혈연적 조직으로부터 차츰 지연적 조직으로 집단을 형성해 가는 과도기로 각기 정복활동을 통해서 보다 큰 규모의 집단으로 성장하여 씨족사회의 특징인 공동체의식하에 동일문화권인 부족국가로 발전하게 되었다.

또한 고조선 시대의 군사력 운용은 한마디로 勸善懲惡的 攻勢意志라고 할 수 있다. 桓雄天王이 신시를 베풀 때 곡식, 수명, 질병, 형벌, 선악 등을 다스리는 제도를 두었는데, 이 제도 중에서 선을 권장하고 악을 응징하는 제도는 군왕의 위엄인 兵事로써 다스렸다고 했다.[11] 이것은 고조선이 수행하는 전쟁의 명분이 선을 옹호하고 악을 응징하는 데 두었음을 말해주고 있는 것이다.

이미 군사력 건설에서 언급했듯이 고조선 시대는 씨족 또는 부족연맹시대로서 씨족장 또는 부족장을 중심으로 그들 전원이 외부의 침략에 공동으로 대처하거나 좀 더 나은 생활영역을 확보하기 위하여 적극적인 정복활동을 전개해야 되었기 때문에 부족생활 자체가 하나의 생활집단이자 군사조직체로서 군사적 성격을 띠었다.[12] 따라서 민족의 생활권 확보를 위해서는 공세적 의지가 필요하였으며 공세적인 部族만이 생존하고 번영할 수 있었다.

나. 삼국시대

1) 고구려

(1) 전쟁 지도 및 수행신념 측면

고구려의 전쟁 지도 및 수행신념은 한마디로 "尙武精神"이라고 할 수 있다. 압록강 중류지역에 위치한 고구려는 큰 산과 깊은 골짜기가 많은 산악지형으로 농경에는 극히 부적합하였다. 이러한 지리적 여건으로 인해 자체 생산만으로는 아무리 근검절약을 해도 식생활을 해결할 수 없기 때문에 주변국의 비옥한 평야를 획득하는 것이 고구려로서는 당면한 급선무였다.

그러나 고구려의 주변인 서쪽의 요하지역과 남쪽의 대동강 유역은 이미 중국의 직할지였고, 동쪽은 낙랑군을 통한 중국의 간접지배 영역이었으며, 북쪽은 중국과 동맹관계에 있는 부여가 점유하고 있었다. 이와 같이 사면으로 대외진출로가 봉쇄당한 고구려로서는 팽창정책을 추구하지 않을 수 없었다. 그리하여 고구려의 저돌

11) 강무학, 『한국의 병법』(서울: 삼육출판사, 1978), p.12.

12) 윤우방, 『한국사 대계 (상고편)』(서울: 삼진사, 1978), p.50.

적인 팽창정책은 강대한 중국세력을 자극하였고, 또한 중국문화의 영향을 받은 만주족과의 경쟁과 마찰을 피할 수 없었다.

이렇듯 고구려는 주변 강국 특히 중국 세력과의 접촉 및 투쟁 속에서 성장, 발전해야 했으며, 이로 인해 모든 국민은 武를 崇尙하고 진취적인 기상을 견지하지 않을 수 없었다. 그래서 집집마다 평시에도 칼과 활 등 무기를 備置하여 두었다가 일단 유사시에는 국민 전체가 전투원이 되어 전쟁에 임하였으며, 石戰, 씨름, 활쏘기, 사냥 등 전투적 경기를 국가적으로 권장하였다. 또한 중요한 성에는 고구려 시조인 주몽의 사당을 모시고 그 안에 갑옷과 창을 봉안하여 尙武的 氣風을 조장하고 전승을 기원하였다.

이와 같은 상무적 기풍을 통하여 국력을 배양함으로써 광개토대왕 때는 북으로 흑룡강, 남으로 임진강, 동으로 연해주, 서로는 내몽고와 중국의 동북 지방에 이르는 대제국을 건설하였고, 수양제의 백만 대군을 청천강에 수장시킴으로써 고구려인의 기백을 떨쳤으며, 안시성 싸움에서는 성주 양만춘 이하 군관민이 일치단결하여 결사항전함으로써 당나라를 격퇴시킨 일대 쾌거를 이룩할 수 있었다.

이처럼 고구려가 동북아의 覇者로 군림하여 민족 웅비의 역사를 이룩했던 것은 상무정신을 민족단합의 구심점으로 삼아 스스로의 힘으로 자주 독립국가를 이룩하려는 불굴의 자위정신과 자주정신으로 뭉치고, 고조선의 옛 땅을 회복하려는 多勿精神의 기치 아래 강대한 중국 민족과의 투쟁 속에서도 꺼지지 않는 자강정신으로 국력을 키우고 다져온 결과였다.

(2) 군사력 건설 및 운용 측면

고구려의 군사력 건설 및 운용은 매우 공세적인 경향을 띠고 있었다. 고구려는 초기 부족국가로부터 차츰 중앙집권국가로 성장발전함에 따라 군사조직도 전국적인 군대로 편성해야 했다. 즉 영토의 확대, 인구의 증가, 가중되는 주변국의 위협 등은 군사조직과 행정조직의 유기적인 연계성을 필요로 했고, 보다 통제된 전국적 규모의 전투태세를 요구하였기 때문에 국왕의 지휘하에 있던 군사조직은 행정조직과 일체를 이루어 전국적인 방어체제를 형성함으로써 국가 전체가 하나의 군사조직체 같은 역할을 해야만 했던 것이다.

그리하여 국왕과 귀족의 근거지인 평양성은 5부(동·서·남·북·내부)로 나누어 "加"나 "大加"와 같은 부족장이 군사와 행정을 장악하고, 왕은 최고 사령관의 역할을 수행하였다. 지방도 역시 5부로 나누어 褥薩이라는 지방관이 임명되었고, 部 밑에 城이 소속되었는데 그 長인 城主 휘하에 관리를 두어 지방행정을 장악하는 동시에 군대를 統轄하였다.[13] 이러한 성은 전국적으로 약 200개에 달했고, 그 중 약 100여 개는 만주와 연해주 일대의 군사적 요충지에 견고하고 종심 깊게 설치하였다.[14] 성에는 평소 소부대가 상주하였고, 성에 거주하는 전 주민이 적에 대항하여 싸울 수 있도록 전사로 조직되고 훈련되었으며, 인근 농민들과 공동체적 유대하에 결속되어 있어서 전시에는 이들 촌락민들이 농민군으로서 성의 방위력을 보강하였다.

병력의 보충은 초기에는 "加"나 "大加"들 지배계급만이 戰士團을 형성하여 군인이 될 수 있는 특권을 가졌고, 평민인 下戶는 군량운반 등 勞役에 종사하였다. 그러나 전쟁이 빈번해지고 영토가 확대됨에 따라 방어선이 신장되어 일반 국민도 무장시킬 필요가 생기자 國民皆兵에 의한 총력전체제가 되었다. 그리고 원활한 병력보충을 위해 지방에 扃堂이라는 일종의 교육기관을 두어 청소년들에게 忠, 孝, 信 등의 정신덕목과 군사훈련을 실시함으로써 각 城은 우수한 군대자원을 城 가까이서 육성 보유할 수 있었다.

결론적으로 고구려의 군사력 건설 및 운용은 전 국민이 싸울 수 있는 전사로 조직되고 훈련되었으며, 전국이 防禦陣地化된 종심 깊은 城과 주민과의 강력한 유대를 통한 지역별 共同體防護에 주안을 두었다고 할 수 있다.

특히 고구려 군사력 운용의 핵심이라고 할 수 있는 先守後攻 전략은 淸野入堡,[15] 以逸待勞[16] 등 게릴라 전술에 의존하기 때문에 최고의 질서와 지휘능력이

---

13) 육군대학, 『군사적으로 본 한국역사』(진해: 육군대학, 1980), p.17.

14) 육군본부, 『한국고전사』(서울: 육군본부, 1983), pp.16－18.

15) "淸野入堡"는 군사적 요지에 성곽을 쌓아 군사기지화하는 동시에 주현의 토지를 경작하여 군량으로 삼고, 일단 유사시에는 주변 토지의 농작물을 거두어 성에 들어가 방어하는 전술이다.

16) "以逸待勞"는 적을 아군의 작전에 유리한 지점까지 깊숙이 유인하여 적의 피로와 보급선의 과도한 신장을 강요함으로써 전투력을 감소시키는 한편 아군은 미리 편성된 방어진지에서 충분한 휴식과 훈련을 하면서 전투력을 보강하다가 공격하는 전술.

요구되었다. 따라서 고구려 군사력 운용은 견고한 성곽과 인근 촌락 주민과의 공동 유대, 각 城間의 긴밀한 支援網 구성 및 종심 깊은 성곽의 배치 등을 주축으로 한 강력한 방위체제에 의해 축차적으로 적의 공격기세를 일반 차단 둔화시킨 다음 적의 취약점을 발견하였을 때는 즉각 공격으로 전환하여 적을 격멸시키는 공세적 군사력 운용에 중점을 두었다

2) 백제

(1) 전쟁 지도 및 수행신념 측면

백제의 전쟁 지도 및 수행신념 체계는 한마디로 忠節精神이라고 할 수 있다.[17)] 이는 백제가 어떠한 어려운 상황 속에서도 변치 않는 국가에 대한 절대적 충성과 무인으로서의 지조와 의리를 지켰다는 것이다. 백제가 차지한 호남평야 일대의 넓고 기름진 땅은 농업 생산량의 증대와 함께 인구 증가를 가능케 하였으며, 바다로 진출하기에 편리한 하천과 해안선은 백제의 경제적 군사적 기반을 더욱 튼튼히 할 수 있는 지정학적으로 매우 중요한 의미를 갖는 곳이었다. 더욱이 한반도의 중서부인 한강 유역 일대는 가히 전략적 요충지로서 이 지역을 차지하는 것은 곧 한반도의 패권, 나아가서는 국제진출을 가능케 하는 교두보를 장악하는 것과 마찬가지여서 당시의 북방세력뿐만 아니라 한반도 내의 고구려나 신라도 이 지역으로 진출하기 위해 안간힘을 다하던 곳이다. 따라서 이러한 중요지역을 수호하면서 외부의 침략세력을 분쇄, 저지하는 것이 초기의 백제가 극복해야 할 당면과제였다.

이와 같이 국토보전을 위해 외부 세력과의 투쟁이라는 대명제를 안고 성장 발전해온 백제는 고대국가로서의 체제를 정비하고 드디어 동아시아의 제해권을 장악해 나가기 시작했다.

결론적으로 백제의 忠節精神은 위기의 백제를 주변국으로부터 방호하는 데 기여했을 뿐만 아니라 나라를 확장시키는 데에도 크게 기여했다. 조그마한 나라로 출발했던 백제가 북방 고구려의 끊임없는 위협에 대처하고 신라와의 지속적인 경쟁 속에서 해양으로 진출하여 중국의 요서지방은 물론 일본의 규슈지역까지 경략하게

17) 육군본부,『爲國獻身의 길』(대전: 육군본부, 2004), p.49.

된 것은 바로 백제의 충절정신에서 비롯된 것이다.

(2) 군사력 건설 및 운용 측면

백제의 군사력 건설 및 운용의 핵심은 제해권 장악을 통한 해상활동의 강화와 공세적 군사력 운용이었다. 백제는 초기의 불안정했던 왕권을 강화하고 점차 군사제도를 정비하여 통치체제를 정립함으로써 국가체제를 갖추었다. 백제의 군사제도는 중앙군과 지방군으로 나누었는데, 중앙군은 上, 下, 前, 後, 中의 5部로 되어 있고, 各部는 5巷으로 구분하였으며, 각부마다 500명의 군인이 상주하였다. 또한 지방군은 전국을 5方으로 나누어 각방에는 方領이 있어서 700~1200명의 군사를 거느리고 있었다. 그리고 그 밑에 6~10개의 郡이 있고, 郡에는 3명의 郡將이 있으며, 군 이하의 小城에는 道使가 있었다.

백제의 초기에는 수세적 군사력 운용에 중점을 두었으나, 결국에는 생존권 확대라는 입장에서 공세적 운용으로 전환하였다. 백제가 차지하고 있던 한강 유역이나 호남평야는 당시의 농경사회에서는 매우 중요한 생존의 터전이었기 때문에 인접국가로부터 끊임없이 生存圈奪取의 주요 목표가 되어 왔다. 따라서 백제는 古代國家體制를 정비하기 전부터 국토의 보전에 전 국력을 집중해 왔으며, 군사력 운용 또한 성을 중심으로 한 守成爲主의 수세적 경향을 띠었다.

그러나 차츰 강대해가는 신라와 고구려의 세력에 위협을 느낀 백제는 이들과 직접 충돌하는 것보다는 해상진출을 통하여 국력을 신장하고자 했다. 당시는 중국이 400여 년에 걸친 大分裂이 계속되어 혼란한 시기였으므로 그 틈을 이용하여 백제는 중국의 산동반도 일대와 일본의 일부 해안지방까지 석권하는 등 눈부신 해상활동을 전개하였다. 따라서 백제의 제해권 장악은 해상활동을 통한 생존권 확대라는 점에서 종래의 수세적 군사력 운용에서 공세적 운용으로 전환하는 일대 분수령이 되었다.

3) 신라

(1) 전쟁 지도 및 수행신념 측면

신라의 전쟁 지도 및 수행신념의 핵심은 花郞道精神의 구현이었다. 신라는 한반도 동남지역의 구석진 곳에 위치해 있으면서 주변의 위협에 크게 시달리게 되었다. 즉 초기부터 마한 전역을 통일하고 북진하는 신예 백제의 세력과 고조선의 대부분을 수복하고 노도 같은 기세로 반도를 석권하려는 고구려의 위세 앞에 전전긍긍하는 상태였다. 이에 신라는 스스로의 열세를 자각하고 이를 만회하기 위하여 국가대업을 날로 새롭게 하여 사방을 망라하자[18]는 뜻으로 국호를 신라로 정하고 중앙집권적 왕권을 강화하면서 장기간에 걸쳐 신라 여건에 맞는 체제 정비를 통하여 국력을 신장하기에 안간힘을 다했다. 이로써 신라는 뒤늦게나마 한반도의 패권을 둘러싼 각축전에 뛰어들 수 있었다.

그러나 신라는 고구려, 백제와 같은 큰 나라를 상대로 전쟁을 벌여야 했기 때문에 강인한 전투의지와 다수의 정병을 필요로 하게 되었다. 이를 위한 정신교육의 기반과 인재양성의 발판으로 花郎道를 제도화하였다. 화랑도의 사상적 연원은 우리 고유의 정신적 기반인 "仙" 사상인데, 신라 진흥왕은 특히 이를 부흥시켜 화랑도로 체계화시킴으로써 신라의 국력을 일신하고자 했던 것이다.

화랑도는 비단 화랑들만의 덕목이 아니라 그 시대를 살아가는 전 신라인의 정신이기도 하였다. 이를 지켰던 忠孝信勇仁 등의 정신덕목은 어떠한 극한 상황 속에서도 조국을 배반하지 않고 뜨거운 우국충정을 불태웠던 화랑들의 至高至純한 무조건적인 애국정신으로서 스스로 힘을 길러 국토를 지키고 자주적으로 민족을 통일하려는 위대한 신라의 저력이자 한반도 통일의 원동력이 되었다.

가장 불리한 지리적 여건을 딛고 일어서, 강대한 고구려와 백제와의 투쟁에서 조금도 뒤짐이 없이 각축전을 벌이면서 삶의 터전을 수호하고자 했던 자위정신, 화랑정신을 지주로 삼아 신체적 수련을 쌓고 국가를 위해서는 생명까지도 초개와 같이 버릴 수 있는 국가관 확립을 통하여 독자적 국력을 키워온 자강정신, 그리고 삼국통일 이후 당의 세력이 반도 내에 잔존하는 것을 완강히 거부하고, 백제 고구려의 유민과 함께 당군 축출을 위해 공동 전선을 폈던 사실 등은 민족의식을 행동으로 보여준 획기적인 사실이라고 할 수 있다.

---

18) "新羅"는 德業日新 網羅四方을 뜻함.

(2) 군사력 건설 및 운용 측면

신라의 군사력 건설 및 운용의 주안은 지역별 공동체 방호에 중점을 둔 것이었다. 삼국 중 가장 후진국이었던 신라는 초기에는 왕궁 수비대인 시위부를 중심으로 중앙에 大幢이 있고, 지방에 6停을 두었는데, 삼국통일 과정에서 군사상 필요에 따라 시위군과 9誓幢으로 재편되었다. 9서당은 신라인을 중심으로 고구려, 백제, 말갈인으로 구성되었으며, 1誓幢은 오늘의 사단규모의 병력에 해당된다.

통일 이전에 6정이었던 지방군은 통일 후에 10정으로 확대하여 各州의 군사와 치안을 맡게 하였다. 各停은 군주 밑에 將軍, 中軍 軍官으로 편성되었으며, 이들을 통해 정치와 군사적 안정을 꾀하였다.[19] 各停은 진골출신의 장군이 지휘하였고, 군대는 중앙에서 파견한 王京人으로 조직된 名望軍의 성격을 지니고 있어 군인이 되는 것을 명예로운 권리로 생각하였다. 이 외에도 전국 주요 지역에 餘甲이란 독립부대를 설치하였는데 총 39餘甲 중 수도에는 京餘甲 5소경에는 小京餘甲, 그리고 군사 요충지에는 外餘甲을 배치하였다.

병력 보충은 화랑도와 같은 청년단체를 통해 이루어졌다. 이들은 국가를 위해 목숨을 바치는 것을 최고의 명예로 알았으며, 평소에는 무술과 심신을 단련하다가 국가 위기 시 전투에 참여하였다. 한마디로 신라의 군사력 건설은 고구려와 마찬가지로 전국이 종심 깊은 성으로 배치되어 있고, 성에 주둔한 상비군과 주민 간의 강력한 유대를 통하여 지역을 방어하는 지역별 공동체 방호에 주안을 두었다.

신라는 국력을 기를 수 있는 방편으로 고대로부터 전래되어 온 화랑도를 부활하여 국가를 이끌어 나갈 지휘자를 양성하면서 대외투쟁을 위한 인재를 양성함으로써 그 목적을 달성하고자 했다. 특히 신라의 화랑도는 우리 민족의 전통, 민족의 신앙을 토대로 하였기 때문에 커다란 저항 없이 그 조직, 그 이념, 그 신조를 그대로 이어받아 신라화할 수 있었던 것이다.[20]

신라 화랑도의 생활양식이나 훈련과정은 도덕적, 정서적, 신체적, 군사적 훈련을 강조하였으며, 이러한 훈련과정을 통하여 진취적이며 공세적인 신라기질을 육성할 수 있었다. 화랑정신을 기반으로 공세적 기질로 육성된 신라군은 당나라와 연합세

---

19) 육군대학, 『군사적으로 본 한국 역사』(진해: 육군대학), 1980), p.15.

20) 이선근, 『화랑도』(서울: 형설출판사), 1971), p.21.

력을 형성하여 공세적으로 군사력을 운용하여, 백제, 고구려를 차례로 병합하였을 뿐만 아니라 통일 후에는 당의 주둔군마저 한반도로부터 축출함으로써 우리 역사상 처음으로 단일국가와 단일문화권 형성의 계기를 만들었던 것이다.

다. 고려시대

1) 전쟁 지도 및 수행신념 측면

고려시대의 전쟁 지도 및 수행신념은 한마디로 "自主的 護國精神"이라고 할 수 있다. 고려는 한민족의 기반을 단순한 공동운명체로부터 국가라는 정치체제 속으로 결합시키고, 이렇게 결집된 힘을 바탕으로 현재의 영토 범위를 대외적으로 확정하여 후세에 물려줌으로써 오늘의 민족국가를 형성하는 데 중요한 계기를 마련하였다.

고려는 10세기 말에서 11세기 초에 걸친 거란과의 3차례 전쟁에서 강력한 군사력을 바탕으로 한 적극적인 외교정책으로, 압록강 이남의 고토를 확보하고 이곳에 강동 6주를 설치하였으며, 그 후 소배압이 강동 6주의 반환을 요구하면서 10만 대군으로 침입해 왔을 때에는 강감찬 장군을 중심으로 하여 귀주에서 크게 승리하였다. 그리고 12세기 초기에는 함경도 지방을 자주 침범하는 여진족을 토벌하기 위하여 윤관의 건의로 신기군, 신보군, 항마군으로 구성된 17만 명의 별무반을 조직하여 여진을 정복하고 9성을 쌓기도 하였다.

고려시대에 있어서 전쟁의 성격은 거란족, 몽고족의 60여 년간에 걸친 침략에 대한 민족 생존의 전쟁이었으며, 고구려의 舊土를 수복하려는 끊임없는 민족번영의 전쟁으로 보아야 할 것이다. 이렇게 수차례에 걸친 이민족의 침입을 물리칠 수 있었던 의지는 바로 "自主的 護國精神"이라고 할 수 있다. 그리고 침략자인 몽고군 앞에서 무릎을 꿇지 않고 제주도까지 근거지를 옮겨가며 최후의 1인까지 싸우다 산화한 삼별초의 항거는 고려 무인의 자주적인 의지를 대표한다고 볼 수 있다.

2) 군사력 건설 및 운용 측면

고려의 군사력 건설 및 운용의 특성은 州鎭을 전투단위로 하는 堅壁固守戰術[21]이다. 즉 평상시 州鎭의 모든 주민은 城 주변의 田畓을 경작하여 군량을 비축하는 한편 수공업을 통하여 무기를 제조하다가 적이 침입하면 성외의 양곡 등 적이 이용 가능한 모든 물자를 성내로 반입한 뒤 상비군에 편입하여 성을 고수하는 운용 전략이다. 고려는 건국 초기부터 고구려의 옛 땅을 회복하려는 북진정책을 펴면서 군사조직을 점진적으로 정비해 나갔다. 고려 초기에는 지방 병권의 독립성을 없애고 중앙집권체제를 강화하기 위하여 중앙에 2군6위와 지방에 州懸軍[22]을 설치하고 병마사를 두어서 군정과 민정의 권한을 동시에 장악함으로써 평시부터 임전태세를 갖추었으며, 특히 주현군에는 광군이라는 일종의 예비군 제도를 두어 상비군의 부족한 전력을 보충하였다. 중앙군은 주로 상비군으로 구성되었고, 지방군은 兵農一致에 의한 농민군의 성격을 띠었다.

숙종 때는 여진 정벌을 위하여 別武班이 조직되었다. 이는 상민, 천민에 이르기까지 전 국민을 망라하여 여진 침입에 대비하기 위하여 조직된 기동을 위주로 한 전투부대였다. 이 별무반이 고려 역사상 최초로 17만이라는 대병력을 동원하여 여진족의 근거지를 차례로 격파하여 35개 촌락을 함락함으로써 5천여 명의 적을 사살하고 천여 명의 포로를 획득하는 대전과를 올렸는데, 이는 바로 고려 전 민족이 일치단결하여 공동체로서의 군사력을 건설한 좋은 예라 할 수 있다.

이렇게 볼 때 고려시대는 평소 소수의 상비군을 유지하면서 일단 유사시에는 광군이라는 일종의 예비군과 지방 호족, 농민, 천민에 이르기까지 전 국민이 일치단결하여 민족공동체를 방호하기 위하여 싸웠던 병농일치에 의한 군사력 건설의 시

---

21) "堅壁固守戰術"관련, 고려는 군사적 요충지인 성을 쌓고 독립적인 방어거점으로 만들어 종심 깊은 방어지대를 형성하였는데, 이와 같이 방어거점으로 설치한 것이 州와 鎭임. 주와 진은 성에 둘러싸인 무장 도시를 이루어 주에는 방어사, 진에는 진장에 의해 지휘되는 상비군이 배치되었다.

22) "堅壁固守戰術" 관련, 2군은 응양군과 용호군으로서 주로 궁성시위 임무를 수행하였고, 6위는 국왕의 행차 시 호송 또는 노역을 수행하였던 좌우위, 神虎軍, 興衛軍, 金吾衛(수도 치안 유지), 千牛領(의장대), 監門衛(궁성시위)로 구성되었다. 州懸軍은 광군과 鎭守軍으로 조직되었다.

대로 특징지을 수 있다.

또한 州鎭의 성은 그 지역 군, 관, 민의 생활근거이자 군사적 방어진지이기 때문에 적이 침입할 때는 주민 총력전으로 결사적인 전투를 감행했던 것이다.[23] 한편 북방 변경에 있는 모든 성은 堅壁固守戰術과 병행하여 적의 포위망에 취약점이 발견되면 재빨리 성문을 열고 출격하여 이를 격파하기도 하고, 성외의 요충지에 복병을 배치하여 기습하는 등 포위군의 전력 소모를 최대한 강요하는 引兵出擊戰術을 전개하였다.[24] 따라서 어떠한 침입군일지라도 고려의 內地 깊숙이 진격하려면 국경선 일대에 종심 깊게 배치된 여러 성들의 축차적 항전에 직면해야만 했으며, 비록 이들 성을 우회한다 하더라도 이번에는 병참선이 차단될 위험에 봉착하기 마련이었다. 이렇게 볼 때 고려시대의 군사력 운용은 전반적으로 수세적인 의지하에서 군사력을 운용하였다고 볼 수 있다.

라. 조선시대

1) 전쟁 지도 및 수행신념 측면

조선시대의 전쟁 지도 및 수행신념 체계는 한마디로 "忠孝에 바탕을 둔 自衛精神"이라고 할 수 있다. 조선조가 국난을 당할 때마다 이를 극복할 수 있었던 정신적 원동력은 忠孝精神이었다. 이는 임진왜란과 병자호란 등 국가가 위기에 처할 때마다 救國의 혼으로서 저항활동의 근저가 되었으며, 구한말의 衛正斥邪[25]運動을 통해 민족수호의 정신적 기반이 되기도 하였다. 이와 같이 충효는 우리 민족의 전통적인 규범이 되고, 생활철학의 기본이념이 되었으며, 민족생존을 위한 전쟁수행의 신념이 되었다. 임진왜란 당시 의병을 주도한 여러 의병장들이 거의 文班이나

---

23) 육군본부, 『한국고전사』(서울: 육군본부, 1983), p.52.

24) 위의 책, pp.52－53.

25) "衛正斥邪"는 외국을 배척하고 외국의 문물을 멀리하여 정통 한국의 보수성과 독자성을 지키자는 일련의 국수주의를 말한다. 원래 斥邪란 천주교를 배척한다는 말로서 유교중심의 전통사상을 옹호하기 위해 그것을 배격한 것이었다.

儒林層이었으며, 유림 세력이 성한 지역에서는 자연히 의병활동이 활발하였고, 따라서 그들이 궐기하였던 사상적 배경도 忠孝精神에 기인한 것이다.

예컨대 경상도 예안지방에서 일어난 한 의병장의 倡義通文을 보면, "우리가 평소에 배운 것이 무엇이었으며, 토론한 것이 무엇이었던가, 그것은 신하로서 국가에 忠誠하기 위해 죽고 자식으로서 부모에 孝道하기 위해서 죽는 데에 있지 않았던가?"라고 하였다. 이로써 의병장들이 공통적으로 견지하였던 사상적 바탕인 충효정신은 왜란이나 호란과 같은 絕體絕命의 위기상황에서 민족과 국가를 구할 수 있었던 원동력이 되었던 것이다.

2) 군사력 건설 및 운용 측면

조선시대의 군사력 건설 및 운용의 특징은 절대왕권 수호를 위한 군사력의 확보라고 할 수 있다. 이것은 조선 초기에 성립된 중앙군제인 5위제로 설명될 수 있다. 이는 각 지방의 군사력을 중앙으로 집중시키는 제도였다. 그리고 만약의 사태, 즉 이민족의 침략에 대비하여 지방에는 진관체제에 의한 군사조직을 운영하였다. 진관체제하에서 병력의 근간을 이룬 것은 양인 농민이었다. 양인 농민들은 평상시에는 농업에 종사하다가 징발이 되면, 정해진 기간 동안 정병으로서 서울에 올라가 근무하거나 지방의 진에서 근무해야 했다. 이러한 제도는 兵農一致적인 것으로써 고려시대 군사제도의 연장이라고 볼 수 있다.

이러한 것을 종합해볼 때, 조선시대는 고대로부터 활용되어 온 淸野入堡, 守成持久, 誘引擊滅 등의 수세적 방어전략을 활용하였고, 항상 대규모의 적을 맞이하여 상대적으로 적은 방위력을 적을 효과적으로 격퇴해 온 以小制大의 사상이 중심이 되어 발전되어 왔다. 以小制大란 소수의 병력으로 적의 대병력을 격파하는 공세적 군사력 운용이다. 즉 적의 취약점을 노출시켜 즉각 공격적으로 전환하여 적을 섬멸하는 것이다. 이는 양적 측면의 군사력 열세를 지휘관의 자질이나 부대의 훈련, 전기전술 등의 질적인 우세로 극복하여 오히려 결전지역 내에서는 상대적 우위를 달성하는 사상이다.[26]

---

26) 육군본부, 『한국군사사상』, pp.105－106.

4. 한국 군사사상의 발전적 정립 모색

본 장에서는 앞에서 살펴본 한국의 전통적인 군사사상을 토대로 하여 이러한 군사사상이 어떤 형태로 우리 민족의 의식 속에 내면화되었는지 알아보고, 동시에 일제침략기의 의병과 독립군 활동, 광복 이후의 국군 창설 및 6·25한국전쟁 경험, 그리고 정전 이후의 평화유지를 위한 한미동맹관계 구축과 관련된 군사사상을 고찰해보기로 한다.

가. 일제침략기 이후 현대 한국 군사사상 변천

1) 일제침략기

일제침략기에 있어서의 한국 군사사상은 전쟁 지도 및 수행 신념체계 면에서 볼 때 "滅私奉公[27]의 爲國獻身" 정신으로 요약할 수 있다. 그리고 이에 대한 상징적 대표적인 행위가 의병활동과 독립군 활동이다. 의병활동은 1885년 명성황후 시해사건으로 발단되어 1910년 한일합방에 반대하고 1914년 독립군 전투로 비약하면서 발전된 민족운동이었다. 의병운동은 민족 주권국가의 형성과 그것을 파괴하려는 일본 군국주의에 대한 항쟁이었으며, 당시의 지도층인 양반세력이 주류를 이루고 있었지만 광범위하게 민중의 지지를 받았다는 점에서 일종의 시민적 민족운동의 성격이었다.[28]

의병은 국가의 명령을 기다리지 않고 자발적으로 궐기하여 국가와 민족을 위해 싸운 의용군이었다는 점에서 이의 기본 정신은 대의를 위해 목숨을 바치는 희생정신과 민중 스스로의 뜻에 따라 구국의 대열에 앞장선 멸사봉공의 위국헌신이라 할

27) 滅私奉公이란 "사사로운 것을 버리고 공공을 위해 힘써 일함"을 뜻하는 것으로써, 위국헌신의 기본자세라고 할 수 있다.

28) 육군본부, 『한국군사사상』, pp.134－135.

수 있다. 이러한 의병정신은 해외로 기지를 옮기며 독립전쟁을 전개하는 사상적 기반이 되었으며, 자생적으로 독립군으로 발전하면서 청산리 전투나 봉오동 전투처럼 길이 빛나는 독립군 전승의 역사로 이어졌다.

독립군의 자생적 조직은 1940년 마침내 대한민국 임시정부의 광복군으로 통합되면서 그 정신을 계승하였고, 제2차 세계대전에 연합군의 일부로 일제와의 항전을 계속하면서 조국 광복을 실현하는 데 기여하였다.

의병활동과 독립군이 항일전에서 보여 준 군사적 측면은 소부대 단위의 유격전과 매복, 유인격멸 전술로 전형적인 우리의 군사적 전통이 상황여건에 부합되게 발전된 것이다. 그러한 과정에서 신식 총포의 등장과 군관학교에서 간부의 양성이 진행되면서 차츰 현대적 정규군으로 발전하는 초석이 되기도 한 것이다.

2) 광복 및 6 · 25한국전쟁기

광복 및 6 · 25한국전쟁기에 있어서의 대표적 군사사상은 "자유민주주의 수호의지"이다. 1948년 정부수립과 함께 우리 국군은 모체인 국방경비대의 지휘권이 미군정에서 아군에게 이양됨에 따라 대한민국 국군으로 탄생하게 되었고, 건군 초기의 혼란 속에서도 우리 군의 정신적 구심점이 서서히 자리잡기 시작하였다. 그러나 군이 제대로 자리잡기도 전에 6 · 25전쟁이 발발하여 우리 군은 물론 자유민주주의 국가로 태동한 조국과 민족이 반만년 역사에 가장 처참한 비극을 가져왔다. 준비되지 않은 열세의 상태에서 받은 불의의 기습이었지만 자유민주주를 수호해야겠다는 굳은 각오로 뭉친 우리 국민은 일치단결하여 공산주의 북한과 맞서 맨주먹으로 싸웠다. 이에 미국을 비롯한 전 세계의 자유민주주의 국가 16개국이 참전하여 북한 공산군의 침략을 물리칠 수 있었던 것이다.

3년여의 전쟁을 통하여 결국 북한을 물리치기는 하였지만 민족과 조국의 산하는 피폐함을 금할 수 없었다. 그러한 와중에 자유민주주의를 수호하고자 하는 의지와 조국을 스스로 지켜야 한다는 강한 의지가 보이지 않는 힘으로 살아남게 되었다. 다시는 이러한 민족적 비극을 되풀이해서는 안 된다는 신념과 평화적 통일을 달성해야 한다는 사명감이 민족적 염원이 되었으며, 반공정신을 바탕으로 국방의지에 대한 각오를 다지게 되었다. 군사적으로 이는 국방에 대해 일신하는 계기가 되었다. 그리하여 우리 군은 무형적, 유형적으로 크게 발전하게 되었고, 미군의 지원하에 자체 방위력을 발전시켜 나가게 된 것이다.

3) 정전 이후

정전 이후 한국군사사상의 핵심은 협력적 자주국방이라고 할 수 있다. 1953년 7월, 정전협정이 체결된 이후 한국과 미국은 "한·미군사동맹체제"를 유지하면서 미군의 지원을 바탕으로 한국군은 발전될 수 있었다. 이러한 것은 월남전 참전과 북한의 계속되는 무력 도발에 대응하여 한·미군이 상호 협조하여 방어태세를 유지해 나가면서 지속되었다.[29] 수차례 계속되는 북한의 무력도발은 국민적으로 북한 공산주의 집단의 악랄함을 인식하였고, 스스로 국가를 지켜야 한다는 당위성과 유사시 내 조국은 내가 지키겠다는 강한 의지를 불러일으키게 하였다.

이러한 과정을 거치면서 총력전 개념에 의거 방위력 확충에 주력하여 확고한 군사적 대응사고를 바탕으로 북한 위협에 대응할 수 있는 전력을 갖추어 나가기 시작한 것이다.

나. 대표적 상징성으로 나타나는 한국 군사사상

우리 민족이 반만년 역사에서 무려 930여 회의 국난을 당하였음에도 불구하고 이를 슬기롭게 극복하고 국권을 유지할 수 있었던 것은 무엇 때문일까? 바로 우리 민족 특유의 군사사상인 "爲國獻身의 護國精神" 때문이라 할 수 있다. 이러한 위국헌신의 호국정신은 우리 민족의 역사를 관통하는 전쟁 지도 및 수행신념 체계상의 군사사상이기도 하지만 시대적 흐름과 역사적 변천에 따라 連綿히 이어져 온 민족의 사상적 기저이기도 하다.

---

29) 류지영, "한국군사사상의 발전적 정립 방안", 합참대, 2003학년도 연구보고서, pp.100－102.

한국군사사상에 있어서 전쟁수행 신념은 각 시대별로 구체적인 군사정책과 더불어 정신적으로 국가보위에 매우 중요한 역할을 하였으며, 당시 각 시대별로 이념적 지주가 되었다. 즉 고구려의 상무정신, 백제의 충절정신, 신라의 화랑정신, 고려의 호국적 저항정신, 조선의 충효사상을 바탕으로 한 의병정신, 그리고 6·25한국전쟁에서의 자유민주주의 수호정신 등은 우리 역사를 이어오면서 나타난 전쟁수행 신념의 표본이 되었던 것이다.

또한 민족사적 군사력 건설 및 운용의 기조는 병농일치에 의한 전 국민적 총력전 수행체제라고 할 수 있으며, 이것은 주변의 침략세력에 대응해서 山城을 중심으로 종심 깊게 방어진지를 구축하고 철저한 自域自守 원칙에 따라 국토 전부를 활용하여 전면방위를 실시하는 군사적 전통으로 자리잡기도 했다.

이러한 배경하에 지정학적으로나 역사적으로 많은 외침을 당하였지만 우리 선조들은 지형적 유리점을 이용하여 以小制大의 전략전술을 구사함으로써 마침내 승리를 거두었다. 그러나 불행하게도 국토를 항상 전장화하여 전쟁에 이기고도 결국은 그 폐해를 고스란히 우리 민족이 겪어야 하는 아픔을 함께해 온 것이다.

현대에 들어 자주적인 국방사상과 함께 우리의 지형과 여건에 부합된 전략과 전술의 개발, 국가 공동체 방호의식에 입각한 향토방위력 건설을 기조로 총력전에 입각하면서 적극적인 공세사상, 동맹국과의 협력을 통한 연합방위체제 구축이 논의되기도 하였다.

그러나 과거 전통적인 방어 위주의 사상적 영향에 의거 우리의 군사력 건설 및 운용도 공세적인 사상에 입각한 세력 확장의 발전보다는 북한의 무력 도발 위협을 우선 차단해야 한다는 현실 앞에서 지상군 위주의 방어 전력을 구축할 수밖에 없었고, 결국에는 이러한 불균형적인 군사력의 보유가 현실적으로 나타났다고 할 수 있다.

5. 맺음말

요컨대 군사사상이란 전쟁에 대한 국민적 사고 및 가치관으로서 그 국가의 민족 문화적, 지정학적, 역사적 영향요인에 의해 형성되며, 군사력의 건설과 운용에 반영되어 실질적인 방위력으로 나타나는 것이다. 이러한 측면에서 고구려의 상무정신, 백제의 충절정신, 신라의 화랑정신, 고려의 자주적 호국정신, 조선의 충효에 바탕을 둔 의병정신, 6·25한국전쟁에서의 자유민주주의 수호정신 등은 잘 발휘되어 온 군사사상이라고 할 수 있다.

결론적으로 한국군사사상의 발전적 정립을 위해서 우리 민족의 전통적 군사사상을 고찰해본 결과, 고조선부터 오늘에 이르기까지 우리의 심장과 맥박 속에 연면히 이어져 온 군사사상은 바로 "爲國獻身의 護國精神"이라고 할 수 있다. 이것은 군사사상의 개념과 그 구성요소, 그리고 군사사상 정립 영향요인 등을 우리의 반만년 민족사적 흐름에 적용하여 그 공통점을 종합해본 결과이다. 이제 우리가 이를 잘 계승 발전시키려면 다음과 같은 작업이 필요하다고 할 수 있다.

첫째는 韓國軍事思想의 범국민적 공감대 확산을 위한 캠페인식 홍보 및 교육방법을 개발하는 것이다. 여기서 캠페인 내용은 한국군사사상의 대표적 상징인 "爲國獻身의 護國精神"을 기본으로 하고, 이것이 역사적으로 어떻게 변천되었는가를 탐구하는 것이다. 그리고 방법 면에서는 ① "월드컵 축구의 붉은 악마식 계기성 이벤트" 기획 추진, ② "맛사다식 조국수호 결의대회" 형식의 의식행사의 지속화, ③ "언론매체 활용을 통한 국민적 '붐' 조성" 등을 적극적으로 시행하는 것이다. 먼저 "월드컵 축구의 붉은악마식 계기성 이벤트"는 한국군사사상의 대표적 상징인 "爲國獻身의 護國精神"을 전 국민에게 홍보함에 있어서 마치 월드컵 축구경기 기간 동안 붉은 악마들의 활동에 온 국민이 관심을 집중한 것에 착안하여 조직적으로 기획하고 추진하는 것이다. 즉 매년 6월의 '호국보훈의달'과 10월의 '국군의날'을 계기로 "爲國獻身의 護國精神" 관련 흥미 있는 콘텐츠를 개발하여 집중적인 범국민적 행사를 기획하고 시행하는 것이다. 그리고 "맛사다식 조국수호 결의대회" 의식행사는 특정 집단, 예컨대 군대의 장교 임관식 및 부사관 임용식 행사를 호국전적지에서 거행하되, 조국수호결의대회 형식을 취하여 새로운 각오를 다짐하는 계기로 삼자는 것이다. 이것은 마치 이스라엘이 맛사다에서 임관식을 하는 것과 일맥상통한 것이다. 이러한 조국수호 결의대회 장소로서는 南漢山城[30]이나 7백의총, 현충원 등의 역사적 호국전적지가 해당된다. 그리고 이러한 의식행사나 활동을 할 때는 반드시 언론매체를 활용하여 기획홍보를 함으로써 국민적 "붐"을 조성하는 것이다.

두 번째는 한국군사사상의 내면화를 위한 집중적 역사교육을 하는 것이다. 그 중심내용은 "爲國獻身의 護國精神"이며 이것이 우리 민족의 역사 속에서 상무정신, 화랑정신, 충절정신, 의병정신, 독립투쟁 정신, 자유민주주의 수호정신 등으로 어떻게 구현되었는지 그 내력을 소상하게 소개하는 것이다. 이를 위한 방법으로는 발표 및 토의식 교육을 통한 자기 신념화, 역사적 호국현장 탐방을 통한 결의 다짐 등이다. 먼저 발표 및 토의식 교육을 통한 자기 신념화는 그룹별 사례발표 및 세미나를 개최함으로써 발표자 또는 토론자 스스로 자기신념화가 될 수 있도록 자연스럽게 유도하는 것이다. 그리고 역사적 호국현장 탐방을 통한 결의 다짐은 마치 이스라엘 사람들이 통곡의 벽을 활용하듯 그 방식을 적용하는 것으로서, 역사적 호국현장을 탐방하되 부대별 건제를 유지하여 현장 탐방하는 프로그램을 정례화하는 것은 물론 이것을 부대별 교육훈련 주기에 반영하여 강력하게 추진하는 것이다.

참고문헌

강무학, 『한국의 병법』, 삼육출판사, 1978.

김선호, "한국군사사상", 『군사발전』 제65호, 육군교육사령부, 1992. 11월

---

30) "南漢山城"은 병자호란 당시 仁祖大王이 守禦將臺를 전투지휘소로 하여 끝까지 청국에게 저항하였지만 국력이 약하면 치욕적으로 항복할 수밖에 없다는 뼈아픈 교훈을 남긴 곳이다.

김종두, “군사사상과 연계한 정신전력 강화방안”, 『정신전력연구 제34호』, 국방대학교, 2004.
김희상, 『생동하는 군을 위하여』, 典廣, 1993.
류지영, “한국 군사사상의 발전적 정립 방안”, 2003학년도 연구보고서, 국방대학교 합동참모대학, 2003.
부무길, “군사사상 정립을 위한 제언”, 『호국』 제140호, 국방부, 1985.
육군교육사령부, 『한국군사사상연구』, 육군교육사령부, 1985.
육군대학, 『군사적으로 본 한국역사』, 육군대학, 1980.
육군본부, 『爲國獻身의 길』, 육군본부, 2004.
육군본부, 『육군군사용어사전』, 육군본부, 1994.
육군본부, 『한국고전사』, 육군본부, 1983.
육군본부, 『한국군사사상』, 육군본부, 1992.
윤우방, 『한국사 대계 (상고편)』, 삼진사, 1978.
이석우, “통일후 한국군사사상 정립방향”, 석사학위 논문, 국방대학원, 1994.
이선근, 『화랑도』, 형설출판사, 1971.
이종학, “고구려 군사사상 연구”, 『자유』 제318호, 2000. 2월
이호연, “통일한국의 군사사상에 관한 연구”, 석사학위 논문, 수원대 행정대학원, 2000.
임덕순, 『정치지리학 원리』, 법문사, 1989.
임수용, “한국군사사상과 국군의 뿌리”, 『호국』 제168호, 국방부, 1987.
최문길, 『군사사상의 정립체계』, 국방대학원, 1994.

제2장 한국의 병영문화 전통

박균열*

1. 한국의 병영문화 형성과정

한국의 병영문화의 형성과정은 한국군의 외형적인 변화과정과 밀접한 관련을 맺고 있다. 또한 외형적인 변모는 주요한 사건과 밀접한 관련을 갖고 있다. 한국군의 변천과정에 대해서는 많은 연구가 있다.[1)]

가. 건군기: 건군~한국전쟁 직전

제2차 세계대전 이후 미·소 양국을 중심으로 재편된 국제질서와 그로 인한 대립구조는 한반도의 분단을 초래하였다. 이에 따라 한국의 해방정국은 좌우익의 대립양상을 보이게 되었다. 1948년 남한 내의 남북협상파에 의한 통일정부 노력도

---

* 경상대학교 교수. 이장의 내용은 필자의 박사학위논문(2000: 121－177)과 박균열(2000: 95－116)을 보완·발전시킨 것이다.

1) 시기 구분에 대해서는 국방조직 변천을 중심으로 한 국방군사연구소(1995: 1－7), 국가·사회·군의 획기적인 사건을 중심으로 한 이선호(1996: 9－40), 한·미안보협력관계를 중심으로 한 서주석(1996: 78－91), 국방예산의 흐름을 중심으로 한 권태영 외(1998: 21－36), 군과 일반사회의 관계를 중심으로 한 조영갑(1988), 그리고 김순현(1990: 18－19) 등을 예로 들 수 있다.

무산되고 북한도 단독정부 수립을 지향함으로써 남북한에는 두 개의 단독정부가 수립되기에 이른다. 이러한 역사적 환경하에서 남쪽에서는 1946년 1월 14일 미군정에 의하여 경찰예비대(Police Preserve Force)의 성격을 띠는 '조선 국방경비대'가 창설(1946. 1. 15.)되었다(국방부, 1967). 이후 이는 미군정법령 제86호에 의거 '조선경비대'로 개칭되게 된다.[2)]

그러다가 미소양국의 한반도 내 철군 논의가 이루어지고, 1948년 7월 17일 대한민국 헌법이 공포된 날에 정부조직법(법률 제1호)이 공포됨으로써 국방부가 설치되었고, 1948년 8월 15일 대한민국 정부수립 선포와 더불어 미군정이 종식되자 통위부의 행정은 국방부로 이양되어 명실상부한 '국군의 출범'이 있게 된다.[3)] 그리고 '남조선 과도정부의 행정이양절차'에 의거 1948년 9월 1일 조선경비대와 조선해안경비대의 국군편입이 이루어졌고, 그 명칭도 동년 9월 5일 각각 육군과 해군으로 개칭되었다(한용원, 1990: 290).

이렇게 창설된 남한의 군대는 대체로 건군기, 성장기, 그리고 문민정부이후기의 변천과정으로 구분해 볼 수 있다.[4)] 남한 군대의 변천과정은 다양한 연구물들이 있다.

---

2) 박성수 외(1990: 286)에 의하면, 1946년 2월 7일에 조선경비대 총사령부가 설치되었다고 한다.

3) 현재 남한 군대의 '국군의 날'은 1950년 10월 1일 38선 돌파일을 고려하여 제정된 것이다. 동년 8월 15일이 사실상의 건군기념일인데도 불구하고 1998년의 경우 10월 1일에 건군 50주년 기념행사가 대대적으로 거행되었는데, 이는 사실상의 건군기념행사와는 차이가 있다. 한편 북한 군대에도 이와 유사한 북한 인민군의 건군기념일이 있는데, 1972년까지는 2월 8일로 시행이 되어오다가, 이후부터는 1932년 4월 25일 '조선혁명의용군'을 창건하였다고 하는 날을 인민군 창건일로 삼고 있다. 남북한 간에 있어서 날짜 문제로 인해 미묘한 신경전이 벌어지는 경우도 있는데 이는 지양해야 할 것이다. 만약 남한에서 북한의 건군기념의 문제로 군의 정통성을 문제삼고, 비판한다면 남한의 군대도 안고 있는 위의 건군기념일의 문제가 비판받을 수 있다는 점을 간과해서는 안 될 것이다.: 남한 군대의 창설 기념행사에 대한 문제는 육군본부(1992: 529－532) 참조.

4) 시기 구분에 대해서는, 국방조직 변천을 중심으로 한 국방군사연구소(1995: 1－7), 국가·사회·군의 획기적인 사건을 중심으로 한 이선호(1996: 9－40), 한·미안보협력관계를 중심으로 한 서주석(1996: 78－91), 국방예산의 흐름을 중심으로 한 권태영 외(1998: 21－36), 군과 일반사회의 관계를 중심으로 한 조영갑(1988), 김순현(1990: 18－19) 등이 있다. 앞의 내용을 토대로 3단계로 구분하였다. 건군기는 1945년 광복에서부터 1950년 한국전쟁이전까지, 성장기는 한국전쟁부터 문민정부출범이전까지, 그리고 문민정부 이후기는 문민정부 출범과 PKO 파병 등의 국제적 위상을 갖춘 현재 상황까지로 설정한다.

즉 국방부(1967, 1984), 육군본부(1980, 1992), 한용원(1984, 1989, 1998a, 1998b), 이재전(1967), 박경석(1984), 이한림(1994), 그리고 정토웅(1998) 등이다.

이와 같은 자료를 토대로 본 남한 군대문화의 특징은 변천 과정별로 구분해 볼 수 있는데, 우선 건군기에 있어서의 군대문화 특징은 다음과 같다.[5] 첫째, 외형상으로는 이 기간 동안 미군정의 지침에 따라 미국식의 민주주의에 친화력이 있는 세력이 군의 영향력을 행사하는 시기였으므로, 서구화된 군대문화가 외형상 군대문화의 이상으로 표방되었다. 미국식 군대문화는 한국전쟁을 겪으면서 더욱더 강한 남한 군대의 문화형성요인으로 작용하게 된다.

둘째, 내부적으로는 건군과정에 있어서 군인들의 항일운동에서의 군사적 항일경력이 높이 평가되었다. 이러한 이유로 독립군·광복군 등의 항일독립운동가 출신들을 중심으로 한 소위 국권회복의 전통이 건군이념으로 자리잡게 된다.

셋째, 또 다른 내부적인 특징으로 일본식 군대문화를 예로 들 수 있다. 일제시대 독립운동을 위한 민족군대 조직이 해방 후 남한에서는 미군정에 의하여 정통성을 인정받지 못하였으므로 민족군대의 특유한 문화가 군대문화를 좌우할 수 없게 되었다. 미군정이 국가관리를 위해서 필요성에 의해 일제시기의 관료 및 이들과 친화력이 있는 일본군 사관학교출신의 군장교들을 등용할 수밖에 없었고, 따라서 일본군대식의 군대문화가 표방하는 표본은 아니었지만, 상당한 영향력을 행사하는 군대문화의 사실상의 지위를 확보하게 된다.[6] 결국 이 문제는 신생국 군대가 겪게 되

---

5) 한용원(1984: 197－207)은 건군이념으로 반공·민주, 자주·독립, 직업주의를 꼽고 있으며, 조승옥(1998a: 38－47, 1998b: 119－120)은 여기에 국민주의를 추가하고 있다.: 여기서 반공주의는 자체적인 군대문화의 성격 면에 있어서의 특징이라기보다는 북한이라고 하는 국가의 정통성을 인정하지 않고자 하는 국가·사회적인 염원이 반영되어 있기 때문에 독자적인 건군기의 남한 군대의 문화로 보는 데는 설득력이 부족하다고 본다. 오히려 박정희 대통령 시기의 군대는 국가재건과정에서의 국가이데올로기의 필요성에 따라 반공주의가 당시의 군대문화의 특징이라고 본다.

6) 이는 건군과정에서 역사에 대한 재평가가 정확히 되지 않아, 일본군 출신의 장교들이 대거 흡수되면서 정통성 면에 있어서 독자적인 군대문화의 형성에 상당한 차질이 초래되게 된다. 이 문제는 미군정 이후 국가재건과정에서 군뿐만 아니라 국가 전체적으로 해당되는 사안이기도 하다. 이러한 시각은 關川夏央·蕙谷治 편(1999: 241－243)에 잘 나타나 있다. 한반도 내 '해방공간'에 있어서 남한은 전통사회의 노하우(know－how)에 따라 '양반정치'의 유산을 그대로 재현하였다.

는 군의 직업주의의 문제라기보다는 건국과정에서의 엘리트 충원과정상에 있어서 정통성이 없는 세력들이 편입됨으로써 발생되었던 문제라고 볼 수 있다.

나. 성장기: 한국전쟁~6공화국

이 기간은 남한 군대의 양적·질적 성장기로서 한국전쟁 이후부터 6공화국까지를 말한다. 즉 이 기간 중 군대는 국가 전반적으로 본격적인 서구화가 진행되면서 국가 발전의 중요한 동력 역할을 수행하게 된다.

이 시기의 군대문화의 특징은 다음과 같다. 첫째, 군대는 민간사회의 발전에 막강한 영향력을 행사하게 되면서, 그 군대문화는 국가·사회의 문화보다도 더 우월한 것으로 인식된다. 이러한 생각은 군 출신의 국가관료 및 사회중추기관으로의 진출률에서도 잘 입증되고 있다.[7] 그러므로 이 기간의 군대문화는 강한 국가엘리트주의가 지배적이었다. 또한 이 기간 동안 월남전 파병이 있게 된다. 월남전 파병에 대한 논란은 많이 제기되고 있으나, 국가·사회적 발전에 미친 긍정적인 영향은 부인할 수가 없다. 이러한 이유로 인해 자연스럽게 군대문화의 엘리트주의는 유지되었다.

둘째, 반공주의이다. 이 기간은 극명한 남북한의 체제 경쟁 시기이다. 그래서 군대문화는 국가 이데올로기를 반영하게 되고, 이러한 이유로 강한 반공주의를 나타내게 된다. 반공주의는 정치적인 문제와 민감하게 결부되면서 그 본래의 의미 이상으로 과장되거나 과소평가되는 경우도 있게 된다. 이러던 것이 6공화국의 북방정책으로 인해 군 내부적으로는 많은 혼란을 겪게 되는데, 이는 군 내부적으로는 주적(主敵)에 대한 개념 정리를 할 수 있는 긍정적인 계기가 되기도 했다. '연평해전'[8]과 '서해교전'[9]의 와중에서도 동해안에서는 금강산 유람선이 항해를 계속하게 되

---

7) 인물중심의 진출률뿐만 아니라, 군이 국가발전에 미친 영향에 대해서는 김순현(1990: 467－483), 화랑대연구소 편(1992a: 79－238, 1992b), 백종천 외(1994) 등이 있다.

8) 1999년 6월 7일부터 6월 15일 간 진행된 서해안에서의 남북한 해군 함대 간의 교전에서 남한 군대가 승리한 것을 기념하여 남한의 해군에서 지역의 이름을 따서 '연평해전'이라고 말한다.

는 문제에 대해서도 군은 큰 동요 없이 적응할 수 있는 것은 바로 이 시기의 과도기적 경험이 있었기 때문으로 분석된다. 국가 이데올로기를 상징하는 군대문화를 표방하게 된다. 그리하여 이 시기의 군대문화는 강한 반공주의를 나타내게 된다.

셋째, 초보단계의 직업주의이다. 본격적인 산업화에 부응하여 군도 예외 없이 전문직업화되어 갔다. 이전 시기의 아무런 대가 없이 오직 국가와 민족만을 위해 독립운동을 했던 것과는 달리 군대는 안보전문집단으로서의 필요성을 요청받고 있었다. 남북한 간의 국력비교에 있어서 북한에 비해 남한이 뒤졌던 1960년대에는 북한으로부터의 무력도발이 최대의 관건이 되었고, 이러한 이유로 간첩 잡는 데는 군대가 최고라고 하는 군에 대한 전문직업으로서의 객관적 평가를 하게 된다. 그리하여 이 시기의 군대는 군 내부에서 일어나는 비군사적 부문에 대해서도 군 전문성을 인정받기를 희망하게 되고, 이는 양적인 성장을 이루기는 했지만, 질적인 발전으로 나아가는 데는 구조적 한계를 안고 있었다. 그러므로 이 시기의 군대문화는 완전한 직업주의가 아니라 초보적인 직업주의 특성을 보이고 있다고 할 수 있다.

이와 같이 이 시기의 군대문화는 군의 강력한 국가 엘리트주의로 말미암아 일반사회는 군에 대해 직업주의 요구를 갖게 된다. 군 자체적으로도 군대문화 창출을 위해 부단히 노력을 했다. 소위 '언론인 폭행사건'[10]이 발생한 직후인 1988년 8월 8일 대대장급 이상 지휘관에 내린 육군참모총장 지휘서신은 "아무리 민주화 바람이 불어도 군대는 군대다워야 하고, 군인은 군인다워야 한다."라고 말하고 있다(육군본부, 1992. 2. 1., 조승옥, 1997: 19). 이는 정치적 상황에 연연하지 않고 군은 부여된 고유한 임무를 완수하기 위한 노력을 게을리 하면 안 된다는 의미이다.

사회 전반적인 군에 대한 불신의 확산과 국내 정치 환경 등이 성숙되지 못했던 점 등은 군대문화의 정체성 형성에 제한이 되었다. 하지만 이러한 노력은 이후 시기의 군대문화 발전에 긍정적인 요인으로 작용하게 된다.

---

9) 2002년 6월 29일 서해안에서 국제연합군이 설치한 북방한계선(NLL)을 넘어 남하한 북한경비정과 한국 경비정 사이에서 벌어진 교전. 북한의 기습공격에 한국군은 고속정 한 척이 침몰하고 해군장병 6명이 사망, 18명이 부상했다. 북한도 경비정 한 척이 불에 타면서 퇴각하였으며 다수의 부상자를 냈다.

10) 정보사 요원에 의한 오홍근(1988) 기자에 대한 폭행사건을 말함.

다. 문민정부 이후

문민정부의 출현(1993)과 함께 남한의 군대는 많은 변화를 가져오게 되는데, 그 특징은 다음과 같이 요약할 수 있다. 첫째, 군대문화에 대한 질적 평가 절하이다. 이 시기는 문민정부의 등장과 함께 군에 대한 재평가 작업이 이루어졌다. 문민정부는 개혁의 대상에서 군부도 제외시키지 않았다. 문민정부 초기에는 군의 자체적인 개혁 노력에 대해 그렇게 큰 인정을 하지 않았다. 즉 군대문화는 사회문화에 비해 질적으로 낙후된 문화로 인식되는 경향을 나타내게 된다. 그러나 군 내부적으로는 다음 두 가지 이유로 인해 문민정부의 개혁 사정에 대해 지속적인 지지를 보내지 못하게 되었다. 하나는 이전의 일부 정치군인들과 같은 수준에서 대다수의 전문직업군인들에 대한 일방적인 평가절하를 감내할 수 없다는 이유에서이고, 다른 하나는 이전 시기인 건군기와 성장기에 있어서 군대가 국가・사회 발전에 지대한 공헌을 했다고 생각하고 있었기 때문이다.

둘째, 문민정부의 객관적 문민통제가 정착되지 못했다는 점이다. 군 자체적으로도 주관적 문민통제를 당하지 않기 위해 많은 노력을 했다.[11] 하지만 문민정권과 국민적 정서는 아직도 객관적 문민통제로까지 나아가지 못하고 있었으며, 이러한 분위기는 군의 자율적 자생문화 형성에 여전히 장애요인으로 작용하고 있다고 하겠다.

2. 한국의 병영문화에 대한 평가

이상에서 남한의 군대문화에 대해 시기별로 구분하여 살펴보았다. 남한 군대의 변화 과정을 구체적으로 살펴보면 다음과 같다. 첫째, 건군기이다. 이 시기는 해방

11) 이와 관련한 자료는 화랑대연구소 편(1992a: 386－403), 육군본부(1992. 2. 11, 1992. 5. 13., 1992. 9. 25., 1993. 3. 9.), 『국방일보』(1992. 3. 27.), 육군 제9군단 사례보고(1992. 7. 10.), 그리고 수방사 제57사단의 사례보고(1992. 7. 10.) 등이 있다.

에서 한국전쟁이 있기까지의 시기로 국군의 태동과 창립의 형성기로 특징지을 수 있다. 미군정을 이어받아 미국의 지원하에 정치적으로는 민주주의를 표방하고, 경제적으로는 자본주의를 표방하는 사회여건 속에서 군의 모태가 형성된 것이다. 이 시기는 정치인들의 국권회복의 전통과 군인들의 항일경력이 서로 팽배하게 작용하여, 정치적으로는 문민우위의 전통이 군인들에게 강요되었고, 군은 항일경력에 대한 반대급부의 요구가 있게 된다.

둘째, 성장기이다. 이 시기는 몇 가지 중요한 과정이 있다. 한국전쟁, 5·16 군사혁명, 월남전 참전 등이다. 이 시기에 국군이 급성장하기는 하였으나, 모진 시련을 겪어야만 하였다. 한국전쟁으로 급격히 팽창된 군사력의 재정비 그리고 5·16 군사혁명으로 인한 한국군의 제도화와 장교의 전문화에 획기적인 전환점을 이룬 월남전 참전 등 제반 상황이 국내외의 정세에 따른 자주국방태세의 확립을 이루게 된다. 이 시기는 군의 성장기 동안 강력한 개발 정책에 따라 군부의 반대급부가 충분히 보상됨으로써 군인들에 의한 독자적인 군대문화의 생성에는 상당히 긍정적인 요인으로 작용했지만, 일반사회의 입장에서는 객관적으로 인정해 줄 수 없는 잠재적 갈등요인이 지속해서 남아 있게 된다.

끝으로, 문민정부[12] 이후기이다. 이 시기는 문민정부의 등장과 함께 주변국과의 관계 및 세계평화에 기여할 수 있는 기반을 마련하는 기간이다(국방부, 1998: 95－110). 즉 문민정부의 등장과 사회의 군에 대한 재평가와 함께 군의 위상은 세계화의 추세에 걸맞은 모습으로 나아갈 것을 요구받게 된다. 이제 군 스스로도 직업주의, 객관적 문민통제를 인정하고자 해도 일반사회적인 여건은 주관적인 문민통제 요인이 더욱 강하게 제기되고 있어 독자적인 군의 문화창출은 지체되게 된다. 김대중 정부에서는 군의 사기 및 복지 증진을 병영문화의 핵심으로 꼽았다. 간부에게는 직무만족도를 고양하는 데 주안을 두었고, 병사들에게는 복지 증진을 목표로 했다(국방부, 1997: 170－180). 김대중 정부는 총괄적인 병영문화 대안을 제시하고 있으면서도, 특별히 사회적 물의를 빚었던 병역비리를 근원적으로 차단하기 위해 새

12) 흔히 '문민정부'는 김영삼 대통령의 정권을 말하는데, 이전 시기는 그렇지 못했기 때문에 이 용어 자체가 김영삼 정부의 별칭이 되었다. 이후 시기는 모두 문민정권이기 때문에 '문민정부'와 '문민정권'을 같은 맥락에서 혼용한다. 구분 시에는 '김영삼 정권' 또는 '김영삼 정부'로 별도로 구분한다.

로운 징병검사 시스템을 개발·운영하는 등 '병역문화'라는 새로운 용어를 사용하고 있다(국방부, 2002). 노무현 정부에서는 『참여정부의 국방정책』(국방부, 2003)을 필두로 하여, 다양한 병영문화 개선을 위한 가시적인 노력이 이루어졌다. 이전 시기는 주로 '합리적인 관리(rational management)'에 초점이 두어졌다면, 이 시기는 공동체 구성원들 내부의 합리적 의사소통과 그 제도화가 주로 이루어졌다. 그리하여 다양한 법령이 제정되거나 개정되었다([부록] '병영문화관련 주요 법령(안) 목록' 참조). 그중 『국방개혁에관한법률』에는 병영문화 개선 및 발전의 의무를 국방장관에게 부과하고 있다.

> 제5장 병영문화의 개선·발전
>
> 제31조 (발전방향) 국방부장관은 군에서 복무하는 장병에 대하여 기본권을 보장하고 군 복무와 관련된 문화적 갈등요인을 최소화함으로써 군 복무에 대한 자긍심을 높이며, 군인으로서의 임무수행을 충실히 수행할 수 있도록 병영문화를 개선·발전시켜야 한다.
>
> 제32조 (장병 기본권 등의 보장)
>
> ① 국방부장관은 장병의 기본권이 보장될 수 있도록 군인의 복무에 관련된 제반 환경을 개선·발전시켜야 한다.
>
> ② 국방부장관은 장병이 민주시민으로서 건전한 가치관을 정립하고, 자기계발의 기회를 향유하며 군 복무에 대한 사회적 명예를 고양시킬 수 있는 제반 정책을 수립·시행하여야 한다.
>
> ③ 국방부장관은 장병이 군인으로서의 임무를 충실히 수행할 수 있도록 부대관리 체계를 발전시키고 복지수준을 향상시키기 위하여 종합적인 계획을 수립·시행하여야 한다.
>
> ④ 장병 기본권의 보장 및 복지수준의 향상을 위하여 필요한 사항은 따로 법률로 정한다. (『국방개혁에관한법률』(2006. 12. 28.))

문민정부의 등장에 대해서는 뿌리 깊게 자리한 조선시대로부터 이어오고 있던 유교적 전통으로 복귀를 의미한다는 비판이 제기되기도 한다(關川夏央·蕙谷治 편, 1999: 244). 거시적으로 볼 때, 문민정부의 등장은 '자유화'의 확대, 개방성, 그리고 다양성이 제고된다고 하는 측면에서 인류의 보편적 문화의 흐름에 순응하는 과정이라고 볼 수 있다. 그렇기 때문에 문민정부 등장은 남한 군대의 가장 최근의한 단계 도약을 가져올 수 있었던 하나의 시발점이 되었다.

또한 이 시기는 각종 군사교류협력의 다변화와 국제군비통제활동 및 연합국의 훈련참가, 그리고 특히 유엔회원국으로 참가하고 난 뒤부터는 1993년 소말리아 평화유지활동(UNOSOMⅡ)을 필두로 각종 유엔평화유지활동(PKO: Peace Keeping Operations)에도 참여하는 적극적인 안보주권국으로서의 지위를 다지게 된다.[13)]

이상의 남한 군대의 변화과정은 외관적인 성장의 모습이다. 그렇다면 이러한 변화·성장의 과정에서 남한 군대의 문화는 어떻게 변화해 왔고, 그 특징은 어떠한지를 살펴보아야 할 것이다.

이러한 역사적 변천과정을 바탕으로 군대문화에 대한 연구의 경향에 대해 간단히 살펴보면, 대체로 지금까지의 군대문화에 대한 연구는 후진국과 개발도상국에서의 군부가 가지는 정치적 권력과 영향력 등에 초점을 두고 군과 일반사회의 관계에 관한 연구가 주종을 이루었다.[14)]

대체로 이러한 연구들은 군대 자체의 고유한 문화적 정체성을 객관적으로 정립하는 데는 부족한 점이 있었다. 소위 '군부정치'에 대한 비판적 여론을 인식한 상대적 반향이라고 보인다.[15)] 즉 여론화된 주제만이 군대문화의 전부인 것으로 인식되는 경향을 말한다.

남한 군대의 독자적인 군대문화의 정착은 자체적인 노력에 비해 그 성과는 미미했다. 홍두승(1993: 223)은 창군 이래 한국군에 형성된 군대문화의 특징은 반공문화를 제외하면 사병들의 병영문화와 장교들의 기술주의라고 볼 수 있는데, 우선 한국군은 그동안 강제성과 타율성에 의한 내무생활을 개선하지 못함으로써 참신한

13) 한국군의 유엔 평화유지활동 참여현황은 국방부(2006: 142) 참조.

14) 양병기(1998), 김순현(1990), 박재하 외(1991), 육사 화랑대연구소 편(1992), 조승옥(1998a, 1998b), 조승옥 외(1998): 이외의 연구에서도 군과 일반사회의 관계 문제는 대부분 빠지지 않고 등장하고 있다. 특히 정치학적으로 정치발전 과정에서 군이 미치는 영향을 연구하는 소위 권력론에 관한 연구에 집중되고 있다. 그렇기 때문에 군대문화의 형성도 이러한 연구경향으로 인해 군사문화라고 하는 오해를 불러일으키는 요인이 되었다고 본다.

15) 오홍근(1988)의 글이 김영종(1988)의 유사 주제의 글보다 뒤늦게 나온 글임에도 불구하고 — 그 비판의 수위는 차지하고라도 — 오홍근의 글이 군대문화에 대한 담론의 소재로 자주 인용되는 이유는 그가 정보사 요원에 의한 폭력사건으로 인해 대중적 인지도가 높았기 때문으로 본다.

병영문화를 창달할 수가 없었다고 지적하고 있다.

그 이유는 홍두승(1993)이 주장한 바와 같이 군 자체의 개선 노력이 부족한 점도 있지만, 사회적 분위기가 군대문화의 독자적인 지위를 인정해주지 못하는 문화적 환경에서 기인된 것이라고 볼 수 있다.

사실 문민에 의한 군의 통제에 대한 인식은 군부도 인정하고 있으나, 군 지도자들은 객관적 문민통제를 원하고 있는 반면, 민간은 주관적 문민통제를 강요하고 있어 자생적인 군의 문화창출 노력은 그 노력에 비례하여 국민적 지지를 얻을 수 없게 된다.

헌팅턴이 말한 바와 같이, 군의 정치적 중립과 군 전문직업주의만을 강요하게 되면, 군의 군사화(militarization)가 갖는 폐쇄성으로 말미암아 개방적인 일반사회의 문화를 받아들일 수가 없어 장기적으로 볼 때, 정체될 수밖에 없는 데도 불구하고 군은 철저히 중립성과 군사화를 강요받고 있었다.

이와 같은 점은 군의 전문화라고 하는 일차적인 목표는 달성할 수 있을지라도 경쟁력 있는 전문화가 되지 않아 통일 한국군의 목표문화 설정 시에는 강한 부정적 요소로 제기될 가능성이 있다.

남한 군대문화에 대한 연구 경향은 대체로 다음과 같이 평가할 수 있다. 첫째, 주로 군과 일반사회의 관계의 측면에서 다루어졌다는 점이다. 둘째, 간부 위주의 군대문화에 초점을 맞추었다. 셋째, 접근법에 있어서 외형적 · 제도적 측면에 집중되었고, 생활문화적인 측면에서의 연구는 소홀히 다루어졌다. 끝으로, 관계의 측면에 비중을 두었고, 독자적인 문화일반으로서의 군대문화에 대한 연구가 부족하였다.

그러나 군대문화 자체를 연구의 대상으로 삼고, 여기에 대한 객관적인 연구를 진척시킨 경우도 다수 있다. 즉 이동희(1972), 박재하 외(1991), 원재홍 외(1993), 이동훈(1995), 그리고 홍두승(1996) 등이다. 특히 홍두승은 민간학자로서 일반시민문화와의 상대적인 비교를 통해 군대문화 중 부정적 요소를 지적하고 독자적인 군대의 문화영역을 도출해내고자 한 점에서 높이 평가할 만하다. 이동훈(1995)과 원재홍 외(1993)는 실증적인 조사분석을 통해서 군대문화에 대한 진단과 그 대안을 모색했다는 점에서 눈여겨 볼만하다.

또한 독고순(1994)은 군대문화가 갖는 경성적 요소보다는 연성적 요소에 많은 관심을 갖고 있다. 그는 기존의 군대문화 연구에 있어서 군과 일반사회관계에 국한된 편협된 접근을 지적하고, 군대문화에 대한 구조적 접근을 비판하면서, 소위 생활세계의 기능적 접근을 제기하였다. 또한 그는 군대문화에 대한 연구가 부진했던 중요한 이유로 군의 내적 논리를 피력하기 위한 어떤 움직임도 군사 정권의 이데올로기를 더욱 강화시키는 논리가 되거나 비판에 대한 변명밖에 되지 못했다고 진단하고, 기존의 군대문화가 연예, 오락, 그리고 체육활동 등의 극히 제한적인 문화활동만으로 명맥을 유지할 수밖에 없었던 점을 극복하기 위해서는 하위문화의 연구에 대한 진지한 논의를 주장하고 있다. 대안으로 제시하는 군대문화에 대한 연구방법은 문화에 대한 구성적 관점과 작은 집단에 대한 질적 연구인데, 눈여겨 볼만하다.

이러한 문헌 분석을 토대로 할 때, 남한 군대문화의 특징은 다음과 같다. 첫째, 군에 대한 주관적 문민통제이다. 남한 군대는 건국·건군기에서 미국식 민주주의를 도입하는 데 많은 문제점이 있었다.[16] 당시의 국제연합(UN)이 권고한 결정 등을 고려해 볼 때, 조기에 한반도의 문제가 한반도 내부의 문제로 해결되기를 권고받고 있었기 때문에 미국의 입장으로서는 빠른 시간 내에 북한지역의 공산주의 세력으로부터 남한이 자생적으로 자립해가기를 희망했다고 볼 수 있다. 이 과정에서 국가재건의 실무 경험이 있던 일제하의 관료출신들이 대거 등용되고, 마찬가지로 군 내에서도 일본군 출신의 장교들이 최대 파벌로 등장하게 된 것이다. 이는 최초 등용된 일제 관료출신자들이 군 내부에서의 일본군 출신의 등용을 미군정 측이 일방적으로 권고했다는 추론을 해 볼 수도 있고, "장교의 질적 향상을 위한 조치"였다고 볼 수 있으나(박성수 외, 1990: 291), 소위 정통성이 있었던 독립운동출신의 정치인들이 군부에 일본군 출신이 많다 하여 군대를 '민족반역자의 대피호'라고 하는 등 군에 대해서 많은 반감을 갖고 있었던 것도 그 한 원인이었다고 본다.

이와 같은 당시의 상황들은 과거 및 당시의 역사에 대한 비판적 재평가 없이 문민우위의 조선시대의 전통을 그대로 이어받아 군에 대한 주관적 문민통제를 강요하는 전통이 되었다고 볼 수 있다.

둘째, 군 내부적으로 사상적인 문제가 상존해 있었다는 점이다. 군 내부의 문제

16) 군대에서 미국식 편향의 이유에 대해서는 한용원(1998a: 12－17) 참조.

로 일본군 출신의 문제가 가장 큰 문제였다고 한다면, 북한 정권의 수립으로 인해 국가 이데올로기적인 문제가 등장하게 된다. 전자의 문제가 독립운동에 대한 정통성의 문제였다고 한다면, 후자의 문제는 국가이데올로기에 대한 정통성의 문제라고 볼 수 있다. 그리하여 상호 밀고하게 되고, 시기질투, 그리고 파벌의식 등이 등장하게 된 원인이 되었다.[17]

셋째, 거시적인 국가·군대의 문제, 즉 군부의 정계진출, 군대의 국가개발정책 참여 등의 문제가 국민적 관심사가 되고 있었던 반면, 정작 군대 성원의 대다수를 차지하고 있는 병영내부의 문제에 대해서는 관심을 돌릴 수 없었다. 이러한 이유로 군 부재자 투표 등과 같은 대군 이미지에 대한 부정적 견해가 팽배함에 따라 군의 복지문제[18]에 대해 덜 신경 쓰게 되었고, 이로 인해 병영 내 장병들을 위한 건전한 병영문화를 개발하고 이를 지원하는 데는 인색했던 것이다. 그러나 홍두승(1997)과 이동훈(1999)[19] 등은 병영문화에 대한 좋은 연구사례이다. 또한 야전에서의 '진중놀이'의 발굴 및 개선 노력도 눈여겨 볼만하다(『국방일보』, 1999. 6. 4./1999. 7. 1., 육군본부, 1999b).

---

17) 군인으로서의 '박정희'의 경우도 한국전쟁 직전에 이러한 문제로 인하여 군법에 회부되었다가, 군무원 신분으로 한국전쟁을 맞았다. 자세한 내용은 박정희(1971), 조갑제(1998. 1. 23.), 이우영(1991: 110－111) 등에서 찾아볼 수 있다(권장희, 1999: 101－113).

18) 군 출신 대통령의 경우도 자신들의 정통성을 지속적으로 확보하기 위해 군에 대한 복지의 문제는 덜 신경 쓰게 되었다. 예컨대 전두환 전 대통령 집권기간에 군인들의 보수를 기존의 것보다 상대적으로 낮게 책정토록 조치하기도 하였다.

19) 이동훈(1999: 177－181): 그는 병영문화 센터를 정훈에서 맡아서 주관해야 한다고 주장하고 있다. 그러나 그 센터를 어디에서 주관하는가는 더 논의되어야 할 것이다. 예컨대 예하 계선조직을 조직적으로 확보하고 있는 일반참모부서인 인사복지국에서 맡는 방안과 통일군대의 상황을 고려하여 군비통제관실에서 주관할 수도 있다.

참고문헌

[1]

『계엄법』
『국군조직법』
『국방개혁에 관한 법률』
『국방일보』
『군 의문사 진상규명 등에 관한 특별법』
『군인복무기본법(안)』
『군인사법』
『군인징계령』
『통합방위법』

[2]

關川夏央・蕙谷治 편, 김종우 역, 『김정일의 북한, 내일은 있는가』, 청정원, 1999.
국방군사연구소, 『국방정책변천사』, 1995.
국방부, 『(정신교육기본교재) 위기극복을 위한 우리의 다짐』, 1999. 9.
국방부, 『1997-1998 국방백서』, 국방부, 1997. 7.
국방부, 『1998-2002 국방정책』, 국방부, 2002. 12.
국방부, 『2006 국방백서』, 국방부, 2006. 12.
국방부, 『국군정신교육 기본교재』, 1998. 8.
국방부, 『국방사: 1945. 8-1950. 6』, 전사편찬위원회, 1984.
국방부, 『참여정부의 국방정책』, 2003. 7.
국방부, 『한국전쟁사 제1권』, 전사편찬위원회, 1967.
권장희, "박정희 대통령의 정치성향과 안보환경 인지가 통일정책에 미친 영향에 관한 연구", 서울대학교 대학원 박사학위논문, 1999.

권태영 외, 『선진국방의 지평－21세기 국방발전의 비전과 방향』, 을지서적, 1998.
김순현, 『군사문화』, 을지서적, 1990.
김영종, “군사문화가 부패를 구조화시킨다”, 『월간 신동아』, 1988. 5.
독고순, “군 문화 연구의 새로운 지평”, 『국방논집』 제27호, 한국국방연구원, 1994.
박경석, 『오성장군 김홍일』, 서문당, 1984.
박균열, “통일 한국의 군 통합과 군대문화”, 서울대학교 대학원 박사학위논문, 2000.
박균열, 『통일 한국군의 문화통합과 가치교육』, 한국학술정보(주), 2006.
박성수 외, 『현대사 속의 국군: 군의 정통성』, 전쟁기념사업회, 1990.
박정희, 『민족의 저력』, 광명출판사, 1971.
백종천 외, 『한국의 군대와 사회』, 나남출판, 1994.
서주석, 『한・미안보협력 50년의 재조명』, 한국국방연구원, 1996.
수방사 제57사단, (사례보고)『언어순화운동 실시와 그 효과』, 1992. 7. 10.
양병기, “한국의 군 직업주의와 민군관계”, 『국방논집』제44호, 한국국방연구원, 1998.
오홍근, “청산해야 할 군사문화”, 『월간 중앙』, 1988. 8.
원재홍 외, 『한국 군대문화에 관한 실증적 연구: 공유가치, 업무행태, 분위기 및 용어를 중심으로』, 육군사관학교, 1993. 12.
육군 제9군단, (사례보고)『건전한 음주풍토 확립정착』, 1992. 7. 10.
육군본부, 『건전한 오락문화 정착 추진』(주요부대 인사참모회의록), 1992. 5. 13.
육군본부, 『국군의 脈』, 1992.
육군본부, 『답게 하기 운동 전개』(전체참모회의 시 총장 훈시내용), 1992. 9. 25.
육군본부, 『병영체육 활동 모델/ 레크레이션』, 1999.
육군본부, 『신뢰받는 군대상 정립』(제30대 육군참모총장 취임사), 1993. 3. 9.
육군본부, 『의식전환 행동실천과제Ⅱ』, 1992. 2. 11.
육군본부, 『창군전사－병서연구』, 제11집, 1980.
이동훈, “한국 군대문화 연구”, 『한국사회학』제29집, 1995 봄호.
이동훈, 『위기관리의 사회학』, 집문당, 1999.
이선호, “한국군 성장 50년의 발자취와 사회발전”, 『국방학술논총』제10집, 한국국방연구원, 1996.
이재전, 『군인복무규율 제정경위 및 해설』, 육군본부, 1967.
이한림, 『세기의 격랑－회상록』, 팔복원, 1994.
정토웅, “군사분야 — 건군 50년에 되돌아본 문헌연구 —”, 『국방연구』제41집 제1호, 국방대학원 안보문제연구소, 1998.

조갑제, “내 무덤에 침을 뱉어라!”, 『조선일보』, 1998. 1. 23.

조승옥 외, 『육군 문화 발전방안 연구: 기본 발전방향 제안』, 화랑대연구소, 1998.

조승옥, “군대사회와 군대문화”, 조승옥 외, 『군대윤리』, 봉명, 1998b: 67－139.

조승옥, “한국군 군대문화 조형방향: 반성과 전망”, 『한국군 군대문화의 회고와 발전적 정립』, 육사 화랑대연구소, 1998a.

조영갑, 『한반도와 민군관계』, 병학사, 1988.

한용원, “건군과 한국군 군대문화: 전통과 유산”, 『한국군 군대문화의 회고와 발전적 정립』, 육사 화랑대 연구소, 1998a.

한용원, “국군 50년: 창군과 성장”, 『국방연구』제41권 제1호, 국방대학원 안보문제연구소, 1998b.

한용원, “대한민국 국군의 창설”, 삼균학회, 『민족독립운동과 국군의 맥락』, 1989.

홍두승, “‘군사문화’와 ‘군대문화’는 별개의 것이다”, 『한국논단』, 1993. 10.

홍두승, “직업군인과 삶의 질 — 정책대안의 모색 —”, 『한국정책학회보』제6권 제2호, 한국정책학회, 1997.

홍두승, 『한국 군대의 사회학』, 나남출판, 1996.

화랑대연구소, 『한국군의 이미지 조사』, 육군사관학교, 1992.

제3장 병역제도

김창주*

1. 머리말

냉전 당시 한국의 안보문제는 주적개념이 분명했고, 세계 최강이라는 미국의 적극적인 지원을 받는 상황이었기 때문에 국가의 안보상태를 유지할 수 있었다. 그러나 작통권의 단독행사가 이뤄지면 그동안 거의 무조건적으로 한국의 안보를 담당했던 미국의 지원이 대폭 약해질 가능성이 높다. 반면에 대북교류와 협력이 강화될 경우 대북 경계심이 이완되는 과정에서 안보전선은 아슬아슬한 순간도 많이 발생할 것이다. 실제로 만만찮은 규모의 충돌을 감내해야 할지도 모른다(백낙청, 2006: 89).

이를 극복하기 위해서 일각에서는 중립화 통일방안을 제시하기도 하지만, 차제에 우리가 참고해야 할 사례는 1839년 이래 벨기에 왕국이 영세중립국이었음에도 불구하고 양차세계대전에서 독일에 의해 유린되었고, 스위스의 경우도 1674년 중립을 선언했음에도 불구하고 주변국에 의해서 4차례나 침략을 받았으며, 대한제국도 러일전쟁 중에 중립을 선언했지만 일제에 의해서 주권을 잃었던 역사적 사실을 상기해야 할 것이다. 따라서 군사적 위협이 거의 없는 국가들도 비상시 자국의 안보를 위하여 필수적인 군사력을 평시부터 상비군화하는 것이다(김두성, 2002: 12). 차제에 우리나라는 군을 양에서 질로 개혁하기 위해 국방개혁 2020을 추진하려 한다.[1] 본 연구는 군사력의 핵심 과제 중에 하나인 병역제도의 결정요인을 규명하는

* 육군종합행정학교 교수. 이장의 내용은 필자의 다음 논문을 보완·발전시킨 것이다: 김창주, "병역제도 결정요인에 관한 연구", 『남성대 논문집』, 육군종합행정학교, 2006, pp.297－344.

데 그 목적을 두었다.

왜냐하면 병역제도를 결정하는 요인을 바르게 규명할 경우 현재의 병역제도의 개선은 물론이고 국방개혁 2020 이후에도 유용하게 활용될 수 있기 때문이다.

병역제도를 알아보기 위한 기존의 선행 연구 자료에 의하면 주로 단순비교법을 사용하였다. 그러나 병역제도를 결정하는 요인들이 단순하지가 않고 특정 국가와 비교해서 우리의 병역제도를 논한다는 것은 오류를 범할 가능성이 높으므로 본 연구에서는 영국 등의 유럽선진국 16개 국가를 표본국가로 설정하였다.

표본 국가들의 병역제도 변화를 살피기 위해서 1975년부터 2003년까지의 자료를 검토하였다. 병역제도를 결정하는 요인(독립변수)의 계량화는 영국 군사전략문제연구소(IISS: the International Institute for Strategic Studies)의 Military Balance의 1990년에서 2003년까지의 자료를 기본으로 활용하였다. 그 이유는 IISS의 Military Balance가 전 세계 각국 군대의 군사력에 대한 양적평가로써 인정받고 있으며 특히 어떤 정부나 관변단체, 특정조직이나 여타 조직의 이해에 좌우되지 않는 정보이기 때문이다(IISS, 2003: 4－6). 이를 토대로 본 연구에서는 선진국 병역제도 결정의 요인을 탐색해 보고 병력제도의 유형을 결정할 수 있는 분석틀을 구해보고자 한다.

본 연구에서의 문헌조사 분석은 대체로 다음과 같은 영역에 대한 내용의 전개를 위해 실시하였다. 첫째, 병역제도 결정에 대한 이론적 배경을 얻기 위해서 선행연구에 대한 분석이다. 병역유형의 비교분석을 통해 장단점을 찾고 한국군에 적용하기 위해서 학계와 관련 기관의 자료를 인용하였다. 둘째, 외국의 병역제도와 유형의 변화에 대한 사례연구이다. 이는 탈냉전 이후 변화되고 있는 세계 각국의 병역제도에 미친 결정요인(독립변수)을 찾아서 이를 한국군의 병역제도에 적용해 보기 위해서이다. 최근의 실증사례이므로 언론보도 자료나 인터넷의 자료를 활용하였다.

병역제도 모형을 결정하기 위하여 본 연구에서는 다음과 같은 구체적인 절차를 통해서 연구를 진행하였다. 먼저, 본 연구의 제1장에서는 연구의 목적과 범위와 방법 그리고 연구의 절차를 밝혔다. 연구의 목적은 병역제도의 결정요인을 찾는 데

---

1) 2020년까지 육군은 17만 7천 명, 해군은 4천 명이 각각 줄어들고, 공군은 현 병력이 그대로 유지된다. 현재 25:75 비율인 부사관 이상 간부와 사병의 비율은 40:60으로 조정되며 여군 장교는 2.7%에서 7%로 여군 부사관은 1.7%에서 5%로 각각 늘어나며 총병력 50만을 지향하고 있다.

있으며 연구방법은 문헌분석과 실증분석으로 나누어 진행하였다.

제2장에서는 본 연구의 수행과 관련된 개념을 규정하고 병역제도의 주요 결정요인을 알아보기 위해서 국내학자의 선행연구를 정리하고, 특히 Manigart와 Haltiner의 연구를 토대로 하여 본 연구에 적용할 분석틀을 설정하였다.

제3장에서는 한국의 병역제도를 알아보기 위해서 병역제도의 변화에 대한 외국의 사례를 비교 분석하였다. 안보환경의 변화가 병역제도에 어떤 영향을 미쳤는지 또는 어떤 예외규정이 있었는지 등에 구체적인 사례를 살펴보았고, 이 외에도 병역제도 변화에 또 다른 기타 사례들을 규명해 보았다.

마지막에는 본 연구의 연구결과를 요약정리하고 연구 한계와 후속 연구를 위한 제언을 제시하였다.

2. 병역의 개념과 병역제도 유형

병역(military service)은 "한 나라의 국방력을 구성하는 데 있어서 인적 부담을 말하는 것으로서 이는 모든 국민이 국가에 충성을 다하고 몸과 마음을 바쳐 국토방위 의무를 충실히 수행하는 것을 말한다."(김용탁 · 송재천, 1977: 13)

이를 다시 크게 ① 협의의 병역, ② 광의의 병역, ③ 가장 넓은 의미의 병역으로 구분할 수 있다(김두성, 2002: 14). 협의의 병역은 "국가의 복무명령이 있는 경우에 국민은 군의 구성원으로 군에 복무할 의무"가 있다는 것이다(유지태, 1997: 1011). 이는 실정법상 군적에 편입되어 군에 복무하는 경우를 의미하는 것이므로 징병검사대상자, 징집면제자, 보충역, 향토예비군은 협의의 병역에서 제외된다.

반면에 광의의 병역은 "군사력 구성을 위한 국민의 인적 부담"으로 보는 견해이다(김용탁 · 송재천, 1977: 31). 따라서 실정법상의 현역장병 외에도 제1국민역(징병검사대상자), 제2국민역(징집면제자), 종전의 방위병 복무 등도 포함된다. 그러나 이 경우에도 민간산업체 종사자 및 공공기관에서 병역의무를 이행하는 자는 제외된다.

가장 넓은 의미의 병역이라는 것은 국가안보 차원에서 병역을 보는 견해로서 『비군사적 분야에서 국가 및 사회 경제 발전을 위한 봉사활동』도 병역으로 보는 것이다. 실정법상 공공기관에서 근무하는 공익요원이나, 산업체에 근무하는 기능요원의 역할이 이에 포함된다고 할 수 있다.

우리나라 헌법 제39조는 "① 모든 국민은 법률이 정하는 바에 의하여 국방의 의무를 진다. ② 누구든지 병역의무의 이행으로 인하여 불이익한 처우를 받지 아니한다"고 명문화하고 있다. 따라서 병역법에 의해서 복무하고 있는 비군사적 분야에서의 대체복무도 병역의무(국방의무) 이행으로 인정해야 하며 병역법 제5조 병역의 종류에서도 비군사분야에 근무하는 공익근무요원과 산업체 기능요원 등을 군 복무로 규정하고 있다.

북한도 『사회주의 헌법』(1998년 9월 개정) 제86조에 "조국보위는 공민의 최대의 무이며 영예이다. 공민은 조국을 보위하여야 하며 법이 정한 데 따라 군대에 복무하여야 한다."고 규정함으로써 국민개병주의를 명문화하고 있다. 복무연한은 1993년 4월부터 김정일 국방위원장의 지시에 따라 만 10년을 복무해야 제대할 수 있는 '10년 복무 연한제'를 실시하였으나 1996년 10월 군 복무조례를 변경하여 사병들의 복무연령을 남자는 30세, 여자는 26세로 통제하고 있다. 특히 근년에 들어 자유와 배금주의사조의 만연 등으로 청소년층에 중노동 직장 희망자가 감소하자 1996년부터 군사복무 대상을 6~7년간 탄광에서 근무토록 조치하고 이들의 탄광복무기간을 군사복무로 인정해주는 '탄광복무제'를 도입, 운영하고 있다.

이런 일련의 현상은 최근 국가안보가 외교·정치·경제·군사력을 포함하는 총력전이기 때문에 병역의 개념을 "군사력 구성의 인적 부담" 견해에 못지않게 국가 경제·사회적 목적을 위한 인적 부담으로 확대 해석하고 적용하고 있다는 것을 의미한다. 그러나 비군사분야의 병역대체복무의 경우는 국민개병제 아래서 잉여자원의 효율적 활용과 병역의 형평성 제고를 위한 보조수단임을 감안할 때 병역자원의 감소로 현역소요를 충당하고 남는 자원이 없다면 축소 또는 폐지되어야 하므로(병역정책연구소, 2001: 249), 이를 병역의 본질적 개념으로 보기는 곤란하다는 주장도 있다(김두성, 2002: 15). 그러나 통일이 되면 북한으로부터의 안보위협이 소멸되면서 인구는 자연 증가되는 반면에 상대적으로 병력은 감축될 것이다. 특히 병역제도는 인구구조에 크게 영향을 받기(정주성 · 안석기, 2000: 65) 때문에 출산율의 저하로 징집대상 인구가 적어지는 한국의 병역제도도 변환될 가능성이 높다고 봐야 할 것이다.

병역제도는 거듭되는 발전을 통해서 의무병제와 지원병제 그리고 혼합형제로 대별하게 되었다. 의무병제도는 모든 사람들이 동시에 민간인이면서 군인일 수 있다는 민병제(militia service system, 民兵制)와 대부분의 기간은 시민사회에서 활동하되 특정기간 국방의 의무를 수행하는 의무병제도로 구분한다(김문성, 1989: 39, 김병조, 2002: 294). 의무병제도는 다시 모든 병역대상자가 군 또는 국가가 정하는 공공분야에 근무하는 전면징집제(universal service system)와 병역대상자 중 일부만 징집되고 나머지는 특례법에 의거 병역의무가 해제되는 부분징집제(selective service system), 국가봉사제(Universal National Service)로 구분한다. 그러나 한국국방연구원의 병역제도 발전방향 정립연구에서는 의무병제와 동원제로 구분하고 동원제에 민병제와 소집제 그리고 국민군사훈련제로 세분하기도 한다(<표 1> 참조).

〈표 1〉 병역제도의 유형 및 특징

<table>
<tr><th colspan="3">구 분</th><th>주 요 내 용</th></tr>
<tr><td rowspan="6">의무병제도</td><td rowspan="3">징병제</td><td>전면징집제</td><td>병역대상자 전원을 현역에 징집하는 제도</td></tr>
<tr><td>부분징집제</td><td>병역대상자 중에 적격자를 선별 현역으로 징집하는 제도</td></tr>
<tr><td>국가봉사제</td><td>병역대상자 전원이 병역이나 사회봉사 중 택일하는 제도</td></tr>
<tr><td rowspan="3">동원제</td><td>민병제</td><td>병역대상자 전원이 단기훈련 후 생업에 종사 중 유사시 소집하는 제도</td></tr>
<tr><td>소집제</td><td>병역대상자 전원이 단기간 현역 복무 후 부대동원 형태에 따라 보수와 훈련을 차별적으로 받는 제도</td></tr>
<tr><td>군사훈련제</td><td>병역대상자 전원이 단기간의 기본훈련을 받고 대기 병력으로 남아 있다가 유사시 순차적으로 동원하는 제도</td></tr>
<tr><td rowspan="4">지원병제도</td><td colspan="2">직업군인제</td><td>군인을 직업으로 선택해 군 복무가 생활의 수단이 되게 하는 제도</td></tr>
<tr><td colspan="2">모병제</td><td>자유의사에 의해 국가와 계약으로 근무하는 제도</td></tr>
<tr><td colspan="2">용병제</td><td>금전획득을 목적으로 급여와 복무연한을 계약하고 복무하는 제도</td></tr>
<tr><td colspan="2">의용군제</td><td>자발성에 기초하여 병역의무를 자발적으로 선택하는 제도</td></tr>
</table>

출처: 최광표, (1997). “남북한 병무인사제도와 통일한국군”, p.94.

그러나 병역의 유형에 대해서 용어의 애매성이 일부 있기 때문에, 본 연구에서는 병역에 대한 개념을 두 가지 입장에서 분류하였다. 첫째는 병역을 집행하는 국가적 차원과 두 번째는 병역을 담당해야 하는 국민의 입장에서 병역을 분류하는 것이다. 국가의 입장에서는 국가가 법률에 의하여 국민에게 병역의무를 부과하여 일정 기간 동안 군대에 복무하게 하는 강제적인 병역제도인 징병제와 이와 반대의 개념을 가지고 있는 모병제가 있다. 모병제는 징병제와는 달리 본인의 자유의사에 의해 국가와 계약으로 군별, 신분별, 그리고 병과별 희망에 따라 지원하여 병역에 임하는 것이다(김문성, 1989: 41). 특히 모병제는 징병제와는 달리 국가가 병력을 모집하는 과정에서 강제성이 없다는 특징이 있다.[2)]

이와는 달리, 실제 병역을 맡게 되는 국민의 입장과 이를 관장하는 국가의 입장에서 구분할 수도 있다(<표 2> 참조).

〈표 2〉 병역유형의 분류

주체	강제성	자발성
국가	징병제 (conscription system)	모병제 (recruiting system)
국민	의무병제 (compulsory system)	지원병제 (volunteer system)

선행연구에서는 병역의 유형과 그 하부구조의 내용의 유사성을 들어서 명칭을 혼용하여 사용하고 있으나, 본 연구에서는 위의 <표 2>에서 제시한 국민 중심의 용어를 사용하고자 한다. 따라서 이후 병역제도 구분에 대한 용어 가운데 인용 등 특별히 명기해야 할 경우를 제외하고는 '의무병제'와 '지원병제'라는 용어를 사용할 것이다.

의무병제도는 직·간접적으로 전쟁위협이 상존하는 국가와 주변국가와의 관계로 전비태세 강화가 필요한 국가, 병력의 규모 및 인구대비 상비병력의 비율이 큰 국

2) 군 간부의 경우, 어느 나라에서든지 지원제에 의해 장기복무가 가능한 직업군인제도를 택하고 있기 때문에 병역제도를 논할 때에는 그 논의의 대상이 간부를 제외한 병사들로만 한정한다.

가, 역사적으로 주변국의 침략을 많이 받은 국가, 또한 구공산주의와 사회주의 국가들이 주로 선택하는 병역제도이다(권희면 · 정주성, 1997: 173). 이들 국가에서는 병역이 국가가 국민에게 부여하는 참정권에 상응하는 의무 중에 하나로 간주되기도 한다. 따라서 의무병제는 개인의 의사와는 관계없이 징집되는 강제성과 낮은 보수를 그 특징으로 한다. 또한 의무병제는 군의 사회적 대표성을 보장하고 병역의 양적 질적 소요를 충족시킬 수 있을 뿐만 아니라, 예비전력의 확보가 용이하다. 그리고 의무병제도는 병역의 형평을 기할 수 있다는 장점이 있다. 다만 병역대상자보다 군대의 소요에 기초한 징집인력이 적을 경우에는 부분징집제가 불가피한데 이 과정에서 병역비리가 발생하여 사회문제가 되곤 하였다.

그러나 걸프전 이후 특히 무기의 첨단화로 인해서 병력집약형 군대의 효용성이 감퇴되고 있는 가운데 정치권과 시민단체 일각에서는 의무병제폐지에 대한 요구가 일고 있다. 따라서 통일 후 군사통합이 이뤄지게 되면 의무병제도에 대한 반발로 병역기피사례가 발생될 가능성이 있다. 독일의 경우가 이를 잘 설명해 주고 있다. 독일인들은 '병역 거부자를 위한 연합회(KDV－Zentralstelle)'를 통하여 명백하게 병역거부 의사를 밝힌 사람들이 1970년부터 1976년까지 25%에서 37%까지 증가했으며, 통일 후 1991년에는 더 증가해서 40%선에 육박하고 있다(www.Zentralstelle－kdv). 이런 추세에도 불구하고 제2차 세계대전 후 의무병제도를 적용했던 신생국 가운데 대한민국에서의 사례는 성공적인 사례에 해당될 것이다. 창군에서 오늘에 이르기까지 북한의 위협으로부터 국가안보를 보호하면서 동시에 1970년까지 육군이 육군공민학교의 한글과정을 수료시킨 자가 58만 7천2백9십8명이었으며 기본반(초등학교1~4학년), 국민반(초등학교5~6학년), 중등반(1~2학년)과정을 수료한 자가 40만 2천6백2십1명에 달해 군이 평화를 유지하는 가운데 문맹을 퇴치하는 데 앞장섰고, 1961년부터 1975년까지 전군의 기술학교를 수료시킨 인원도 85만 1백6명이었으며(육군사관학교, 1981: 35－97) 이들이 산업의 역군이 되어 한국경제재건의 첨병의 역할을 수행할 수 있었기 때문이다(<표 3> 참조).

〈표 3〉 의무병제의 장단점

장 점	단 점
· 병역의 형평성제고 · 우수자원의 획득용이 · 군의 단결 및 지휘통솔의 용이 · 예비군 정예자원의 확보용이 · 젊은 세대의 연대감형성용이 · 사회적 책임감과 애국심고양 · 낮은 급여로 국방비절감 · 사회적 대표성 보장 · 국가총력전개념에 적합 · 후진국의 경우는 선진기술습득	· 병력 선발 절차의 복잡성 · 국민부담의 과중 · 특수 장비 운용요원의 확보곤란 · 전문요원의 획득곤란 · 교육훈련비 낭비 · 징집인력 초과 시 병역비리발생 (병역의 형평성 저해) · 국가인력활용의 효율성 저하 · 전투력 약화 · 젊은 세대의 자유를 제한

출처: 육군사관학교, (1981). 『군대와 국가발전』, pp.35−97, 김문성, (1989). 『병무행정론』, p.43, 최광표, (1997). “남북한 병무인사제도와 통일한국군”, p.94, 조선일보(2002. 3. 16.), *NY Times*(2002. 12. 31.) 등을 토대로 재구성.

이상과 같은 특징이 있기 때문에 의무병제도는 유사시 국가총력전 개념에 적합한 제도로서 프랑스 대혁명 이후 프랑스가 국난을 극복하는 데 크게 기여한 제도이고, 미국도 필요시 의무병제로 전환을 한다는 조건 아래 지원병제로 전환하였다.

지원병제도는 비교적 적의 위협이 약하거나 적은 도서국가와 종심방어에 여유가 있는 국가에서 실시하며(권희면 · 정주성, 1997: 173) 지원병제도를 택한 국가의 국민은 의무병제도 군대를 갖는 데 대한 고통과 비용을 절약할 수 있다. 그러나 일반사회에 비교하여 군대의 봉급이 많아야 지원자가 생기며, 질적으로 낮은 자들이 지원한다는 불리한 점을 지니고 있다. 실제로 스페인의 경우 2002년에 지원병제로 전환을 하고 병력을 모집했던 결과 지원율이 저조해서 지능지수(IQ)가 70인 사람도 입영되었다(조선일보, 2002. 2. 28.).

그럼에도 불구하고 의무병제와는 달리 지원병제는 동기유발이 강하고 의무병제에 비해서 숙달이 더 잘되고 교육훈련이 강화되며 동일한 규모의 의무병제 군대와 비교했을 때 더 경제적이다. 이 외에도 고도산업사회의 분업원칙에 기초한 제도로서 병역의 형평성 문제를 해소하고 인력의 효율적 배분을 성취할 수 있는 장점을 가지고 있다. 그러나 지원병제의 경우 군은 사회적 대표성이 부족하여 ‘국가 속의 또 다른 국가(state in the state)'를 조성할 수 있는 가능성이 있고, 민주사회의 형성과 안정화에 불안요소로 작용할 수 있다는 지적도 있다.

미국의 경험에 의하면 여러 가지 부작용 가운데 첫 번째 문제점은 매년 20만 명의 신병이 필요한 데 반해서 완전 지원병제를 운영할 경우 8만 명에서 9만 명에 달하는 병력이 부족하게 될 것이라 염려했다. 두 번째는 미래의 군대는 기술집약형의 군대가 된다는 사실이었다. 따라서 병사들에게 고도의 기술지식이 요구되기 때문에 향후 미국의 군대에 여성비율이 크게 증대된 나머지 전투력이 약할 것으로 판단하였다. 세 번째가 인종문제였다. 미국 해군의 경우는 제1차 세계대전에서만 해도 단 한 명의 흑인도 징집하지 않았다. 심지어 잡역부까지 필리핀인을 고용했을 정도로 미국의 군대는 인종차별이 심했다. 그런데 전면 지원병제를 선택할 경우 흑인들이 대거 진출하여 미국군은 흑인과 빈곤자의 장이 될 것이라고 예견했다(Janowitz, 1998: 39). 간부의 경우도 예외가 아니었다. 미국의 3군 사관학교 생도들의 퇴교율이 1974년의 경우 평균 38%로 미국동부 명문교의 경우 당시 중퇴율이 약 7%였다는 사실과 비교한다면 우수자원이 계속 군을 떠나 군의 질이 저하될 것이 예견되었다. 병력의 구성내용, 사회적 대표성, 장기복무자의 확보, 병력의 질 측면에서 많은 비판을 받았다. 비판자들의 지적에 의하면 실제로 지원병제 채택 이후에 여군이 4배나 증가되었고 흑인구성비(12%)가 2.5배나 초과되었다. 이는 군의 사회적 대표성이 결여된다는 증거였다. 뿐만 아니라 지원병제를 실시한 후 10년 동안 80여 만 명이 초기 복무 후에 제대하여 병력의 질이 크게 저하되기도 했다(국방대학원, 1987: 35－39).

그러나 지원병제가 실시된 지 30년이 지난 지금, 미군은 세계 도처에서 연전연승의 전과를 거두고 있으며 특히 코소보 공습 당시 미군이 보여준 탁월한 작전수행 능력은 유럽제국에게 충격이었다. 물론 미군의 국방예산과 기술 면에서 우월성이 있지만, 지원병제가 갖는 첨단적이고 합리적인 군의 운용이 유럽의 군사력을 압도했기 때문이다(www.Zentralstelle－kdv). 이런 지원병제의 장단점을 요약정리하면 <표 4>와 같다.

〈표 4〉 지원병제의 장단점

장 점	단 점
· 사회분업원칙과 일치	· 예비군동원체제의 확립곤란
· 동기유발의 극대화	· 병역을 일부 국민이 전담
· 국민부담의 경감	· 병역의 존엄성 및 사명감의 결여
· 특수 장비 운영요원 등 확보용이	· 국방예산 중 인력운영비급증
· 전투력 질적 강화(공격력이 강함)	· 광역방위 부적합
· 교육훈련비 절감	· 대규모의 양질병력획득곤란
· 국가인력효율성제고	· 군의 사회적 대표성 약화
· 병력비리문제 근본적 제거	· 국민의 국방의식 결여

출처: 김문성, (1989). 『병무행정론』, p.44, 오동열, (1990). 『각국의 병역제도비교연구』, p.28, 최광표, (1997). "남북한 병무인사제도와 통일한국군", p.94를 토대로 재구성.

남북교류와 협력이 강화되고 국방개혁 2020이 완성되면 지원병제도를 지지하는 요구가 커져 이를 반대하는 제 주장들과 더불어 격렬한 논쟁이 야기될 것으로 전망된다.

3. 병역제도 결정요인과 분석틀

가. 국내 선행연구

한국병역제도론에서는 병역제도의 결정요인을 크게 내부환경요인과 외부환경요인으로 나누고 있다. 이를 다시 세분화하면 첫째, 외부환경요인으로서 ① 정치적 요인에는 최고통치자의 의지와 국회의 정책성향과 안보적 상황 ② 경제적 요인은 인력의 효율적 활용이라는 측면에서 경제성장과 과학발전에 필요한 분야에 대한 병역자원의 공급(지원)측면 ③ 사회적 요인으로는 병역의 기피, 병역비리현상, 등 국민병역의식, 국민편의와 서비스개선요구 등을 중심으로 살폈다. 둘째, 내부적 요인에서는 ① 병역이념에 합법성과 효율성, 민주성 ② 병역자원은 인구의 변동추세

③ 병무조직에서는 구조조정에 따른 기구감축, 정보기술의 발달에 따른 인원의 조정과 중앙과 지방의 병무조직의 변동을 중심으로 분석하였다(김두성, 2003: 67).

이 외에도 병역제도를 결정하기 위한 변수들이 많이 연구되었다. 우선 지정학적인 여건, 상대국의 동향, 국민성, 경제적・사회적 분위기, 역사성 그리고 국방상의 필요 등이 고려되었다(김문성, 1989: 38). 또한 정치체제, 지정학적 여건, 상대적국의 동향, 국민 경제적 여건, 사회문화적 풍토와 역사적 전통이 고려되기도 했으며(오동열, 1990: 23), 정치체제, 외부위협, 병력규모, 인구, 경제력, 국민성 등이 주요하게 다루어지기도 했다(권희면 외, 1995: 175). 그 후 지정학적 여건, 경제력, 인구, 또는 정치체제를 기준으로 삼는 경우도 있다(김세영, 1998: 84). 그런가 하면 외부위협의 강도, 경제적 수준, 정치체제, 국민의 가치관, 역사적 경험 등이 강조되기도 했으며(이상목, 2000: 133), 병역자원, 병력규모, 복무기간 등의 인적 요소를 병역제도 결정에 주요변수라고 주장한 색다른 견해도 있다(조문상, 2002: 99). 따라서 이를 정리하면 <표 5>와 같다. 크게 대별하면 정치적 요인과 경제적 요인 그리고 인적 요인과 사회적 요인으로 구분해 볼 수 있을 것이다.

〈표 5〉 병역제도의 주요변수에 대한 선행연구

구분	지정학적	안보위협	국민성	경제・사회적	역사성	국방상의 필요성	정치체제	인구	병력자원, 규모, 복무기간	내부요인
김문성 (1989)	○	○	○	○	○	○				
권희면 (1990)	○	○	○	○ (경제력)	○		○	○	○ (병력규모)	
오동열 (1990)	○	○		○	○		○			
김세영 (1998)	○			○ (경제력)			○	○		
이상목 (2000)		○	○	○ (경제력)	○		○			
조문상 (2002)									○	
김병조 (2002)	○	○	○	○	○	○ (군사전략)				
김두성 (2003)				○			○ (정치전반)			○
빈도	5	5	4	7	5	2	5	2	2	1

국내 선행연구의 특징은 경제력과 사회적 여건이 병역제도의 결정에 가장 큰 영향을 주고 있다고 판단하고 있다. 그 다음 순서가 지정학적 위치론, 안보위협도, 정치체제 등의 정치적 요인이었으며, 국민성에 이어서 국방상의 필요성과 함께 인적 요인이 상대적으로 적은 영향을 미치고 있는 것으로 분석하고 있다. 이런 일련의 특징은 광복과 전후에 경제재건이 최고의 당면과제였던 반면에 인력은 풍부했기 때문에 빚어졌던 현상이었을 것이다.

나. Manigart와 Haltiner의 이론

통일한국의 병역제도 유형을 결정할 수 있는 요인을 구하기 위해서 국내 선행연구를 통해 얻은 요인에다가 Philippe Manigart의 분석틀을 토대로 하면서, 실증연구로 그 실효성이 입증된 Karl Haltiner의 분석틀의 장점을 원용하는 방식을 취하고자 한다.

우선 Manigart(2003)는 군의 구조를 결정하는 요인으로서 경제적 요인과 기술적 요인, 사회·문화적 요인과 지정학적 요인으로 구분하였다. 그리고 군에게 새로 부여되는 임무를 매개변인으로 상정하고 있다([그림 1] 참조).

[그림 1] 군구조 결정 주요변인

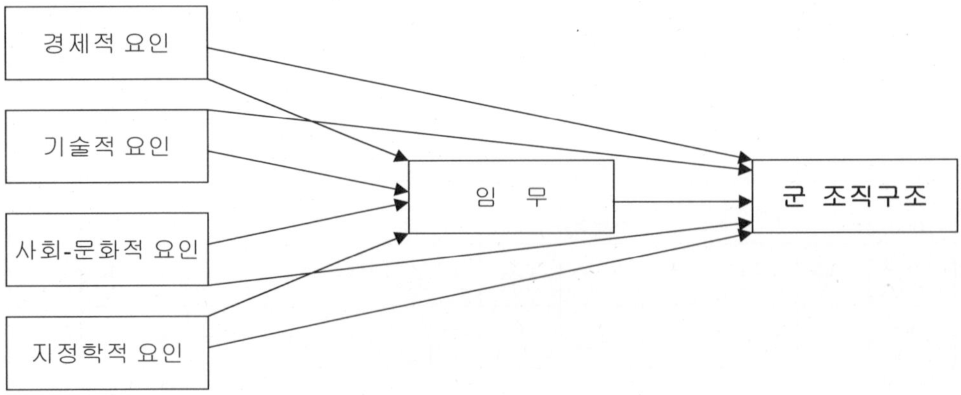

출처: Manigart, Philippe, (2003). *"Restructuring of the Armed Forces"*, p.324.

이 분석틀은 간단명료한 특징을 지니고 있음에도 불구하고 계량화시키기가 어려운 요인들이 상대적으로 많다. 사회문화적인 요인은 물론이고 지정학적 요인도 주의 깊게 관찰해야 할 대목이기 때문이다. 따라서 본 연구에서 함수를 상정하는 데 필요한 기초연구로서는 적합도가 떨어지는 부분이 일부 있다.

한편 Haltiner의 분석틀은 미시적인 경향이 강하다. Haltiner의 분석틀은 징집률을 기준으로 의무병제도를 선택하고 있는 군대의 변화를 논하고 있다. 군의 변화를 주로 경제적이고 인적이며 국가적인 요인으로 해석하고 있다. 예를 든다면 경제 분야를 논할 때에도 국민총생산과 징집률이라는 아주 구체적인 사안을 가지고 접근한다. 국가적인 결정요인에서도 예외가 아니다. 동맹의 수와 징집률, 해외파병과 징집률이라는 아주 구체적인 사안을 가지고 접근하는 특성이 있으며 크게는 인적 요인인 징집률을 분류의 기준으로 삼고 있다.

유럽의 국가들을 대별할 때에도 징병률의 크기로 Type 0에서 Type Ⅲ의 군으로 분류하는 기법을 사용하고 요인마다 지난 1970년에서 2000년까지의 통계자료를 이용해서 유럽의 국가들이 변하고 있는 모습을 도형화하였다. 본 연구에서는 Haltiner의 연구결과를 토대로 IISS의 자료를 추가적으로 활용하여 2003년까지 망라하였다. 탈냉전의 시대가 되면서 유럽국가에 많은 변화가 일고 있기 때문이다. 그 가운데서도 병역제도의 변화는 가히 획기적이다. 1995년의 벨기에, 1997년에는 네덜란드 등의 국가에서 의무병제를 폐지하고 지원병제도로 변환하였다. 이를 모형화하면 다음 [그림 2]와 같다.

이를 정리하면 이미 영국의 경우는 오래전부터 징집률이 0%인 완전지원병제 국가로 분류된다. 아시아에서는 일본이 이 유형의 국가에 해당한다. Haltiner는 이를 Type 0 형의 국가라 하고 징집률이 50% 이하의 국가 병역제도를 의사징집제 국가로서 TypeⅠ이라고 분류했으며 해당되는 국가는 독일, 덴마크, 벨기에, 네덜란드, 프랑스 등이다. 그리고 징집률이 50～60%의 스웨덴, 노르웨이, 오스트리아 등의 국가를 Type Ⅱ, 징집률이 65% 이상의 국가 그리스, 터키, 핀란드, 스위스 등의 국가를 고착된 징집국가로서 Type Ⅲ의 국가라고 분류하였다. 남북한도 이 유형에 속한다. 그런데 이 가운데 벨기에, 네덜란드, 프랑스, 스페인이 지원병제로 병역제도를 전환하였다.

[그림 2] Haltiner의 병역유형 분류

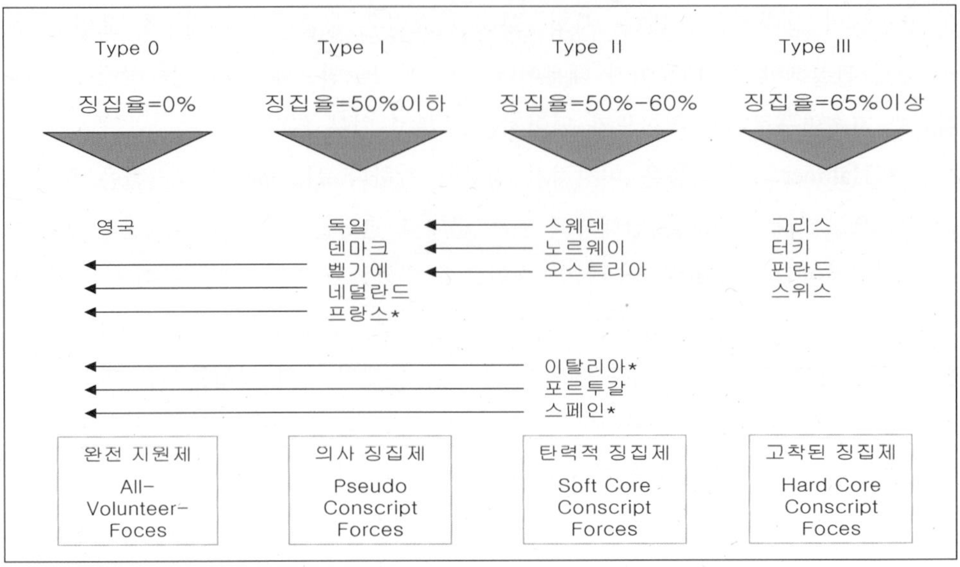

주: '*' 표시의 프랑스와 스페인은 2002년에 지원병제로 전환하였고,
이탈리아는 2006년도 지원병제로 전환할 예정임(Zanini, 2002).
출처: Haltiner, Karl W, (2003). *"The Decline of the Europe Mass Armies"*, p.370.

동구권이 1982년 부다페스트에서 경제상호원조회의(COMECON: Council for Mutual Economic Assistance)를 열고 서방국가들의 대소련, 대동구권 경제체제조치를 강력히 비난한 후 1983년 북대서양조약기구(NATO: North Atlantic Treaty Organization)에 대해 불가침조약 체결을 제의했으나 NATO는 이에 대해서 냉담한 반응과 함께 병력을 더 증강시켰다(연합연감, 1983: 436). 그러나 1991년 4월 바르샤바조약기구의 해체와 함께 유럽 각국은 실질적으로 총인구대비 총병력의 비율을 크게 줄였다. 그 결과 의무병제에서 지원병제로 변환되기 시작하였다. 따라서 안보의 위협도와 징집률 그리고 병역의 유형 사이에는 관계가 있다고 해석할 수 있다([그림 3] 참조).

[그림 3] 총인구 대비 병력규모율의 변화

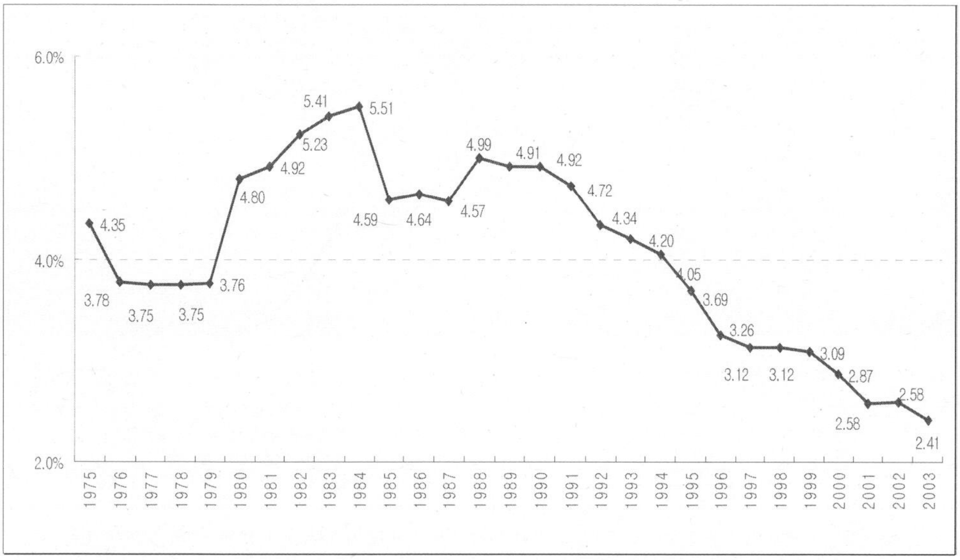

주: 병력규모율은 총병력/총인구×100이며, 총병력의 수는 현역과 예비군을 합한 숫자이다.
출처: Haltiner, Karl W, (2003). *"The Decline of the Europe Mass Armies"*, p.368과 IISS, (1975~2003). *The Military Balance*의 자료를 토대로 재구성.

[그림 4]는 연도별 병역가용자원 중 군 복무자비율의 변화이다. 전반적으로 1983년과 1984년이 최고의 수준을 점하고 있다. 이유는 1981년 폴란드에 계엄령사태를 둘러싸고 동·서 간에 관계가 악화되었기 때문이다. 폴란드사태에 항의하는 측면에서 미국은 1983년 말 퍼싱Ⅱ와 순항미사일 등 신형중거리 미사일을 유럽에 배치하였다. 소련은 이에 항의하여 유럽중거리미사일(INF)협상, 미소전략무기감축협상(START), 동서상호균형감군협상(MBER)을 중단시키는 보복조치를 취함으로써 1960년 냉전 이래 최악의 긴장상황이 발생하였을 때(연합연감, 1984: 447), NATO 국가들을 비롯한 유럽 국가는 병력을 강화하였다. 그리고 사실상의 냉전 종식이라고 할 수 있는 1980년대 말 이전에 군 복무자비율이 적어지기 시작했다. 역시 안보의 위협도와 군 복무자비율은 관계가 있다는 것이다.

[그림 4] 병역 가용 자원 대비 군 복무자비율의 변화

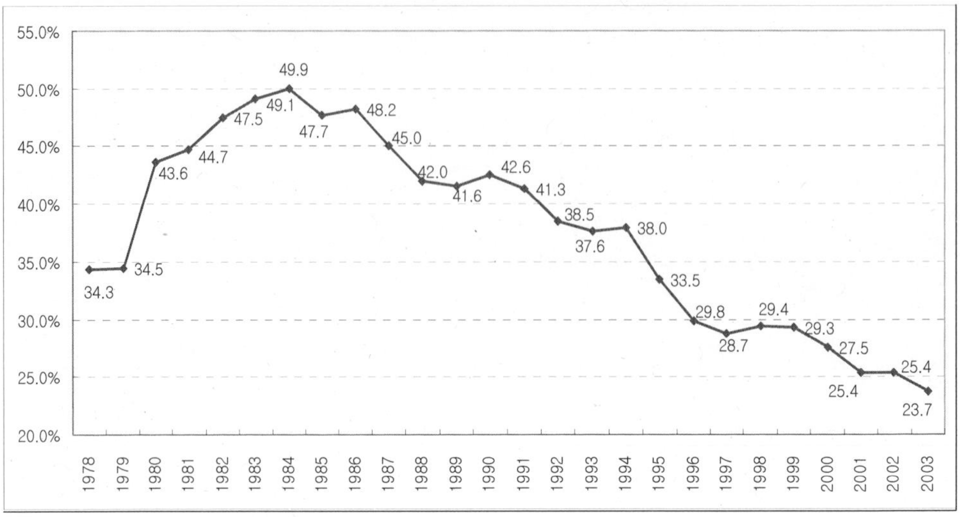

주: 군 복무자는 현역과 예비군의 합이고 병역가용자원은 각국의 인구 중에 18세에서 32세까지의 나이에 있는 사람들이다. 즉 군 복무자비율은 (현역+예비군)/병역가용자원 × 100의 값이다.
출처: IISS, (1978~2003). *The Military Balance*를 토대로 재구성.

[그림 5] 징집병 비율은 현역 중에서 징집된 비율이 얼마인가를 나타내 주고 있다. 해당되는 국가들이 공통적으로 1970년대에는 징집률이 높았다가 차츰 낮아지고 있는 추세이다. 징집률이 40% 이상인 국가로는 노르웨이, 그리스, 스웨덴, 핀란드, 터키, 스위스, 오스트리아이다. 터키의 경우 사이프러스 분쟁으로 인해 1980년대에 징집률이 높았다가 최근에는 줄어들고 있다. 2004년 현재 징집률이 높은 국가들은 지원병제로 전환을 하지 못하고 있다. 그러나 30%대에 있는 국가 가운데 이탈리아의 경우 이미 2001년에 의회에서 지원병제로 전환을 선언했다. 다만 징집률을 낮추기 위해서는 총병력을 줄여야 하는데 군 간부의 진급과 급료 그리고 재취업에 대한 안전성 문제로 병역제도의 전환을 2006년으로 고려하고 있다 (Zanini, 2002). 이런 추세대로라고 한다면 의무복무기간이 4개월밖에 되지 않는 포르투갈과 의무복무기간이 4~12개월의 덴마크, 이미 국내외적으로 많은 압력을 받고 있는 의무복무기간이 9개월인 독일과 같은 국가는 지원병제로 전환하게 될 가능성이 짙다.

[그림 5] 징집병비율의 변화

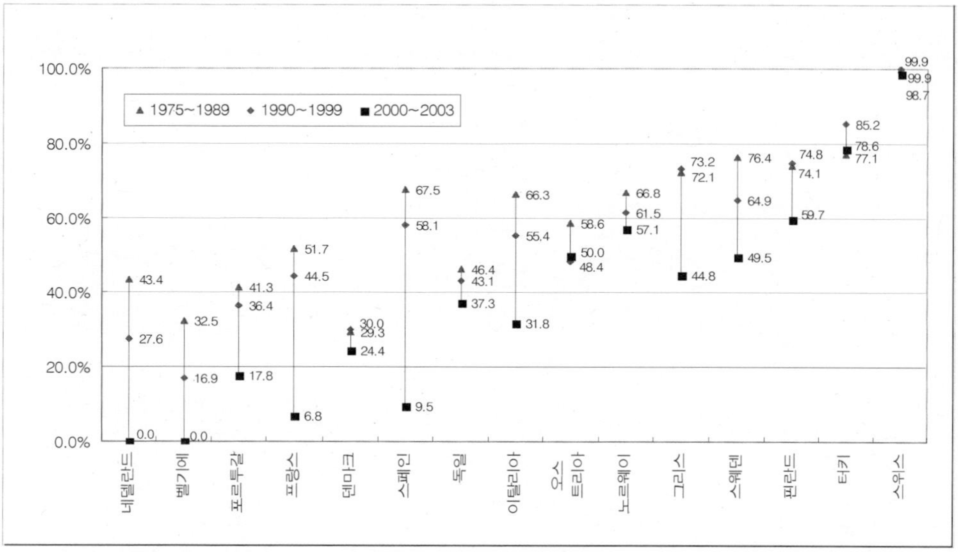

주: 징집병비율은 징집병/현역군인×100의 값이며, 영국은 1957년부터 지원병제로 전환했으므로 16개국에서 제외한 15개국의 현황이다.

출처: Haltiner, Karl W, (2003). "*The Decline of the Europe Mass Armies*", p.369와 IISS, (1975~2003). *The Military Balance*의 자료를 토대로 재구성.

[그림 6]의 모형을 살펴보는 이유는 징집병의 비율에 이어서 병역가용인구 분에 현역과 예비군의 군 복무자비율이 병역제도와 관계가 있는 것을 알아보기 위한 모형이다. 앞의 [그림 2]에서 보는 바와 같이 Type Ⅲ와 Type Ⅱ에 속하는 높은 징집률을 보이고 있는 나라들도 징집가용인구대비 군인비율이 점차적으로 낮아지고 있음을 볼 수 있다. 반면에 징집률이 낮은 Type Ⅰ과 특히 지원제 국가인 Type 0에 속한 국가들은 안보 위협도에 대해서 병력의 수에 큰 변화가 없이 안정적으로 유지되고 있음을 알 수 있다. 그리고 [그림 5]에서와 같이 특징적인 것은 Type Ⅰ에 속한 국가 가운데 징집률이 낮은 국가들이 지원병제로 전환되고 있다는 사실이다. 따라서 병역가용자원대비 군 복무자의 비율은 병역제도와 관계가 있다.

[그림 6] 병역가용자원대비 군 복무자비율의 변화

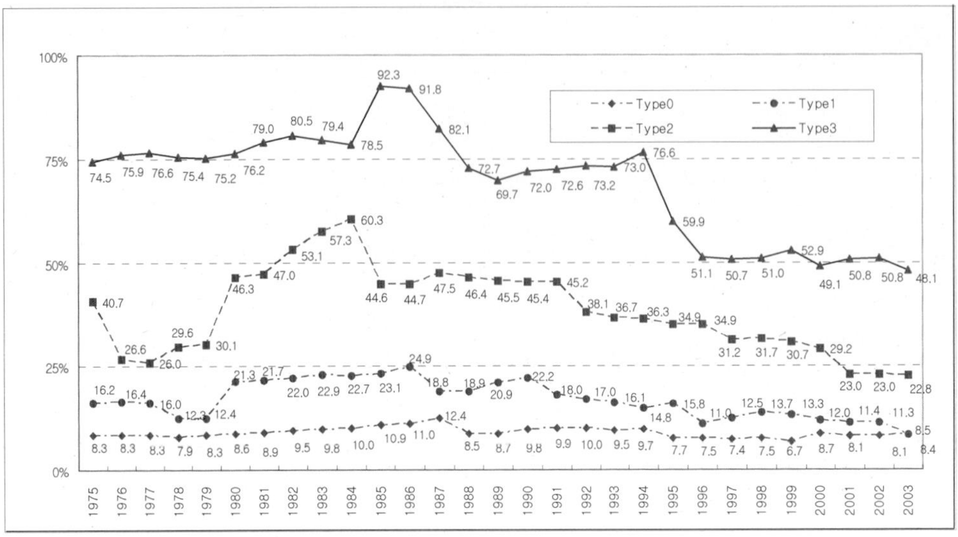

주: Type0 유형의 국가: 영국. TypeⅠ유형의 국가: 독일, 덴마크, 벨기에, 네덜란드, 프랑스. TypeⅡ유형의 국가: 스웨덴, 노르웨이, 오스트리아, 이탈리아, 포르투갈, 스페인. TypeⅢ유형의 국가: 그리스, 터키, 핀란드, 스위스.

출처: Haltiner, Karl W, (2003). "*The Decline of the Europe Mass Armies*", p.374를 토대로 IISS, (1975~2003). *The Military Balance*의 자료를 추적하여 재구성.

[그림 7]은 현역대비 여자군인비율의 변화추이를 나타내주고 있다. 이 자료는 두 가지 측면에서 해석이 가능하다. 첫째, 여성들에게 냉전시기에 비해 상대적으로 더 많은 군 복무기회가 부여된다는 것과, 둘째, 남자들의 징집이 제한적이기 때문에 여자들에게도 그 의무를 부과한다는 해석이다. 전자는 보다 선진화된 나라에 해당되고, 후자는 보다 후진국에 해당된다고 할 수 있다. 특히 구사회주의 국가와 특히 북한의 경우가 해당될 것이다(N.Y. TIMES, 2003. 8. 17.). 그러나 유럽 15개 선진국의 경우 여자 군인들에 대한 징집률의 변화는 아직은 "여성에게 기회를 더 많이"라는 슬로건이 더 적격일 것이다. 결론적으로 여군율이 높고 징집률이 낮은 국가들이 지원병제로 전환하고 있으므로 여군비율과 병역제도는 관계가 있다.

[그림 7] 여군비율 변화

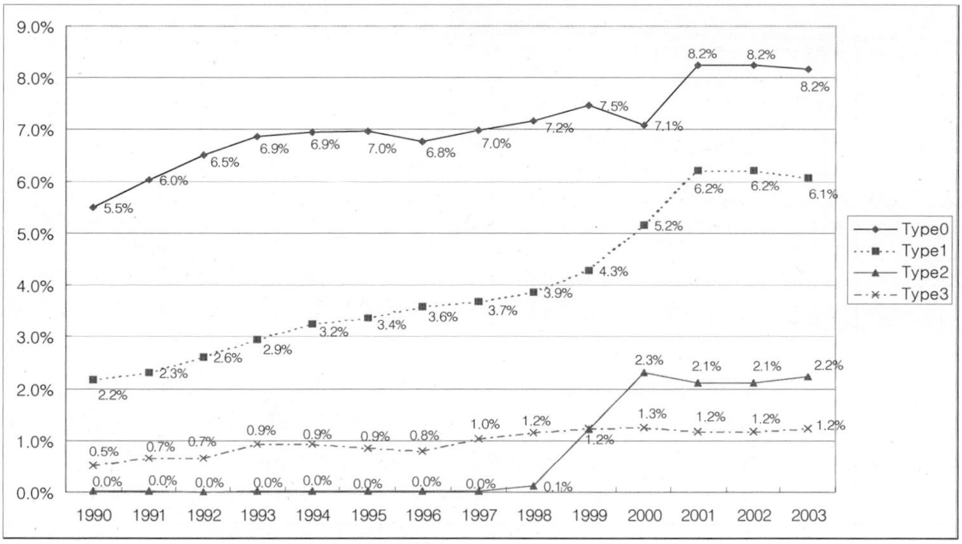

주: 여군비율은 현역군인분에 여성의 수에 100을 곱한 값이다.
출처: Haltiner, Karl W, (2003). "*The Decline of the Europe Mass Armies*", p.378과 IISS, (1975~2003). The Military Balance의 자료를 추적하여 재구성.

Haltiner의 주장 가운데 관심을 끈 또 다른 부분은 다음 [그림 8]에서처럼 동맹의 관계들 강화하는 것이 징병률을 낮추게 한다는 사실이었다(Haltiner, 2003: 380). 이들 나라의 동맹과 징집률 간의 상관관계는 높다(r=.696, R^2=.484). 이 가운데 벨기에, 네덜란드, 스페인, 프랑스는 지원병제 국가이고 이탈리아는 지원병제로 전환을 결정한 상태이며 최근 독일도 의무병제반대론이 크게 일고 있다.

[그림 8] 동맹과 징집률의 관계

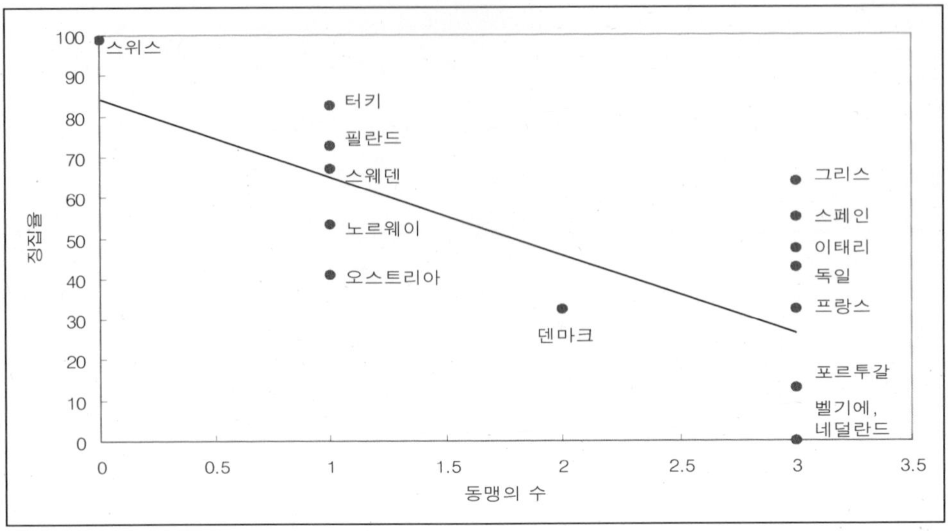

주: 영국은 1957년부터 지원병제를 채택한 국가이므로 제외시켰음.
출처: Haltiner, Karl W, (2003). "*The Decline of the Europe Mass Armies*", p.380.

특히 벨기에와 네덜란드의 경우 동맹 관계를 강화하여 국가안보를 안정의 기반 위에 올려놓은 대표적인 사례이다. 결국 동맹관계의 강화와 병역제도는 관계가 있다고 볼 수 있다. 통일 후 병역제도를 결정하는 데 참고해야 할 만한 자료일 뿐 아니라 현행 국가 안보력 강화차원에서도 시사하는 부분이 많은 대목이다.

Haltiner(2003: 377)는 벨기에 등의 유럽 15개 국가를 대상으로 징집률과 국민1인당 GNP와의 관계를 밝혔는데 징집률의 경우는 1970년에서 2000년까지의 자료와 2000년 기준의 국민1인당 GNP와 관계에서 결정계수($R^2=.1685$)는 그렇게 높지 않았다. [그림 9]에서 보는 바와 같다. 이것이 의미하는 것은 국민 1인당 GNP와 병역제도와는 관계가 적다는 것을 의미하는 것이다.

이런 사실에 대해서는 국내선행연구에서도 국방부담의 형평성과 가용자원의 효율적 배분이라고 하는 측면에서 최선의 병역제도가 징집률이 낮은 지원병제라는 결과가 나왔다(이상목, 2000: 131－147). 따라서 국민1인당 국내총생산 항목이 징집률과 병역제도의 결정에 미치는 영향은 적다고 봐야 할 것이다.

[그림 9] 국민 1인당 GNP와 징집률의 관계

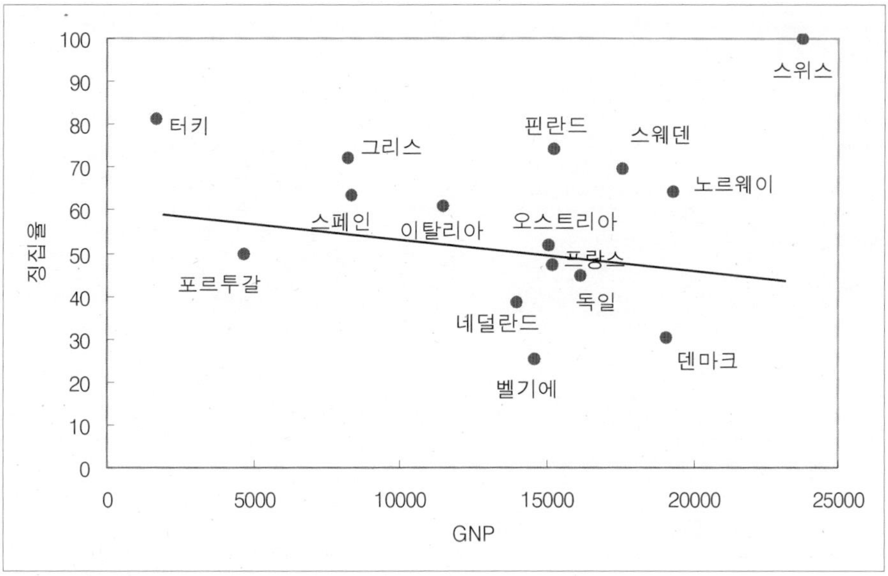

주: 영국은 1957년부터 지원병제 국가이므로 제외시켰음.
출처: Haltiner, Karl W, (2003). "*The Decline of the Europe Mass Armies*", p.377.

다음 [그림 10]은 기술군의 징집과 병역제도의 관계를 나타내주는 Haltiner의 분류 기준에 의한 모형이다. 기술군의 경우는 해군과 공군을 의미하는 것이니 다음의 그림은 공군을 대상으로 징집률이 높고 낮음으로 기술군 여부를 가늠하고 있다. 공군의 징집률이 낮을수록 기술군이고, 지원병제로 전환하기가 용이하다는 것을 뜻하는 자료이다. 영국은 이미 1957년부터 지원병제도를 적용하고 있음으로 TypeⅠ에서 TypeⅢ의 15개 국가를 대상으로 살펴보았다. 첨단군을 대변하는 공군의 징집률이 낮다는 것은 그만큼 전문화되었다는 것을 의미하는 것이다. 그런 국가 중에서 징집률이 낮은 국가들이 지원병제로 전환하고 있다. 참고로 우리나라의 해군은 물론이고 공군의 병사의 경우는 지원제로 운용되고 있음으로 징집률이 낮다. 그러나 육군의 경우 일부 기술 행정 분야를 제외하고는 대부분이 의무병제에 의한 병력이다. 이런 현상은 아직도 우리의 전투력이 첨단화되지 못하고 있다는 것을 뜻하는 것이다.

[그림 10] 공군의 징집률 변화

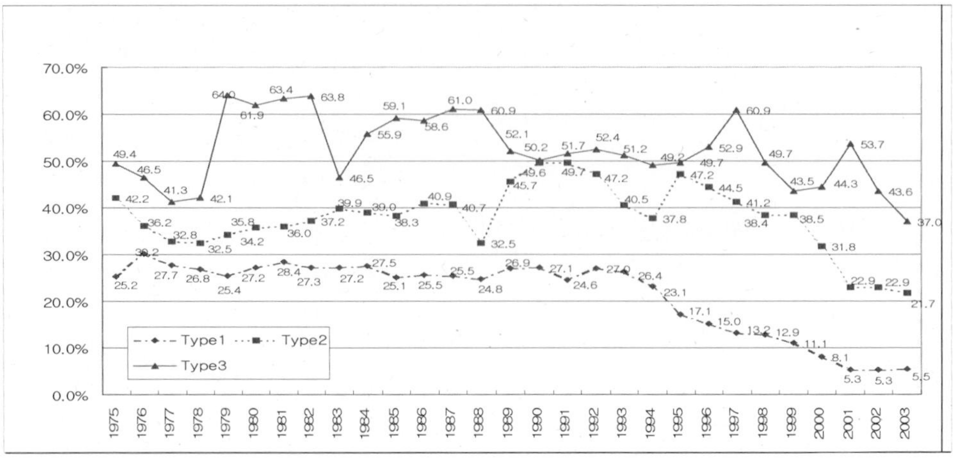

주1) TypeⅠ유형의 국가는 독일, 덴마크, 벨기에, 네덜란드, 프랑스이고 TypeⅡ유형의 국가는 스웨덴, 노르웨이, 오스트리아, 이탈리아, 포르투갈, 스페인이며 TypeⅢ유형의 국가는 그리스, 터키, 핀란드, 스위스임.
2) 영국은 1957년부터 지원병제 국가이므로 제외시켰음.
출처: Haltiner, Karl W, (2003). "*The Decline of the Europe Mass Armies*", p.376과 IISS, (1975~2003). The Military Balance의 자료를 토대로 재구성.

병역제도 결정에 영향을 미치는 국내선행 연구자료와 Manigart의 군재편성을 위한 분석틀 그리고 Haltiner의 유럽에서의 의무병역제 국가의 변화의 핵심인 징집률과의 관계를 기본으로 해서 본 연구의 병역제도 결정을 위한 변수를 다음 <표 6>과 같이 설정하였다.

〈표 6〉 병역제도 결정을 위한 변수

구 분	관 계 변 수
정치적 요인(6)	① 안보위협도, ② 동맹의 수, ③ 해외파병, ④ 주변국과의 관계, ⑤ 지정학적인 위치, ⑥ 정치체제
경제적 요인(5)	① GDP, ② 국민 1인당 GDP, ③ GDP 대비 국방비율, ④ 국방비, ⑤ 국민1인당국방비
인적 요인(5)	① 인구, ② 총병력, ③ 총병력/총인구, ④ 병역가용자원, ⑤ 총병력/병역가용인구
문화·제도적 요인(3)	① 육군율, ② 여군율, ③ 현역률

상기 요인들 가운데 정치적 요인 중에서 주변국과의 관계는 안보의 위협도와 관계가 있으며 지정학적인 관계 역시 세분했던 결과 안보의 위협도에 따른다는 사실을 발견하였다. 정치체제와 병역제도는 관계는 있지만, 한반도에서는 통일 이후에도 정치이념을 자유민주주의와 시장경제원칙을 토대로 하기 때문에 변수에서는 제외시켰다. 따라서 본 연구를 위해서 사용할 변수는 주변국과의 관계, 지정학적인 위치, 정치체제를 제외한 16개이다. 이를 토대로 한국군의 병역제도 유형 결정을 위한 분석틀을 제시하면 다음 [그림 11]과 같이 상정해 보았다.

[그림 11] 병역제도 유형 결정을 위한 분석틀

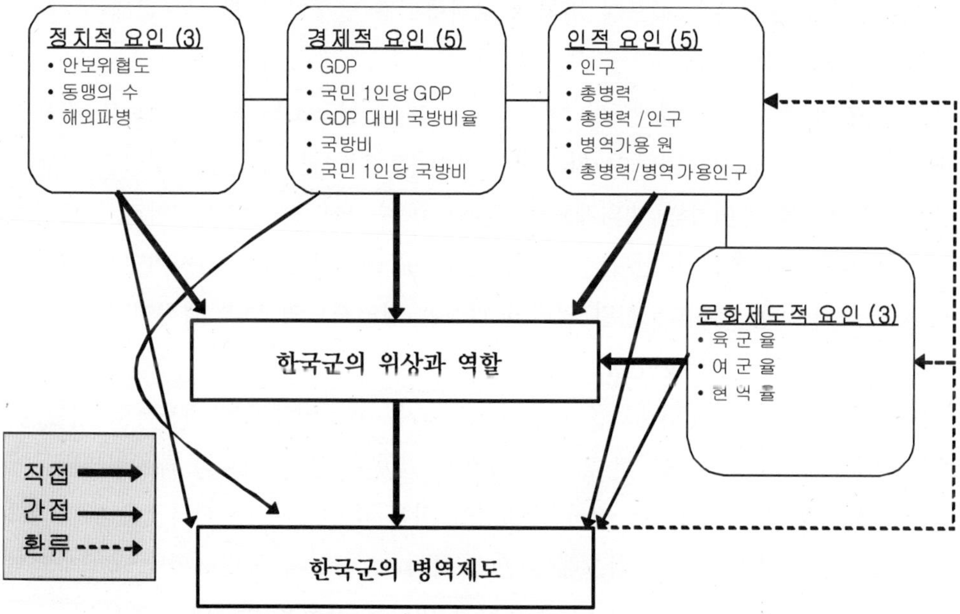

다. 종합평가

본 장에서는 병역에 대한 개념과 병역제도의 유형에서 각각의 제도가 가지고 있는 장단점을 실증사례 위주로 살펴보았다. 외침에 의해서 전면전이 발생하면 의무병제로 전환해야 한다는 점에는 의문의 여지가 없다. 그러나 의무병제를 폐지하면 마치 국가의 존망이 기로에 서게 되는 것처럼 주장하는 것은 오류일 가능성이 있다.

특히 미국징집위원회가 연구한 한 문헌에 의하면, “동서양을 막론하고 역사적으로 볼 때, 의무병제를 폐기한 국가치고 멸망하지 않은 경우가 적지 않았다”고 했지만(권희면 · 정주성, 1997: 175), 미국은 물론이고 1990년 이후 유럽에서는 다수의 국가들이 의무병제도를 폐지하였고, 미국이 주도하고 있는 NATO에서도 “독일이 징병제를 폐지하고 지원병제로 전환할 것을 요구하고 있다”는 점을 주목해야 할 것이다(국방일보, 2003. 10. 28.).

본 장에서 연구한 유럽국가의 사례를 보면 안보위협도가 낮아지면서 병력의 수와 징집률이 낮아지기 시작하였다. 그 결과 병역제도가 변하고 있다. 따라서 한국이 병역제도를 전환하고 싶으면 먼저 안보위협도를 낮추기 위해서 노력해야 할 것임을 시사하고 있다.

유럽국가의 경우 지원병제도를 적용하는 국가의 군구조는 의무병제도를 적용하고 있는 국가의 군보다 육군이 차지하는 율이 적고 공군 가운데는 징집률이 낮았다. 이런 현상을 유지하면 병역제도를 전환시킬 수 있다는 것이다. 따라서 한국이 병역제도를 전환시키고자 한다면 육군을 줄이고 해 · 공군을 증강시키면서 지원병의 율을 높여야 할 것이다. 이런 일련의 과정은 병역제도의 변환 과정에서 오는 충격을 줄이는 방법이 될 것이다.

유럽국가의 경우 지원병제도를 적용하는 국가는 의무병제도를 적용하고 있는 국가의 경우보다 동맹 관계를 더 많이 강화하고 있었다. 뿐만 아니라 해외파병활동에 대단히 적극적이었다. 따라서 장차 작전권을 단독 수행해야 할 한국군은 국가안보와 국가이익을 위해서 크게 참고해야 할 대목이다. 반면에 국민 1인당 총생산액의 규모는 병역제도에 큰 영향을 미치지 못하고 있다는 사실을 밝혔다.

본 장에서는 이런 사실과 국내 선행연구 자료를 토대로 하여 분석의 틀을 만들었다. 그 특징은 군의 병역제도에 영향을 미치는 결정요인(독립변수)과 병역제도(종속변수) 사이에 매개변수로서 군의 위상과 역할을 설정했다는 점이다. 따라서 군의 병역제도는 GDP와 인구의 수를 포함해서 군의 규모 등과 같은 상황에 따라서 여러 가지 유형으로 변할 수 있다는 사실을 밝혔다.

4. 병역제도의 변화에 대한 사례 분석

가. 안보환경 변화에 따른 병역제도의 변화

동구 사회주의권의 붕괴로 인해 1991년 4월 바르샤바조약기구가 해체될 때까지 NATO를 구성했던 16개국 중에 지원병제를 선택하고 있었던 국가는 미국, 영국, 캐나다, 룩셈부르크 4개국에 불과했다. 나머지 아이슬란드를 제외한 11개국이 의무병제를 적용하고 있었다. 그러나 벨기에, 네덜란드, 프랑스, 스페인에 이어서 이탈리아도 지원병제로 전환을 준비하고 있다. 다만 덴마크 외에 스웨덴, 노르웨이, 핀란드 등의 국가들은 강력한 군사력을 보유하고 있는 러시아에 인접해 있고 그리스와 터키의 경우는 영토분쟁요소를 간직하고 있기 때문에 의무병제를 선택하고 있다(김병조, 2002: 296). 이는 안보위협과 병역제도 간에 상관관계가 있음을 의미하는 것이다. 관련되는 국가별로 논의해 보고자 한다.

벨기에는 유럽에서 가장 작은 국가 중에 하나이면서, 동시에 네덜란드와 함께 유럽에서 가장 인구가 조밀한 지대를 형성하고 있다. 역사적으로는 1830년 8월 혁명에 의해서 네덜란드로부터 독립하였다. 1831년부터 벨기에 왕국으로 승인되었고 1839년의 런던회의에서 벨기에의 영세중립을 보장받았다. 그러나 제1차 · 제2차 세계대전에서 독일군의 불법침략을 받아 영세중립국 선언과 인정은 유사시 전혀 효력이 없음을 뼈저리게 체험한 국가이다. 따라서 같은 운명을 지닌 소국 네덜란드, 룩셈부르크와 베네룩스동맹[3]을 강화하는 등 동맹관계를 통해서 안보위협도를 낮추

3) 베네룩스(BENELUX)란 벨기에 · 네덜란드 · 룩셈부르크 등 3국의 머리글자를 따서 붙인 3국의 총칭이다. 3국은 모두가 작은 나라로서 군사적으로나 경제적으로나 자립이 곤란한 데다 지리적으로도 이웃하기 때문에 어떤 위기가 닥치면 공동운명에 놓이게 되어 우선 관세동맹을 체결하였다. 1960년에는 경제적 전면협력체제로 전환하여 베네룩스경제동맹을 결성하였으며, 더욱이 유사시에는 군사동맹 체결까지 발전시키려는 목적으로 성립되었다. 그런데 3국의 협력체제는 유럽 열강의 공감을 불러일으켜 대국이라 할지라도 경제적으로 협력할 필요가 있다고 인정하여 1952년 유럽 6개국의 유럽석탄철강공동체(ECSC)가 발족하게 되었다. 이것은 1958년에 유럽경제공동체(EEC)로 발전하고 결국은 유럽연합(EU)으로 발전하는 계기가 되었다.

기 위해 많은 노력을 하였다. 국제연합(UN: United Nations)에 가입은 물론 1950년대에는 NATO · 유럽경제공동체(EEC)에 적극 참가하였다. 뿐만 아니라 1967년 프랑스에 있던 NATO군의 철수 후에 NATO군사령부와 EEC의 집행부를 브뤼셀에 유치하는 데 성공하였고 지금도 대외협력강화를 통해서 국가의 안보위협도를 낮추고자 하는 것이 대외정책의 기본 노선이다. 제2차 세계대전 후에 한때는 군비(軍備)의 확충을 꾀하고 51년에는 종래의 자유병역기간을 1년에서 2년으로 연장한 적도 있었다. 그러나 의회의 반대 때문에 해마다 기간을 단축시키다가 1992년 지원병제로의 전환을 선언하고 1995년부터 완전한 지원병제도를 유지하고 있다(IISS, 1995: 40). 벨기에의 병역제도는 안보의 위협도가 낮아졌다는 결정적인 이유 외에도 의회의 의무병제에 대한 반대와 동맹의 관계를 돈독히 했던 결과 얻은 복합적인 산물이라고 볼 수 있다.

네덜란드도 역시 제2차 세계대전 때 독일군의 침략을 당했던 경험을 거울삼아 전후에는 적극적으로 UN, NATO, 서유럽 연합(WEU), 유럽연합(EU) 등의 국제관계를 강화하여 안보위협도를 낮춘 국가이다. 특히 공산세력의 위협에 대처하기 위해 자유주의 국가들과 협조하는 것을 외교의 기본방침으로 정하고, 이를 통해서 국가의 안보를 확립할 수 있었다. UN 관계에서는 가맹국의 격증에 비추어 안전보장이사회와 경제사회이사회의 기구 확대를 주장하고 있다. 자국의 보전에 가장 관계가 깊은 NATO에 대해서는 회원국으로서 분담의무를 성실히 이행하고 있다. EU관계에서는 유럽통합의 조속한 달성, 대외정책의 공동화 촉진, 유럽 의회를 비롯한 여러 유럽기관의 민주화에 적극 기여하였다. 이 외에도 개발도상국을 위한 원조에 대해서도 적극적이었다. 이미 1950년에 유럽에서 가장 먼저 중공을 승인하는 외교정책을 전개하기도 했다. 군의 임무는 해외영토인 네덜란드령 앤틸리스제도의 방위와 네덜란드 상선대의 호위라는 임무를 띠며, 국내에서는 의무병제와 지원병제를 병용하다가 1993년에 지원병제를 선언하고 1997년부터 시행하고 있다(IISS, 1997: 61). 네덜란드 역시 벨기에와 마찬가지로 안보의 위협도가 낮아졌기 때문에 병역제도를 전환한 나라이면서 동시에 동맹 관계를 강화하여 국가안보를 해결한 국가이다.

프랑스의 경우 의무병제도를 처음 만들어 적용하는 데 성공했던 국가였고 의무병제도에 대해서 나름대로 자부심을 가지고 있는 국가였다. 특히 병역의무를 이행하였음을 증명하지 아니한 경우 누구든지 선거에 의하여 임명되는 직책은 물론 여타의 공직에도 취임할 수 없도록 규정함으로써 강력한 의무병역제를 유지했던 대표적인 유럽 국가였다(한국국방연구원, 1997: 7). 그런데 1990년대 후반에 들어 프랑스의 병역제도에 변환이 일기 시작하였다. 병역제도변환의 주요요인은 구소련의 와해와 바르샤바조약기구의 해체 등으로 고정적이고 직접적인 ① 안보위협의 소멸이라는 평가를 통해 실시한 ② 대규모의 병력감축이라고 할 수 있다(한국국방연구원, 2001: 300). 그 결과 프랑스는 2015년까지 새로운 군 건설을 추진하고 있었다. 새로운 제도를 위해 1997년 1월 1일부터 병력의 충원방법도 바꾸었다. 진행방향은 일부 지원병제를 혼용한 의무병제에서 전면 지원병제를 통한 직업군인제로 전환하는 것이다. 이를 위해 만들어진 계획법령에 따르면 1차 계획이 종료되는 2002년 말까지 10개월간의 의무복무를 수행하였던 군사역이 지원병으로 대체되는 것이다(한국국방연구원, 2001: 301).

그런데 계획보다 무려 18개월이나 앞당겨 2001년 6월 27일 96년 만에 의무병제도를 전면 폐지시켰다. 명분은 지원병제가 성공을 거두어 의무병제가 더 이상 필요치 않게 되었기 때문이었다(조선일보, 2001. 6. 28.). 그러나 선거에 임박해서 국방비를 줄이라는 국내 여론의 압력과 병역제도를 개선하라는 국민의 여망에 따른 정치권의 결단이었다고 하는 것이 더 옳은 판단일 것이다. 따라서 이를 정리하면 프랑스 병역제도변화에 영향을 미친 결정적인 요인은 ① 안보위협의 감소, ② 대규모 병력의 감축, ③ 국방비 감축, ④ 국민의 여망과 ⑤ 정치권의 결단 등을 손꼽아 볼 수 있을 것이다.

나. 기타 요인에 의한 병역제도의 변화

안보환경의 변화에 의한 병역제도의 변화와 군사통합에 의한 병역제도의 변화 외에도 기타 요인에 의한 병역제도의 변화도 있다. 본 절에서는 복합적 요인에 의해 병역제도를 바꾼 미국의 경우와 제2차 세계대전에서 패전한 결과 전승국의 요구에 의해서 평화헌법을 가져야만 했기 때문에 지원병제를 수렴해야만 했던 일본,

제2차 세계대전 이후 국제적으로 고립되었던 스페인이 국제관계에서의 개선에 대한 성공과 국내치안에 안정으로 인해서 의무병제를 폐지하고 지원병제로 전환한 사례에 대해서 알아보고자 한다.

미국의 경우는 전쟁이 발발 시에는 병력수요를 원활하게 하기 위하여 의무병제로 전환한다는 부대조건을 가지고 있지만, 한국전과 월남전에 의해서 국민들의 반전여론이 크게 작용하여 병역제도를 바꾼 예이면서 동시에 선거를 앞둔 정치권의 결단, 즉 정치・사회적 요인으로 인해서 병역제도에 변환을 가져온 대표적인 사례국가 가운데 하나이다.

미국은 독립전쟁 당시 시민군제 및 상여금 지원병제와 의무병제를 채택한 이후 210여 년 동안 9회에 걸친 병역제도 유형의 전환을 거듭하면서 오늘에 이르고 있다(오동열, 1990: 203). 최초 독립전쟁 당시에는 추첨에 의한 선발징집제를 적용하였고, 독립 후에는 지원병제를 실시하였다. 특히 월남전 이후 많은 미국사람들의 요구에 의해서 1973년 의무병제가 폐지되고 오늘의 전원지원병제(All Volunteer System)로 변하게 되었다(김문성, 1989: 58, Cohen, 1985: 166－182).

군에 지원할 수 있는 연령은 18～45세까지이며 특별한 경우에는 55세까지도 가능하다.[4] 지원자는 현역병, 예비군 부대 또는 주 방위군 중 하나를 선택할 수 있다. 현역병의 복무연한은 육군과 해병대는 3년이고 해군과 공군은 4년이다. 현역에 지원하여 2년간의 복무를 마치고 긴급예비군에 소속될 경우에는 2년을 더 복무하게 되나, 예비군부대에 편성되지 않은 사람은 1년을 더한 3년 동안 개별동원 통제요원으로 긴급예비군에 편성되어 소정의 군사훈련을 받아야 한다(동아일보, 2003. 3. 23.).

예비군은 긴급예비군과 대기예비군 및 퇴역예비군으로 구분된다. 예비군부대 지원자는 6개월간의 기초 군사훈련을 마친 다음, 처음 4년간은 긴급 예비군으로, 그리고 나머지 2년간은 대기예비군으로 총 6년을 복무하여야 한다. 긴급예비군에 소속된 자는 거주지 변경 등이 통제된다. 특히 3개월간 기초훈련을 받은 특기요원은 대기예비군으로 거주 이전의 통제된 상황에서 8년 동안 복무하여야 한다. 현역 이외에 예비군으로 주 방위군인 국경경비대・해군예비대・해안경비대예비대 등이 있

4) 2003년 이라크전과 2001년 아프카니스탄 전쟁에 참가한 미군병사 중에 나이가 50～60세인 이른바 '할아버지 군인'들이 5,670명이었다. 참고로 두 전투에 참전한 미군은 27만 5천 명이었다(중앙일보, 2004. 7. 19.).

다. 현역 복무를 마치게 되면 예비역으로 편입되며, 비상사태 선포 시 대기 예비역부터 소집된다(한국국방연구원, 2001: 64－65).

참고로 미국의 모든 시민과 미국정부에 의해 합법적으로 영주권을 획득한 남자는 병역의무등록을 할 의무를 가지는데 미국상류층의 현역군 복무율이 낮아지고 있어서 비난의 대상이 되는 경우도 있다. 2003년 기준으로 535명의 미국 상하원 의원의 자녀 가운데 현역군인은 2명이며 이라크에 참전한 자녀를 둔 의원은 단 한 명밖에 없었다.

의무병제에서 지원병제로 전환한 이유가 월남전을 통해서 인적 물적 손실이 심했고, 병역의무 부과에 형평성을 저해하는 요소가 많았으며, 국제분쟁에 군사적 간여를 용이하게 하는 요인이 의무병제에 있었다는 국내 비판여론이 크게 작용하였기 때문이다. 지원병제로 전환되면 군의 자질면과 인종상의 문제, 병력충원 등에 대해서 문제가 발생할 것을 우려해 반대의 여론이 있었으나 Cooper와 같은 찬성론자도 있었다. 이유는 ① 반대론자의 견해와는 달리 1981년 이후 모집계획인원을 초과달성하였다. ② 지능 면에서도 1981년 이후에는 과거 징집병 수준에 접근하였다. ③ 흑인의 상대적 비율이 2.5배 이상으로 높아진 것은 사실이나, 흑인의 사회적 취업기회가 제한되었던 점을 감안한다면 오히려 긍정적인 효과가 발생하였다. ④ 비용의 측면에서 지원병제의 선택으로 인해 추가 발생한 예산은 그렇게 대단한 것이 아니었기 때문이다(오동열, 1990: 204). 대체로 미국의 지원병제는 성공한 사례이다.

그러나 주목해야 할 부분은 언제든지 의무병제로 전환할 수 있다는 조건과 지원자가 현역에 근무하지 못할 경우 강제로 예비군과 주 방위군에 근무해야 하기 때문에 미국의 병역제도는 엄밀하게 분류하면 선택적 지원병제도이다. 이렇게 제도적 변환을 하게 된 동기는 월남전이 장기화되는 과정에서 국민들의 반전여론이 크게 작용한 대표적인 사례에 해당할 것이다.[5)]

일본은 제2차 대전에서 패배한 후 1946년 연합군사령부의 명령과 전후에 제정한 평화헌법에 따라 상비군을 가질 수 없게 되었다. 그래서 야마가타 아리토모(山縣有朋)가 기초를 쌓은 거대한 국민개병의 7백만 명의 군사조직이 형체도 없이 붕괴되

---

5) 향후 미국의 병역제도 전망에 대해서는 다소 오래된 연구이지만 Binkin(1984)과 최근 연구로는 Hosek(2003: 181－209)의 연구가 돋보인다.

었다. 그 원인은 연합국의 강력한 규제는 물론이고 전쟁 중 사망자만 300여 만 명에 달했기 때문에 일본 국민의 전쟁에 대한 혐오감으로 상비군 보유에 대한 거부감, 군의 재집권을 차단하기 위해서 비롯되었다는 논리가 있으나 이 두 가지 함께 작용된 것으로 판단된다(박재권, 1998: 20－29).

일본 헌법 제9조1항에는 '일본국민은 정의와 질서를 기초로 하는 국제평화를 성실이 수행하며 국권의 발동인 전쟁과 무력에 의한 위협 또는 무력의 행사는 국제분쟁을 해결하는 수단으로서 영구히 이를 포기한다'라고 되어 있고, 2항에서는 "전항의 목적을 달성하기 위하여 육·해·공군 및 기타 전력은 보유하지 않으며, 국가 교전권도 시인하지 않는다."고 명시하고 있다. 이와 같은 헌법상의 의미는 상비전력을 보유하지 않는 것으로 해석되나 "국가 평화와 독립을 수호하고 국가안전을 보위하기 위하여 육상자위대를 비롯한 해상 자위대와 공군 자위대를 설치할 수 있다."라는 "자위대설치법"을 두고 있어서 법으로는 상비전력이 아니지만 그와 유사한 군사 조직을 운영할 수 있는 토대를 동시에 갖추고 있었다. 이런 평화헌법에 대해서 일본인의 여론은 개헌 쪽으로 계속 변하고 있어서 그 귀추가 주목되고 있다.

일본은 헌법 제9조에 의한 관련근거로 자위대의 설치를 규정하고 있으나 헌법 제13조 및 제18조 등에 의거, 자위대원 구성을 위한 방법으로 의무병제는 도입할 수 없는 것으로 해석하여 지원병제가 도입된 것으로 판단되며, 실질적으로 자위대원은 일반 공무원에 준하는 규정에 의거, 모집 충원하고 있어 병역제의 분류상 지원병제를 운영하고 있다. 자위대는 현행 병역제도상의 부족한 병력 충원을 첨단무기로 해결하려는 계획을 세우고 있다. 자위대 지원 시 학력에 제한이 없이 18세 이상 27세까지 지원이 가능하고, 계약에 의해 입대하게 되며, 계약기간이 지나면 제대하거나 재계약을 하게 된다. 계약기간은 육상자위대의 일반직종의 경우 2년, 특수직종과 해·공군 자위대는 3년이며, 복무만료 후 계속 복무를 원할 경우 매 2년마다 연장이 가능하다(한국국방연구원, 2001: 162－164). 이렇게 일본의 병역제도는 패전의 결과 타의 반, 자의 반으로 결정된 제도인데 일본의 경우는 영국과 마찬가지로 순수지원병제로 분류되고 있다.

제2차 세계대전 중에 히틀러·무솔리니 정권에 협력했었다는 이유로 인해서 프랑코 지배하의 스페인은 제2차 세계대전 후 UN 발족 당시 가입도 거부된 채 국제적으로 고립된 상태에 머물러야 했다. 한편 국제적 고립이 팔랑헤당의 국내 입장을 계속 어렵게 했기 때문에 프랑코 정부는 서유럽 제국과 국교를 회복하기 위하여 노력했던 결과 1955년에 UN에 가입할 수 있었고, 1959년부터는 경제협력개발기구(OECD)의 일원이 되었다. 그간 스페인은 EC 가입을 외교의 중점과제로 삼고 추진한 결과, 1986년 정식회원이 되었다. 병역제도의 경우는 의무병제를 채택하고 있었지만 복무기간은 9개월에 불과하다. 스페인의 군사력은 원래 대외적으로는 북아프리카에서의 권익보호가 목적이었고 국내에서는 끊임없는 바스크 게릴라 단체인 조국과 자유당(Euzkadi Ta Azkatasuna, ETA)의 도발을 제압하는 임무를 수행하였다. 그러나 조국과 자유당이 지난 1998년 정전을 선언함으로써(SIPRI, 2000: 146), 스페인 내정에 안정기가 이루어지게 되었고 이를 기반으로 2002년부터 지원병제로 전환하게 되었다(IISS, 2002: 55).

다. 병역제도 변화에 대한 종합 평가

본 장에서는 병역제도가 영구불멸의 제도가 아니라는 사실을 밝혔다. 미국만 해도 현재까지 무려 9회에 걸친 변화를 거듭하고 있으며, 특히 전 세계적으로는 동구의 붕괴와 구소련의 해체로 냉전이 끝나면서 <표 6>에서와 같이 큰 변화를 보이고 있다.

〈표 6〉 병역제도의 변화율

구 분	1994	1997	2003
지원병제 (voluntary system)	21%	39%	42%
의무병제 (compulsory system)	56%	57%	50%
미상 또는 정규군이 없는 나라	23%	4%	8%

출처: 권희면 외, (1995). “통일 한국의 병역제도 연구”, p.39, IISS, (1997, 2003). *The Military Balance*를 토대로 재구성.

이와 같은 지원병제 국가의 급격한 증가의 이유는 대체로 다음과 같이 요약할 수 있다. 첫째, 냉전의 해체로 국방의 개념이 변했기 때문이다. 즉 군대는 외침을 막기 위해서 전차와 대포로 중무장한 징집군대에서 국방력이 나온다는 국방의 정의를 다시 써야 한다는 것이다. 둘째, 최근 평화유지군(PKO: Peace Keeping Operation)과 NATO의 활동으로 국가 간 개별방어보다 지역 간 집단방어로 국방의 성격이 변하고 있기 때문이다. 셋째, 21세기형 군사력의 특성상 전쟁의 승패가 정보기술(IT)요원 등 핵심전문요원의 수준에 좌우되고 있다. 이런 상황 아래서 의무병제도는 특수자원의 확보가 곤란하고 예산상으로도 별다른 절감의 효과가 없을 뿐 아니라, 군의 합리화와 첨단화를 막고 있기 때문이다. 넷째, 변화의 또 다른 배경은 지원병제국가의 탁월한 작전수행능력 때문인데 지원병제가 지니고 있는 첨단적이고 합리적인 운용이 의무병제 국가들의 군사력을 압도했다. 다섯째, 그러나 더 중요한 이유는 지속적으로 줄고 있는 청소년의 인구문제로 의무병제를 더 이상 유지할 수 없게 되었기 때문이다(http://www.Zentralstelle.htm).

병역제도에 전환이 있어야 한다는 또 다른 이유도 있다. 첫째, 동구의 몰락으로 안보의 위협도가 낮아졌고, 둘째, 국민들이 징집을 기피하는 성향이 커졌다. 미국 루즈벨트 대통령은 "미국에서 태어난 남자로서 군이 되기를 꺼리는 사람이나 또는 아들을 가진 부모로서 그 자식을 군대에 보내지 않으려는 사람은 다 같이 우리 미국국민이 될 자격이 없다."고 의회 연설을 통해서 병역의무의 중요성을 역설하였다(김세영, 1998: 84). 그리고 미국국민은 이를 충실히 잘 준수하였다. 그러나 월남전이 장기화되면서 미국의 젊은이들이 공부를 하기 위해서 대학을 간 것이 아니라 군대를 가지 않기 위해서 대학을 피난처로 선택하기도 했다. 그리고 그 학생들이 반전운동에 앞장섰다(http://www.factmo.com). 그 후 국민여론으로 확산되어 병역제도가 변환되었다. 이는 병역제도와 국민의 여론 즉 병역에 대한 동의 여부는 병역제도의 변환문제와 관계가 있다는 것을 밝힌 경우이다. 셋째, 국제관계에 의해서도 병역제도는 영향을 받는다. 통일 전 독일은 통일 후 3~4년 내에 37만 명으로 감축하는 것을 약속하였다(이창욱, 1998:163－165). 그 결과 의무병제도를 고집하는 통일독일은 군 복무기간이 대폭 단축될 수밖에 없었고, 최근에는 국내외로부터 지원제로 전환할 것을 강요당하고 있다. 또 다른 사례의 국가는 일본이다. 일본은 기회가 있을 때마다 대륙지향의 확대정책을 추구하다 정권이 몰락하였다.[6] 패전일본은 소규모의 군대를 남겨두었다가 기회를 보아 정상적인 군대로 육성할 계획이었으나, 연합군사령부의 반대와 연합군사령부의 명령에 대한 일본 내의 동의로 지원병제도를 선택하게 되었다. 이런 일련의 사례는 통일을 지향하는 우리로서도 눈여겨봐야 할 대목일 것이다. 넷째, 국내치안문제도 병역제도에 영향을 미친다. 스페인의 경우처럼 국내문제에서 바스크분리주의자들로부터 정전선언을 얻어 냄으로써 치안이 안정되어 의무병제도에서 지원병제로 전환한 사례이다. 이 외에도 중남미국가들은 대부분 의무병제도를 채택하고 있는데, 그 이유는 냉전시대에 미국은 이들 국가의 공산화를 막기 위해서 우익적 군부정권을 지지했었던 결과이며 이 지역에서는 아직도 반정부 게릴라집단이 존재하거나 조직화된 마약확산과 같은 대내안보위협이 여전히 존재하기 때문에 의무병제가 지속되고 있다(김병조, 2002: 299). 이렇게 병역제도의 전환은 어떤 특정요인에 의해서 결정되었다고 단언하기가 어렵다는 사실을 본 장을 통해서 알아보았다.

5. 맺음말

본 연구는 군이 지향해야 할 병역제도의 유형을 결정하는 데 그 목적을 두었기 때문에 병역에 영향을 주는 환경요인을 살폈다. 군대의 조직도 개방체제이고, 다양한 사회의 형태에 상응하여 조직화되기 때문이다. 절차상 병역제도 결정에 간접적인 영향이 미치게 될 매개변인인 '한국군의 위상과 역할'에 대해서는 다음 연구에서 진행할 계획이다.

향후 한국군은 이중적 성격을 지닌 적(敵), 소수전문직업 군대화, 평화유지와 인도주의 활동과 같은 새로운 임무 등의 경향을 맞이하게 될 것이다. 이와 같은 거시

6) 16세기에는 임진왜란 일명 7년 전쟁을 도발하였다가 豊臣秀吉의 정권이 몰락했으며, 20세기 태평양전쟁에서는 東條의 정권이 몰락하였다.

적이고도 긍정적인 변화의 방향은 한국군의 종국적인 모습이 될 것이다. 하지만 하나의 체제로서 작통권을 단독 행사하는 한국군이 제 모습을 갖추기 위해서는 과도기적인 과정을 필연적으로 거치게 될 것이다. 이러한 과도기를 거친 후 군의 병역제도를 어떻게 할 것인가 하는 문제는 중요한 관건 중의 하나이다.

따라서 본 연구는 이와 같이 격변하는 상황 속에서 국가의 중대사인 국방의 틀을 결정짓는 군 인력충원 및 유지형태인 병역제도를 결정짓는 데 중요한 결정요인을 탐색과 분석의 틀을 만드는 데 그 초점을 두었다. 먼저 병역제도 모형 결정에 영향을 미치는 요인을 살폈다. 대체로 정치적 요인, 경제적 요인, 인적 요인, 문화·제도적 요인으로 대별했다.

특히 작통권의 단독행사와 미군의 역할이 크게 줄어드는 과정에서 병역제도를 바꾼다는 것은 여러 가지 문제점을 낳게 할 수가 있다. 따라서 의무병제가 가지고 있는 비경제성 비효율성 불공정성 등의 단점과 장점을 고려하여 과도기과정을 거치면서 병역제도가 발전되어야 할 것이다. 이 분야에 대해서는 다음 연구에서 진행할 계획이다.

참고로 경제적 요인 중에 국민 1인당 GDP는 병역제도의 변화에 영향을 미치지 못하고 있다는 사실이다. 따라서 향후 의무병제의 당위성 논의에 있어서 국민 1인당 GDP요인은 적극적으로 고려하지 않아도 무방할 듯하다. 지원병제도로 전환하면 국방비는 많이 늘지만, 국민 1인당 GDP가 더 증가하고 있었기 때문이다.

정치적 요인 가운데 동맹의 관계와 해외파병활동이 병역에 어떤 영향을 미칠 것인가라고 하는 내용이 있었는데 동맹의 수가 의외로 병역제도 결정에 큰 영향력을 미쳤다. 이런 결과는 작통권을 단독 행사한다고 해도 한미동맹관계를 강화는 물론이고 주변국과의 관계도 개선해야 하고 또 다른 한편으로는 국력의 가능한 범위 내에서 해외파병활동에 적극 참여하는 것이 보다 유리하다는 결론을 얻을 수 있었다.

따라서 위에서와 같은 연구결과를 고려한다면 군의 규모를 축소하면서 동시에 군의 전투력을 강화하는 병역제도를 개선하기 위해서는 다음과 같은 정책적 시사점을 얻을 수 있었다.

첫째, 한국은 안보의 위협도를 낮추기 위한 노력을 해야 한다. 특히 2009년을 전후로 작통권을 인수하는 과정에서, 주변국을 대상으로 안보위기론을 창조하는 것이 아니라, 지역 공생의 이론을 내세워 다자간의 안보협력체를 구축하고, 주변국으로 하여금 우리나라와 함께 더 많은 이익이 보장될 수 있도록 한국의 미래를 설계해야 하고 특히 휴전체제를 평화체제로 발전시켜야 할 것이다.

둘째, 동맹의 관계를 강화해야 한다. 인류의 역사를 통해서 힘이 없는 정의론은 무용지물에 불과하였다. 그렇다고 해서 우리나라가 독자적으로 주변국과 대등한 군사력을 건설하기도 용이하지 않다. 따라서 원거리에 있는 강력한 동맹을 확보해서 안전을 보장받도록 해야 북한의 대량살상무기를 극복할 수 있는 별도의 노력도 강화되어야 할 것이다.

셋째, 해외파병활동을 강화해야 한다. 주변국과 선린우호관계를 주장하면서 새로운 군사력을 강화하기란 어려운 과제이다. 따라서 통일한국은 벨기에, 네덜란드 등이 규모는 작지만 강력한 국가 건설에 성공한 사례를 참고로 하여, 안으로는 소수정예의 군대 육성에 매진하면서, 밖으로는 세계평화유지에 적극적으로 참여하여 작지만 강력한 군을 건설해야 할 것이다.

넷째, 국민의 국방부담에 대한 올바른 인식을 주지시켜야 한다. 국방개혁을 하면 국민이 부담해야 할 새로운 과제들이 다수 발생하게 됨으로써 국방비와 병역부담에 대해 부정적인 견해가 많이 발생할 것으로 예상된다. 그러나 안보비용의 증가는 패망의 지름길이 아니라, 스웨덴, 이스라엘, 싱가포르에서와 같이 풍요한 국가를 건설하는 기반이라는 사실이 충분히 교육되도록 정훈(정신)교육을 강화해야 할 것이다.

본 연구는 연구목적 달성을 위한 절차에 집착함으로 인해 몇 가지 제한사항을 가지게 되었다. 첫째, 예비전력을 포함하지 못했다는 점이다. 따라서 차후 연구에서는 동원예비전력에 대해서도 다각도로 검토해야 할 것이다.

둘째, 보다 많은 변수 매트릭스를 활용하여 국방개혁 2020이 진행되는 과정과 결과에서 우리 선택해야 할 병역제도를 제시하지 못했다. 하지만 향후 연구에서는 보다 정교한 조사방법론과 계산 기능이 전제된 시뮬레이션을 한다면 병역제도의 결정요인의 변화에 따른 병역제도를 얻을 수 있을 것이다.

비록 본 연구가 예비전력을 포함해서 충분한 토의가 미비했다는 제한사항이 있었음에도 불구하고, 군대 구성원들의 충원 방식을 결정하기 위한 병역제도 결정을 위한 요인들을 도출해서 분석의 틀을 만들었다는 점은 본 연구과정에서 얻은 성과이다.

참고문헌

[1]

김두성, (2003).『한국병역제도론』, 대전: 병무청.

김문성, (1989).『병무행정론』, 서울: 법문사.

김용탁 · 송재천 편저, (1977).『병역제도와 실무』, 서울: 계명사.

김충련, (2003).『SAS통계분석』, 서울: DR&C.

박재권 역(前田哲男), (1998).『자위대』, 서울: 시사일어사.

백낙청, (2006).『한반도식 통일, 현재진행형』, 경기: 창비.

오동열, (1990).『각국의 병역제도비교연구』, 서울: 병무청.

이창욱, (1998).『남북한 군사통합과 통일국군의 역할』, 성남: 세종연구소.

이학식 · 김영, (2002).『SPSS 10.0 매뉴얼』, 서울: 법문사.

정주성 외, (2000).『21세기 병무행정 비전 및 정책방향』, 서울: 한국국방연구원.

황영시, (1982).『한민족의 용틀임』, 서울: 육군본부.

홍정표 역(황인관), (1988).『중립화통일론(One Korea Via Permanent Neutrality)』, 서울: 신구문화사.

[2]

권희면 외, (1995). "통일 한국의 병역제도 연구", 한국국방연구원.

권희면 외, (1997). "통일한국의 병역제도구상",『국방논집』제38호, 한국국방연구원.

김두성, (2002). "한국병역제도의 결정요인에 관한 역사적 고찰", 한남대학교대학원, 박사학위논문.

김문성, (1990). "병역체계에 관한 비교정책적 분석",『한국행정학보』, 제25권 제3호.

김병조, (2002). "한국병역제도의 특성: 비교사회학적 분석",『교수논총』제24집 국방대학교.

김세영, (1998). "국민개병제와 병역의 형평성",『국방연구』 제41권 제2호, 국방대학교.

이상목, (2000). "징병제와 모병제: 경제적 관점에서의 비교분석",『국방연구』제43권 제

2호, 국방대학교.
이상목, (2002). “병역제도의 운용실태와 사회적 비용: 쟁점과 개선방안”, 『국방연구』제45권 제2호, 국방대학교.
조문상, (2002). “병역제도 개선 논의에 관한 고찰－병 복무기간 단축문제를 중심으로”, 『국회보』통권 426호, 국회사무처.
최광표, (1997). “남북한 병무인사제도와 통일한국군”, 『한국군사』제5호, 한국군사문제연구원.

[3]

국방부, (1995). 『21세기를 지향하는 한국의 국방』.
병역정책연구소, (2001). 『병무 행정사』.
아태재단, (2000). 『SIPRI Yearbook 2000: 군비 · 군비축소 · 국제안보』.
여군학교, (2000). 『육군 여군50년 발전사』.
연합연감, (1983). 『연합연감』.
연합연감, (1984). 『연합연감』.
육군사관학교, (1981). 『군대와 국가발전』.
육군본부, (1994). 『일본 육군사』.
통일교육원, (2004). 『통일문제이해』.
한국국방연구원, (1997). 『병역제도 발전방향 정립연구』.
____________, (2000). 『북한 병역환경 변화를 통해 본 북한병역제도 전망』.
____________, (2001). 『세계 국방인력 편람』.
____________, (2003). 『지식정보시대의 국방인력 발전방향』.

[4]

Binkin, Martin, (1984). *America's Volunteer Military: Progress and Prospects,* Washington D.C.: The Brookings Institution.
Cohen, Eliot A., (1985). *Citizens and Soldiers: The Dilemmas of Military Service,* New York: Cornell University Press.

IISS, (1975～2003). *The Military Balance*, London: Oxford University Press.
Zanini, Michele, (2002), *Italy's All－Volunteer Army: An Analytical Framework for Understanding the Key Policy Issues and Choices During the Transition,* Santa Monica, CA: Rand.

[5]

Haltiner, Karl W, (2003). "The Decline of the Europe Mass Armies", *Handbook of the Sociology of the Military*. New York: Kluwer Academic/Plenum Publishers.
Hosek, James R., (2003). "The Soldier of the 21st Century", Stuart E. Johnson et al., eds., *New Challenges New Tools*, CA: Rand.
Janowitz, Morris, (1998). "American Democracy and Military Service", *Society,* January/February.
Manigart, Philippe, (2003). "Restructuring of the Armed Forces", *Handbook of the Sociology of the Military*. New York: Kluwer Academic/Plenum Publishers.

[6]

http://www.chosun.com
http://www.donga.com
http://www.etourlife
http://www.factmo.com
http://www.joins.com
http://www.kookbang.dapis.go.kr.
http://wwwnytimes.com
http://www.zentralstelle－kdv.de

제4장 병사의 위기 인식과 관리

유명덕*

1. 머리말

오늘날 우리는 수많은 위기 속에 살고 있다. 경제의 위기, 문화의 위기, 조직의 위기, 교육의 위기, 가정의 위기, 개인의 위기 등 위기는 실로 다양하게 우리 삶에 개입되어 있다. 이러한 위기는 군인이라고 예외가 아니다. 그중에서도 병사들이 직면하는 위기는 사회의 어떤 유형보다 특이하고 심각하다고 볼 수 있다. 즉 병사들에게는 군 복무 그 자체가 위기일 수 있으며, 전역할 때까지 크고 작은 다양한 위기에 직면하게 된다. 위기는 복무의욕을 저하시키거나 바람직하지 않은 방향으로 이끌며 전투력에도 나쁜 영향을 미치게 된다.

병사들은 위기에 직면할 때 두 가지의 행동양상을 보이게 된다. 먼저 위기에 적절하게 대처하지 못하여 파국에 이르는 것이다. 이는 개인과 군 모두에게 불행하다. 다음은 위기를 사전에 발견하여 예방하고, 설사 위기에 직면하였더라도 이를 효과적으로 극복할 뿐만 아니라 기회로 전환하는 지혜를 발휘하는 경우이다.

본 연구는 현역병으로 입대하는 병사들에게 직면하는 위기의 유형이 어떤 것인지를 분석하고 이를 토대로 위기관리 방안을 강구하는 데 목적을 두고 작성하였다.

본 연구의 연구대상은 훈련병, 신병, 중간 정도 근무한 상등병과 전역을 앞둔 병장 등 4가지 계층으로 설정하였다. 그것은 이들 계층이 군 복무라는 공통적인 문제

* 국방대학교 교수. 이장의 내용은 필자의 다음 원고를 보완·발전시킨 것이다: 유명덕, "병사의 위기 인식 유형과 관리 방안", 『군사논단』46, 한국군사학회, 2006, pp.178－196.

에 대해 일종의 위기의식을 가지고 있지만 복무환경의 차이에 따라 인식하는 위기의 종류나 정도에는 차이가 있을 것으로 보았기 때문이며 이들 계층을 상호 연계하여 분석하는 것은 유용한 방법이 될 것이다.

아울러 본 연구는 다음과 같은 3단계로 진행하였다. 1단계는 위기에 대한 이론적 고찰을 통해 위기의 정의와 일반적인 특성과 원인, 그리고 반응과 영향에 대해서 고찰하였다. 2단계에서는 4가지 계층이 인식하는 위기의 내용과 정도를 도출하여 비교하였으며, 3단계에서는 이와 같은 결과를 바탕으로 병사들의 위기를 효과적으로 관리하기 위한 몇 가지 방안을 제시하였다.

병사 각 계층의 위기를 조사하는 방법으로 설문지 조사방법을 택하였다. 이는 대면 조사보다는 논제의 성격을 감안하여 자유스러운 분위기에서 의견을 도출하기 위함이다. 설문 문항은 총 16개 항목으로 설정하였으며, 이를 인식하는 순서대로 기입하도록 하였다. 설문 문항이 16가지로 비교적 많은 것은 병사들이 느끼는 위기의 유형이 광범위하고 다양하기 때문이다.[1] 설문인원은 각 계층별로 50명을 무작위로 선발하여 총 200명을 실시하였으며 설문 내용은 <표 1>과 같다.

〈표 1〉 설문지 구성

순위	인식하는 위기 내용	훈련병	이등병	상등병	병장
1	부모 곁을 떠날 때				
2	여자친구와 이별할 때				
3	학업이 중단될 때				
4	직장을 그만둘 때				
5	복잡한 가정사정이 생길 때				
6	취업이 걱정될 때				
7	학업 진로가 걱정될 때				
8	군 생활에 염증이 생길 때				
9	임무수행을 잘하지 못할 때				
10	아플 때				
11	상급 병이 스트레스를 줄 때				
12	상관에게 질책받을 때				
13	전우에게 따돌림당할 때				
14	시설환경이 열악할 때				
15	고민을 말할 수 없을 때				
16	인격(인권)이 무시당할 때				

1) 설문은 총 16개 문항으로서 군 내 관련사항 9개 문항과 사회 관련사항 7개 문항으로 하였다.

2. 위기의 이론적 고찰

가. 위기의 의미

위기(crisis)의 사전적 의미는 '위험한 고비(crucial time)', '어떤 일의 전환점(turning point)'으로 정의된다. 위기는 분리를 뜻하는 헬라어에서 비롯되었다고 알려지고 있는데, 그 뜻은 '절정(climax)', '전기(judgement)', '전환점' 등의 뜻을 내포하고 있다.[2)]

위기의 용어는 원래 의학용어에서 사용되었다. 즉 일반적으로 환자의 회복과 죽음의 분기점이 되는 갑작스럽고 결정적인 병세의 변화를 뜻하였다. 이러한 뜻에서 보면 위기란 어떤 상태의 안정을 위협하는 급격한 정세의 변화, 또는 어떤 事象의 결정적이거나 중대한 단계를 구분하는 분수령을 뜻한다. 이와 같은 위기의 개념은 인간의 정신적, 육체적인 것으로부터 조직, 사회, 국가에 이르기까지 다양하게 발생하며 이런 경우에도 위기라는 말을 통상 사용하게 된다.

현대적 측면에서의 위기에 대한 정의를 좀 더 살펴보면 클라인벨(Howard J. Clinebell)은 '시간적으로 참으면 되는 위험, 고통, 긴장 이상의 것'이라고 하였다.[3)] 또한 콜린스(Gary Collins)는 '위기란 한 인간의 안녕에 위협을 주며, 그의 일상생활을 침해하는 모든 사건 및 그러한 상황의 연속'이라고 정의하였다. 이와 함께 무어(Joseph Moore)는 '사람의 심리적인 균형이 깨지고 삶의 고난들에 대처해 나가던 일반적인 방법이 더 이상 제대로 통하지 않는 사건'으로 정의하였다. 이러한 정의들을 종합해보면 위기는 사람이나 중요한 것의 상실, 어떤 사람의 역할이나 지위에 있어 급작스런 사건, 또는 위협적인 새로운 인물이나 사건들의 출현 등을 포함한다. 위기사태는 너무나 격렬하고 독특하기 때문에 스트레스를 다루고 문제를 해결하던 지금까지의 익숙한 방법들이 실효를 거두지 못하는 경우가 많다.

---

2) crisis의 헬라어 단어는 심한 병에 걸려 지금 생사의 기로에 와 있다는 것을 의미한다. 정정숙 『성경적 가정사역』(서울: 도서출판 베다니, 1994), p.302.

3) Joseph Moore, *For the Nonprofessional Counselor Helping Skills*, 전요섭 역, 『비전문 상담자를 위한 상담학』(서울: 은혜출판사, 1995), p.72.

그러나 위기는 危險과 機會라는 양면적인 성격을 가지고 있다. 위기는 개인이나 가정, 조직에 부정적이고 위협적인 영향을 미침으로써 정신적·육체적인 문제를 일으키는 위험스러운 측면도 있지만, 다른 측면에서 보면 위기가 닥쳐오면 자극을 주게 되어 효과적인 대처방안을 강구하게 됨으로써 자신을 한층 더 발전시키는 계기가 될 수 있는 것이다. 즉 위기를 기회로 전환하여 개인을 성장시키는 것이다.

나. 위기의 발생원인

위기는 정신적, 육체적, 환경적, 문화적, 인간관계 등 다양한 측면에서 발생하게 된다. 그러나 개인이 직접 인식하는 위기는 자신의 삶에 매우 중요한 영향력을 행사하는 사람을 상실했거나 상실할 위험에 직면할 때 발생한다. 상실에 대한 위기 인식은 주변에 수없이 존재하고 있는 현상이다. 아동들이 맨 처음 학교에 입학하여 부모 곁을 떠날 때, 사랑하는 사람이나 가족이 병에 걸려 죽음에 직면하고 있을 때 상실감의 위기를 경험하게 된다.[4)]

다음으로 위기는 새로운 사람과 대면하게 될 때 위협을 느끼게 된다. 학생들은 전학으로 인해 정든 학교를 그만두고 다른 학교로 갈 경우 새로운 친구들에 대해 일종의 위기를 경험하고, 직장에서도 타 부서로 옮길 때 새로운 동료들에게서도 보이지 않는 위기의식을 느낀다. 더 좋은 사례는 결혼한 며느리에게는 새로운 만남이나 마찬가지인 시어머니에게서 일종의 위기의식을 경험하게 된다.

또한 자신이나 집단의 존재에 위협적인 인물이 나타나거나 위협적인 사건에 휘말릴 때 위기를 느끼게 된다. 이와 함께 자신의 지위와 역할을 상실하였을 때도 위기를 경험하게 된다. 가장으로서 지위와 역할 상실이나, 직장 상사로서 지위와 역할을 상실했을 때, 위기의 정도는 크며 정신적·육체적인 충격과 더불어 때로는 파국을 초래하는 경우로까지 발전하게 된다.

이상과 같은 위기 발생은 유대감을 가진 사람의 상실과 내면적인 고통이나 슬픔이 촉발된 경우, 그리고 과도기적인 변화가 여건을 형성하는 요인이 된다고 할 수 있다.

---

4) 정태기, 『위기 목회상담』(서울: 신광 출판사, 1982), p.11.

3. 위기의 구분

위기는 발생 원인이나 환경에 의해 다양하게 구분해 볼 수 있다. 맥스웨인(McSwain)과 트레이드웰(Treadewell)은 인간에게 발생하는 기본적인 위기를 신체적 위기 등 다음과 같은 일곱 가지로 분류하고 있다.5)

첫 번째 신체적 위기이다. 신체적 위기는 신체적으로 부상을 입거나 질병에 걸려 고통을 받거나 죽음에 이를 수 있는 위급한 상황에 처해 있을 때 느끼는 위협이다.

두 번째는 자아의 위기이다. 이는 한 개인이 심리적으로 압박을 받거나 장차 자신에게 닥쳐올 위기의 가능성을 미리 예측하고 있을 때의 위기이다. 입대를 앞둔 젊은이들이 많이 느끼는 위기의 유형이다.

세 번째는 인간관계의 위기이다. 인간관계에서 오는 스트레스나 관계의 단절 또는 단절이 예상될 때 느끼는 위기의 유형이다. 고부간의 갈등, 노사 간의 갈등, 상사와 부하 간의 갈등이 이에 속한다.

네 번째는 환경적 위기이다. 이는 자연환경의 파괴에서 오는 위기로서 산소, 산림, 토양, 수질오염 등에서 오는 환경오염은 인간을 각박하게 하고 정서를 메마르게 하는 요인이 된다.

다섯 번째는 재난의 위기이다. 이는 인간의 정상적인 삶이 자연재해로 인해 상실되는 데서 오는 위기이다. 재난위기는 자연환경이 주로 해당되지만 경제파국과 같은 물질적인 재난이나 폭동이나 숙청과 같은 정치적인 재난도 있다.

여섯 번째는 상황적 위기이다. 이는 전혀 예측하지 못한 충격적인 사건이 발생했을 때 느끼는 위기이다. 대형화재라든가 테러사건, 항공기 추락사고, 치명적인 전염병, 사랑하는 사람의 죽음, 부부간의 이혼 등은 그 예라고 할 수 있다.

끝으로 사회문화적인 위기이다. 문화적 위기는 전통적으로 형성되어 온 문화로 인해 초래되는 위기이다. 집안의 문화가 서로 다르고 조직의 문화가 서로 다르다. 이로 인해 어떤 새로운 문화에 진입하는 사람들은 기존 사람들과 이해의 차이에서 오는 갈등으로 인해 위기를 경험하게 된다. 이상과 같은 위기의 정의와 발생 원인,

---

5) 정태기, 위의 책, pp.19－20.

그리고 위기의 종류를 통해 병사들은 군 복무라는 특수한 상황하에서 매우 다양한 위기에 수시로 직면하고 있다는 것을 알 수 있다.

4. 병사의 위기 인식 분석

가. 조사자 전체의 위기 인식 정도 평가

〈표 2〉 병사 계층이 공통적으로 인식하는 위기의 유형

순위	인식하는 위기유형	응답인원	비율(%)
1	부모님의 곁을 떠날 때	25	12.5
2	상관에게 질책당할 때	22	11
3	인격(인권)이 무시당할 때	21	10.5
4	시설 환경이 열악할 때	18	9
5	여자친구와 이별할 때	16	8
6	군 생활에 염증이 생길 때	15	7.5
7	학업진로가 걱정될 때	14	7
8	복잡한 가정사정이 생길 때	12	6
9	고민을 말할 수 없을 때	11	5.5
10	전우에게 따돌림당할 때	10	5
11	아플 때	10	5
12	학업이 중단될 때	8	4.5
13	취업이 걱정될 때	8	4.5
14	상급병이 스트레스를 줄 때	7	4
15	임무수행을 잘하지 못할 때	4	3
16	직장을 그만둘 때	1	0.5
계		200	

<표 2>를 보면 병사들이 위기를 느끼는 범위가 비교적 광범위한 것으로 나타나고 있다. 이는 계층별로 복무환경이 조금씩 다르기는 하지만 어느 특정한 부분에서만 위기를 느끼고 있는 것이 아니라 개인문제, 가정문제, 학업이나 진로문제, 병영생활에서의 인간관계와 임무수행 등 다양한 영역에서 위기를 인식하고 있는 것을 보여주고 있다. 병사들이 응답한 문항 중 인식하고 있는 상위 10가지 위기는 다음과 같다.

1순위는 부모와 이별할 때 오는 위기감이다. 이는 자신을 아끼고 사랑해주며 지원해 준 부모 등 가족과 헤어진다는 상실감과 고립감, 그리고 외로움에서 오는 위기의 한 유형이라고 할 수 있다. 이는 주로 훈련병과 이등병 계층에서 많은 반응을 보였다.

2순위는 상관에게 질책을 당할 때 느끼는 위기감이다. 이는 상관으로부터 받는 질책은 자신이 인정받고 있지 못하고 있고, 스스로의 능력에 대한 자신감 상실에서 오는 위기의 유형이라고 할 수 있을 것이다.

3순위는 상급자나 동료로부터 인격을 무시당할 때 느끼는 위기감이다. 병사들이 겪는 인격모독 행위는 병영생활 간에 수시로 발생할 수 있는 평범한 것이지만 정작 인격모독을 당한 당사자는 큰 충격과 정신적인 갈등을 일으키게 된다. 구타, 가혹행위, 폭언, 욕설, 따돌림, 일을 시키지 않는 행위 등은 자신의 존재가치를 평가절하하고 무시하며, 같은 조직의 일원이 될 수 없다고 인식하게 되어 높은 수준의 위기를 발생하게 된다는 점을 보여준다.

4순위는 시설환경이 열악했을 때 오는 위기감이다. 시설환경이란 병사들이 주거하는 생활관과 화장실, 식당, 체육시설, 독서실 등을 말한다. 시설이 좋은 경우 심리적으로 안정감을 갖고 개인적인 욕구도 실현할 수 있어 복무의욕을 증진할 수 있지만 시설이 비좁거나 낙후된 경우에는 오히려 스트레스를 받게 되고, 이런 스트레스는 전우 간의 인간관계에도 부정적인 영향을 미치게 되어 결국 크고 작은 위기로 진전될 수 있음을 보여주고 있다.

5순위는 여자친구와 이별할 때 겪는 위기감이다. 이 문항에서는 4계층 모두 비교적 골고루 반응하였는데 이는 많은 병사들이 여자친구와 이별을 한 경험이 있거나 그럴 가능성을 염두에 두고 응답한 결과로 보인다. 특히 여자친구와의 문제는 군 복무를 하고 있는 병사들의 여건상 스스로 해결할 수 있는 능력이 제한되기 때문에 여기에서 느끼는 병사들의 위기의식은 상대적으로 높다는 것을 알 수 있다.

6순위는 군 생활에 염증이 생길 때 나타나는 위기감이다. 이 문항에 대해서는 주로 절반 이상 복무한 상등병과 전역을 앞둔 병장들이 많이 응답하였는데, 이는 병영생활에 익숙해지고 자신이 담당한 임무수행에 어느 정도 자신감을 가진 것을 바탕으로 한 심리적인 안정에 기인한다고 할 수 있다. 그러나 이런 안정감은 심리적으로나 태도 측면에서 리듬이 흐트러지거나 의욕이 저하될 때, 부정적인 방향으로 발전될 수 있으며 새로운 위기를 형성하는 원인이 되기도 한다는 점에서 유의해야 할 유형이다.

7순위는 학업 진로문제로 인한 위기감이다. 이 문항에 대한 응답자의 분포 또한 균형을 이루고 있어 공통적인 위기로 보고 있다. 여기에는 입대 전까지 대학에 입학하지 못한 재수생이거나, 입학하였다고 하더라도 적성이 맞지 않거나 학교 자체에 불만스러워 새로운 모색을 시도하지 않으면 안 된다는 나름대로의 고민을 심각하게 반영하고 있는 것으로 해석된다. 학업문제로 인한 고민은 군 복무기간에 지속적으로 안고 가야 할 걱정거리이며 이런 걱정거리는 전역이 임박해 옴에 따라서 점차 위기로 확산되는 성향을 띠고 있다.

8순위는 상급 병사가 스트레스를 줄 때 느끼는 위기감이다. 이 문항의 순위에 대해서는 다소 의외의 결과로 평가된다. 그것은 병사들 간에도 위계질서가 존재하며, 하급 병사는 상급 병사에 의해 간섭과 통제를 받고 있는 분위기가 여전히 존재하고 이런 분위기 속에서 병사 간의 갈등이 종종 노출되어 왔기 때문이다. 이와 같은 낮은 반응이 나타난 것은 최근 각 군이 따뜻한 병영문화를 정착하기 위해 생활관이나 식당, 휴게소, 목욕탕, 체육실, 훈련장에서 폭언, 구타, 가혹행위, 인격모독, 부당한 간섭 등을 금지하고 존중, 배려, 대화, 미소 등 인간중심의 병영문화를 창출하려는 '그린 존(Green Zone)'과 같은 운동을 다양하게 추진해 온 노력의 결과가 의견에 반영된 것으로 보인다.

9순위는 자신의 어려움이나 고민을 말할 수 없을 때 느끼는 위기감이다. 이 문항에서는 응답자의 절반이 상등병과 병장이 차지하였다. 이는 이 두 계층이 분대장이나 선임병 등의 공식적인 임무를 수행하는 과정에서 상·하급 병사들과의 관계,

자신의 리더십 역량에 대한 의구심 등을 인식할 때 발생하는 스트레스가 많게 되고, 전역이 가까워 옴에 따라 진로문제, 가정문제 등 복잡한 상황이 발생하고 있기 때문으로 보인다. 아울러 이런 고민거리를 상담해 줄 분위기가 조성되어 있지 않거나 상담소 운영 등 제도적인 뒷받침이 잘되어 있지 않고 있는 점도 영향을 주었다고 생각된다.

10순위는 전우들에게 따돌림을 받았을 때 느끼는 위기이다. 따돌림 현상은 지금 우리나라에서도 사회적인 문제로 부각된 지 이미 오래이다. 특히 학교에서의 따돌림 현상은 인성을 자극하고 좌절시키는 주범이 되기도 한다. 설문조사를 보면 군에는 아직도 따돌림 현상이 남아 있으며 이는 주로 일병이나 상등병 계층에서 경험하고 있는 것으로 나타나고 있다.[6)]

이 외에도 아플 때 위기를 느끼다가 11위, 학업이 중단될 때가 12위, 취업 걱정이 13위, 임무수행을 잘못할 때가 14위, 복잡한 가정사정이 생겼을 때가 15위, 그리고 직장을 그만두었을 때가 16위로 나타났다.

이와 같은 조사내용을 종합해 보면 부모와의 이별에 대한 위기의식이 가장 크나 이는 주로 훈련병에 의해 발생되고 있으며, 이등병과 상등병의 경우는 군 생활에 적응하고 업무를 보다 잘 수행하려는 과정에서 상하급자와의 마찰로 인한 위기가 형성되며, 상등병 이상의 계층은 인격무시와 전역 후 사회적응에 대한 위기의식을 주로 나타내고 있다.

나. 훈련병의 위기 인식 정도

훈련병은 사회문화와 군대문화의 충돌을 가장 먼저 체험하는 계층으로서 기존의 병사 계층과는 다른 측면의 위기를 인식하고 있다.

---

6) 2005년 6월에 육군과 한국무형자원연구소 합동으로 조사한 결과 발표에 의하면 육군 장병 73,421명 중 집단 따돌림을 받았다고 생각하는 장병은 31.5%인 23,192명이었으며, 병사의 경우는 이병이 2,956명(22.4%), 일병이 8,974명(45.0%), 상병이 7,475명(31.1%), 병장이 2,997명(21.4%)이었다.

〈표 3〉 훈련병의 위기 인식 상위 10개 문항

문항	비율
부모 곁을 떠날 때	38%
상관에게 질책당할 때	16%
여자친구와 이별할 때	8%
상급병이 스트레스를 줄 때	8%
학업이 중단될 때	6%
학업진로가 걱정될 때	6%
임무수행을 잘못할 때	6%
아플(부상) 때	4%
복잡한 가정사정이 생길 때	2%
시설환경이 열악할 때	2%

<표 3>에서와 같이 훈련병에게 가장 큰 위기는 가족과 떨어져 있다는 상실감이다. 훈련병은 가족이라는 관계에서 군 입대라는 환경변화로 인해 상실감과 고립감, 그리고 처음 보는 동료전우들과, 조교 등 상급자에 대해 불안감과 위기감을 가지고 있는 것으로 해석된다.

두 번째의 위기는 상급자의 질책으로서 16%를 차지하고 있다. 이는 훈련병 교육과정에서 겪는 긴장감과 더불어 군사교육을 처음 대하는 데에 따른 행동의 미숙함과 적응부족에 따른 조교나 훈육관 등의 강압적인 태도가 복합적으로 작용하여 발생하는 위기라고 할 수 있을 것이다.

여자친구와 헤어졌을 때도 비교적 높은 위기를 유발하는 것으로 나타났는데, 이는 이별이라는 상실감에서 오는 전형적인 위기라고 할 수 있다. 또한 군 입대로 학업이 중단된 것에 대한 위기와, 훈련 간 임무수행을 잘 못했을 때 느끼는 위기도 중간수준 정도를 차지하고 있다.

이상과 같은 훈련병의 위기는 부모 곁을 떠나는 데 따른 상실감에서 비롯되는 단순한 성격을 띠고 있으며, 군 입대라는 엄청난 환경의 변화 및 병영문화에 익숙하지 못한 관계로 사소한 일에도 충격을 받는 불안정한 심리상태가 복합적으로 나타나는 것이라고 하겠다.

나. 이등병의 위기 인식 정도

훈련병 교육과정을 마친 이등병들은 정신적 육체적으로 여유를 가질 시간이 없이 자대배치를 받게 된다. 자대배치는 신병들에게 안정을 주는 측면도 있지만 대부분은 앞으로 펼쳐질 미래에 적응을 잘할 수 있을 것인지 하는 새로운 걱정거리로 불안감을 주기도 한다(<표 4> 참조).

〈표 4〉 이등병의 위기 인식 상위 10개 문항

시설환경이 열악할 때	22%
여자친구와 이별할 때	18%
부모 곁을 떠날 때	10%
학업이 중단되었을 때	10%
상관에게 질책당할 때	10%
복잡한 가정사정이 생길 때	6%
고민을 말할 수 없을 때	6%
아플 때	4%
전우에게 따돌림당할 때	4%
인격이 무시당할 때	4%

훈련병 교육과정을 마치고 자대에 배치된 이등병들의 심리상태는 공통적으로 불

안정한 것으로 나타났다. 그것은 잠시나마 정들었던 훈련소 동기들과 헤어져야 하는 일종의 상실감과 더불어 새롭게 펼쳐질 자신의 군 생활에 결정적인 영향을 주게 될 부대가 어떤 부대인지, 그리고 그 부대에서 잘 적응해 나갈 수 있을 것인가에 불안감이 가중되기 때문이다.

이와 같은 정서적 불안감 속에서 자대에 전입하여 신고를 마치고 본격적으로 임무수행이 시작되는 이등병들에게 있어 가장 큰 위기감은 바로 열악한 시설에서 오는 문화적 충격과 불편함이다. 22%에 달하는 이등병들이 이 문항에 공감하였는데, 그중에서도 열악한 생활관에 대해 문화적 충격과 더불어 쉽게 적응하지 못하는 것으로 나타났다. 생활관은 소대단위인 30~40명의 병력이 생활할 수 있도록 설계되었다. 가정에서는 거의 1인 1실의 문화에 젖어 프라이버시를 보호받아 온 병사들에게 이런 생활관 환경은 참기 어려운 것으로 받아들여졌을 것이며, 이러한 인식이 설문에 크게 반영된 것으로 보인다. 여기에다 화장실 또한 문화적 충격을 주었을 것이다. 아직도 좌변기가 설치되어 있지 않거나, 심지어 수세식이 안 된 곳도 있어 병사들에게 문화적인 이질감을 느끼거나, 심지어 숭고한 국방의 의무를 수행하기 위해서 온 자신이 인간적인 대우를 받고 있지 못한다는 느낌을 주었을 것으로 보인다.

아울러 이등병들은 부모보다는 여자친구와의 헤어짐에 대해 위기의식을 더 느끼고 있는 것으로 나타났다. 이는 어느 정도 군 생활이 경과되었기 때문에 부모보다는 여자친구와 떨어져 있어야 하는 것이 더 참기 힘들다고 느꼈을 것이다. 이와 함께 6% 정도는 가정에 복잡한 사정이 생기거나 자신의 고민을 털어놓을 수 없을 때 위기감을 느낀다고 답하였다. 이는 아직도 병영생활이 상하 간에 경직되어 있는 부분이 존재하고 있으며, 이를 해소하기 위한 상담소 운영 등 제도적 차원의 배려도 완전하지 못한 수준이라는 점을 나타내주고 있다.[7)]

그러나 아플 때, 따돌림당할 때, 인격이 무시당할 때 느끼는 위기 인식의 정도는 상대적으로 크지 않은 것으로 평가되고 있다.

---

7) 육군의 경우 2005년에 7명의 전문 상담관을 최초로 시험 운영하였으며, 2007년까지 연대급까지 확대하여 운영할 계획이다.

라. 상등병의 위기 인식 정도

〈표 5〉 상등병의 위기 인식 상위 10개 문항

문항	비율
인격이 무시당할 때	16%
전우에게 따돌림당할 때	14%
고민을 말할 수 없을 때	14%
시설환경이 열악할 때	12%
학업 진로가 걱정될 때	10%
군 생활에 염증을 느낄 때	10%
상급병이 스트레스를 줄 때	6%
상관에게 질책당할 때	6%
부모와 이별할 때	2%
여자친구와 이별할 때	2%

상등병은 1년 이상을 복무한 계층으로 병영생활을 스스로 해 나갈 수 있는 능력을 어느 정도 구비하였다고 볼 수 있다. 상등병의 위기 인식은 이등병과는 조금 다르게 군 생활과 관련된 분야에서 위기의식을 느끼는 성향을 보이고 있다. 즉 이등병은 자대 전입 이후 직면하는 사람이나 시설, 생활문화 등에서 강한 스트레스를 받고 있지만 상등병은 어느 정도 병영생활에 숙달되고 안정이 된 상태이기 때문에 시설환경이나 부모와 친구, 학교, 직장의 상실감보다는 자대 생활과 교육훈련, 업무추진에서 중심적인 역할을 하는 위치를 지켜야 하는 데서 갈등과 위기의식을 더 느끼고 있는 것으로 조사되었다(<표 5> 참조).

종합적으로 보면 상등병은 병사의 중심계층으로서 어느 정도 책임감이 형성되어 있고 이등병과 일등병, 그리고 병장 사이의 중간역할을 해야 하는 관계로 초래되는 인격모독이나 소외감의 위기에 직면하고 있으며, 군 생활에 대한 지루함도 스트레스가 되고 있다는 반응을 보이고 있다.

마. 병장의 위기 인식 정도

〈표 6〉 병장의 위기 인식 상위 10개 문항

문항	비율
인격이 무시당할 때	20%
복잡한 가정사정이 생길 때	14%
취업이 걱정될 때	12%
상관에게 질책당할 때	12%
학업진로가 걱정될 때	10%
아플 때	10%
군 생활에 염증이 생길 때	8%
여자친구와 이별할 때	4%
임무수행을 잘못할 때	2%
상급병이 스트레스를 줄 때	2%

전역을 앞둔 병장 계층의 병사들은 나름대로의 여유와 즐거움을 가지고 병영생활을 영위하는 경향이 있다. 따라서 이들은 자부심도 강하고 어느 정도 판단력을 가지고 행동하는 능력도 갖추게 된다.

병장 계층은 자신의 인격이 무시되는 것에 대해서 가장 민감하게 반응하였으며, 상등병보다 더 높은 수치를 보이고 있다. 이는 병장이라는 나름대로의 자존심과 하급 병사들에게 어느 정도 신뢰와 권위가 필요한 자신에게 상관의 인격무시 행위는 높은 수준의 위기를 발생시킬 수 있다는 점을 보여주고 있다. 즉 대부분의 병장들은 분대장 임무를 수행하게 되는데 이 과정에서 소대장이나 중대장 등 상관에 의해 질책을 받게 되면 이는 곧 자신의 리더십이나 인격이 손상되는 것으로 받아들이는 경향이 크다는 것을 나타내주고 있다.

아울러 전역을 앞둔 시점에서 발생하는 집안의 복잡한 사정은 전역이 임박함에 따라 가정의 문제를 자신의 위기로 생각하는 경향이 있으며, 취업이나 학업진로에 대해서도 상대적으로 높은 위기로 생각하고 있다. 그러면서도 전역을 앞두고 병영생활에 대한 지루함이 발생하고, 이런 분위기로 인해 심신의 리듬이 흐트러진 결과에서 오는 나태함이나 임무수행의 차질이 발생함으로써 상관에게 질책을 받게 되는 것을 또 다른 위기로 생각하고 있다.

종합적으로 보면 병장들은 계급에 따른 인격적인 대우를 요구하고 있고, 전역 후에 직면할 수밖에 없는 현실적인 문제들 즉, 가정문제, 학업문제, 취업문제, 그리고 입대 전에 유지하였던 개인적 인프라의 복원문제 등에 더 많은 관심과 걱정을 하고 있는 것으로 분석되고 있다.

5. 위기를 기회로 전환시키는 몇 가지 대안

가. 병사의 위기에 대한 군의 새로운 인식 필요

2005년 6월 19일은 우리 군의 입장에서 결코 잊어서는 안 될 교훈적인 사건이 일어난 날이다. 이른바 GP내무반 총기난사 사건이다. 이 사건으로 인해 최전방에서 국방의 의무를 숭고하게 수행하던 8명의 장병들이 아무런 이유 없이 희생되었다. 이 병사는 마땅히 비난받아야 하고 상응한 책임을 져야 했지만 그보다 우리가 생각해 보아야 할 것이 있다면 그것은 그 병사가 이런 극단적인 행동을 하기까지 정신적, 육체적으로 어떤 위기에 직면하고 있었는지 정확하게 파악되었는지, 또한 이런 위기를 해소해 주려는 노력이 만족할 만한 수준이었는지 심각하게 생각하지 않으면 안 된다는 것이다.

대부분의 병사들은 입대하는 시점으로부터 전역하는 순간까지 크고 작은 위기에 직면하고 그 위기와 내부적인 갈등을 느끼면서 병영생활을 영위하고 있다. 그런데 문제는 이러한 위기는 군 전투력 향상이나 병사개인에게도 결코 순기능으로 작용하지 않는다는 사실이다. 병사들이 직면하거나 이미 안고 있는 위기들은 대부분 외형적으로 표출되지 않고 스스로 억제하고 극복해 나가려고 하는 경향이 있다. 그러다 보니 군에서는 이를 심각한 문제로 생각하지 않는 경우가 있다. 그러나 이런 현상들이 축적될 때 매우 심각한 사태를 유발할 수 있는 것이 바로 위기의 특성인 것이다.

군은 장병들이 최상의 정신적·육체적인 환경 속에서 국방의무를 수행할 수 있도록 해야 할 책임이 있다. 이를 위해서 군은 장병들이 직면하는 다양한 위기가 군 전투력과 직접적으로 연계되어 있다는 사실을 인식해야 한다. 위기에 대한 이러한 군 인식의 전환은 장병들의 위기문제를 주요 정책과제로 채택하고 장병들에게도 위기예방 지식을 함양하기 위한 교육을 적극 시행하는 등 다각적인 대책을 강구하는 새로운 출발점이 될 것이다.

나. 주거환경 개선 노력 강화

군은 그동안 북한의 위협과 주변국의 안보에 대처하는 유형적인 전력증강에 치중해 왔다. 그 결과 상당한 전투력 발전을 가져왔지만 상대적으로 병영시설에 대한 투자는 미흡하다는 평가를 받아왔다. 병사들이 병영생활을 통해 스트레스와 갈등을 갖게 되는 원인을 제공하는 데는 인간관계와 의식주 등의 환경에 있다. 그중에서 시설의 경우 생활관은 시급하게 개선이 되어야 할 대상이다. 앞에서 언급하였지만 우리 군의 생활관은 대부분 30여 명을 단위로 한 인원이 한 공간에서 자도록 하는 침상형으로 설계되어 있다. 그것도 개인별로 주어지는 공간이 불과 0.7평으로서 미군의 3평, 중국군의 2.6평에 비해 턱없이 비좁다. 비좁은 공간은 불편하기도 하지만 정신적으로 스트레스와 위기감을 형성하는 원인이 된다. 특히 가정에서 독방을 써 온 병사들에게는 낯선 사람과 다닥다닥 붙어 잠을 자야 하는 현실이야말로 문화적인 충격이며 피하고 싶은 충동을 일으킨다.

군은 이 문제의 심각성을 고려하여 분대단위 침대형으로 생활관을 개선하는 병영시설 현대화를 적극 추진 중에 있다. 정치권에서도 이 부분에 대해 심각성을 인정하고 많은 관심을 보여 왔다. 그러나 예산이 부족하여 일시에 교체할 수 없기 때문에 점진적으로 추진하여 2013년까지 완료할 계획으로 있다. 이와 같은 생활관 개선 속도를 감안해 볼 때, 병사들은 한동안 비좁은 공간에서 불편을 감수할 수밖에 없을 것으로 보인다. 그러나 기존시설을 최대한 조정하고 감소 추세에 있는 인력을 조정하는 적절한 조치를 강구한다면 병사들의 프라이버시를 존중해 줄 수 있는 공간은 어느 정도 확보해나갈 수 있을 것이다. 이와 함께 시설 개선이 비교적 용이한 화장실이나 식당, 목욕탕, 그리고 각종 체육시설도 장병 기본권 및 인권보장, 사고예방 차원에서라도 시급하게 개선해 나가야 할 것이다.

다. 군 리더십의 현대화 추구

병사들의 위기 발생은 개인적인 문제에 기인하지만 지휘관이나 지휘자의 바람직하지 못한 리더십 행태에 의해서도 영향을 받게 된다. 즉 리더십이 선진화되지 못한 지휘관을 만나면 병사 개인이나 부대는 다양한 위기에 노출될 가능성이 크다.[8] 이런 점에서 한국군의 리더십 현대화는 매우 중요하게 다루어져야 할 문제인 것이다.

향후 한국군이 추구해야 할 리더십의 요체는 의무와 권리를 균형 있게 추구하도록 하는 리더십을 발휘하는 것이다. 여기에서 의무는 군인으로서 갖추어야 할 책임, 용기, 도덕성, 가치, 신념과 행동으로 실천하는 군인으로서 갖추어야 할 정신적이고 실천적인 자세를 말한다. 이와 함께 부하들이 마땅히 누려야 할 권리에 대해서도 높은 관심을 가져야 한다. 권리는 부하들이 정당하게 누려야 할 기본적인 각종 혜택, 인권보장, 자유로움, 건강보호, 의사존중 등이다. 이와 같은 권리는 군 리더의 의지에 따라 크게 신장될 수 있고 왜곡되거나 위축될 수도 있다.

오늘날 군 리더에게 가장 필요한 리더십 덕목은 부하를 존중하고 배려해주는 따

---

8) 2005년 6월 21일자 한겨레신문사에서 『군 조직문화에 대한 제대병들의 인식조사』에 대한 보도를 보면 100점 만점에 군은 상하 간 존중과 배려 40.8점, 개인의 자율성 보장 35.9점, 병영 내 민주화 정도 38.1점으로 45점 이하의 수준을 보이고 있다.

뜻한 마음을 소유하는 것이다. 가정과 같은 병영으로의 육성은 병사에 의해서가 만들어지는 것이 아니라 병사들을 자식이나 동생처럼 대하는 리더, 존중과 배려를 아끼지 않는 리더, 부하를 성장시켜 주려는 인격을 갖춘 리더에 의해 만들어지는 것이다. 이러한 리더가 존재하고 있는 부대는 갈등이나 위기가 좀처럼 생기지 않는다. 최근 군 리더의 인격과 선진화된 리더십이 중요시되는 것은 바로 이 때문이다.

라. 복무 단계별로 위기관리 대책 강구

병사들이 입대 후 겪는 위기는 다양하고 때로는 중첩되는 부분도 있지만 대개는 단계별로 전개되는 연속성이라는 특성을 가지기도 한다.

훈련병 시절에 자신 있고 적극적이며 성취감을 추구하는 병사는 다음 단계인 신병생활이나 더 나아가서는 성공적인 군 복무를 마칠 수 있게 된다. 그러므로 군은 복무단계별로 병사의 위기를 잘 관리해주어 이들이 병영생활에 쉽게 적응하고 보람을 찾을 수 있도록 만들어 주어야 한다. 이와 같은 관점에서 앞의 설문 자료를 근거로 복무단계별로 위기관리중점을 제시해 보면 다음과 같다.

1) 훈련병의 위기관리: 상실감 완화, 불안감 해소

훈련병의 위기는 부모, 친구, 애인 등과 같이 정들었던 사람들과 떨어져 있어야 한다는 상실에 대한 위기와, 미래 군 생활이 어떻게 전개될 것인가에 대한 불안의 위기가 주류를 이룬다. 따라서 이들에 대한 위기관리 중점은 상실감을 완화하고 미래에 대한 불안감을 해소시키는 데 두어야 한다. 이를 구현하기 위한 방법은 먼저 훈련병으로 입소할 때 부모도 동석시키고 가능하면 부모의 1일 병영체험을 아들과 같이 하도록 하여 상실감을 최소화해주는 배려가 필요하다. 아울러 훈련병의 모습을 찍어 이메일을 보내주는 방법이나 일과 후에는 인터넷을 개방하여 부모나 친구에게 소식을 전하게 해주고, 좀 더 성의가 있는 지휘관이라면 훈련병 개개인의 활동을 카메라에 담아 동영상을 만들어 병사 부모에게 인터넷을 통해 보내주는 방법을 강구하는 등 정보통신 수단을 적극 활용할 필요가 있을 것이다.

이와 함께 미래 군 생활에 대한 불안감을 해소해주기 위한 방법으로서는 향후 군 생활이 어떤 과정을 거쳐 이루어지게 되는지를 자세하게 설명해 주고, 스스로 군 생활을 성공적으로 마치기 위해 자대 배치에서 전역에 이르기까지의 로드맵을 스스로 작성해보도록 하며, 성공적인 병영생활을 위한 소양지식과 요령을 자세하게 설명해주는 방법도 강구되어야 할 것이다.

2) 이등병에 대한 위기관리: 문화충격 해소, 조기 적응 지원

이등병의 위기는 시설, 인원 등 자신을 둘러싸고 있는 여러 가지 환경에 대한 충격과 부적응 문제에서 비롯된다. 따라서 이들에 대한 관리 중점은 생활관 등 시설환경에 대한 충분한 배려로 충격을 최소화하고, 병영생활에 조기에 적응할 수 있도록 세심한 지원을 하는 데 두어야 한다. 이를 구현하기 위해서는 전입되는 신병에게 일정 기간 동안에는 잠자리 공간을 별도로 확보해주고 병영시설을 활용하는 방법이나 요령을 세부적으로 알려주어 행동에 불안감이 생기지 않도록 하면서 생활관이나 부대의 분위기에 조속히 적응하도록 후견인제도를 더욱 활성화시켜야 할 것이다. 아울러 능력에 맞는 일부터 부여하면서 숙달 정도에 따라 임무의 중요도를 확대하는 방법을 강구하고, 칭찬과 격려를 부단히 해주어 자신감과 재미를 붙이도록 하는 관리기법을 적용해야 할 것이다.

3) 상등병에 대한 위기관리: 중간 역할자로서의 책임감 증진

상등병은 병영생활에 비교적 정착되고 심리적으로도 안정된 모습을 보이고 있는 계층이다. 특히 상등병은 하급병인 이등병과 일등병, 그리고 상급병인 병장과의 중간적인 위치에 있는 계층으로서 가장 중심적인 역할을 수행하고 있어 스트레스를 비교적 많이 받고 있다고 할 수 있다. 따라서 이들의 위기관리 중점은 중간 역할자로서 책임감을 지속적으로 증진시켜 조직의 활력을 기하고, 자신들도 병영생활에 더욱 보람을 가지도록 하는 것이다. 이를 구현하기 위해서는 이들을 더욱 존중하고 배려하는 신상관리와 중간역할자로서의 고충을 해결해주기 위한 상담활동 강화, 그리고 때로는 일정한 권한을 부여하여 지속적으로 동기를 유발시켜 주는 관리기술이 필요할 것이다.

4) 병장에 대한 위기관리: 리더십 증진, 전역 후 사회생활 대비 지원

병장은 대부분 분대장이나 일정한 임무에 있어서 리더에 속한다. 자기 나름대로 중요한 임무를 수행하고 있다고 생각하는 병장들은 위로는 간부들과, 밑으로는 하급자들의 사이에서 스트레스를 받을 수 있는 확률이 그만큼 높다. 분대장으로서 임무수행과 분대원 관리, 그리고 그 성과에 대한 스트레스 등은 나름대로의 위기가 될 수 있다.

특히 분대장의 임무를 제대로 수행하지 못했을 때 상관으로부터 받는 질책은 조사결과에서와 같이 높은 수준의 위기로 발전될 수 있다. 따라서 분대장의 위기관리 중점은 자신감을 바탕으로 리더십을 증진시켜 주고, 아울러 전역 후를 지혜롭게 대비하도록 세심하게 지원해주는 데 두어야 할 것이다. 이를 위해서는 국방대학교에서 개발하여 보급한 분대장 리더십 프로그램을 적극 활용하여 분대원을 효과적으로 통솔할 수 있도록 자질을 함양시켜 주는 일이 중요할 것이다. 또한 우수 분대장에 대한 포상제도를 적극 시행하고 분대장 수당도 대폭 증액하여 긍지와 자부심을 가지는 가운데 활동하도록 하는 여건을 조성해주어야 한다.

아울러 군 차원에서 전역을 앞두고 학업이나 취업, 결혼 등에 도움을 주기 위해 지역별로 관련 민간 전문 강사를 초빙하여 정보를 제공하고 지식을 부여하는 일도 적극 고려되어야 할 것이다.

마. 전문 상담사 배치

병영생활을 하는 병사들에게는 간부들이 알지 못하는 다양한 고충들이 있고 이런 고충들은 경직되기 쉬운 군대 문화 속에서 쉽게 표출되거나 해결되지 못하는 한계를 가지고 있다. 병사들에게 가장 답답한 부분은 터놓고 이야기할 곳이 별로 없다는 것이다. 물론 지휘관이나 군종장교를 찾아가는 방법도 있지만 이 역시 쉽지 않고 자신의 비밀이 노출되어 오히려 해롭게 작용하지 않을까 하는 걱정을 하게 된다. 이와 같은 문제를 적절하게 해결해주는 것이 상담실 운영이다. 군 상담실 운영은 병사 자신이 문제를 스스로 발견하고 원하는 것이 무엇이며, 이를 달성하기 위해서는 어떻게 해야 하는지를 알게 하여 위기 발생을 예방하고 직면한 위기를 기회로 역전시켜 주는 역할을 한다.

군은 과거부터 군종장교나 정훈장교, 지휘관, 부사관 등을 활용하여 상담을 해왔지만 전문성이 부족하다는 점이 늘 지적되어 왔다.[9] 이에 따라 지난해부터 육군에서는 전문상담사 7명을 선발하여 시범적으로 운영한 바 있고, 그 결과 효과가 있다고 판단하여 앞으로 여단급 이상의 부대에 전문상담사를 확대 운영할 것을 계획하고 있는 것은 발전적인 조치라고 여겨지며, 이는 육군뿐만 아니라 전군이 확대 시행할 필요가 있을 것이다.

바. 군 – 사회 인프라 구축 강화

끝으로 군과 사회 인프라를 적극 구축하여 병사들의 위기 발생을 예방하고 이를 성장의 계기로 삼는 방안이 적극 강구되어야 한다. 군은 사회조직의 일부분이며, 사회가 추구하는 가치문화를 발전적으로 수용하는 유연한 조직이 되어야 한다. 특히 병사들이 국가를 위해 헌신하는 2년여의 기간을 인생에 있어 성장하는 기간이 될지언정 성장이 중단되거나 저하되는 기간으로 만들어서는 안 된다. 이러한 점에서 군은 병사들의 동력을 성장시키는 데 도움이 되는 사회적 인프라를 연계시켜 적극 활용하는 지혜가 필요하다.

이를 위해서는 먼저 장병 부모와의 인프라 구축이 필요하다. 군대는 병사들을 훈육하고 관리하는 데 있어 군만의 능력으로 해결할 수 있다는 기존의 생각을 과감

9) 부대에서 상담임무를 수행하고 있는 군종장교, 부사관, 지휘관은 대부분 상담을 전공하지 않아 효과적인 상담활동이 어렵다는 평가를 받고 있다.

하게 바꾸어야 한다. 병사를 잘 관리하기 위해서는 부대와 가정 간에 유익한 소식이나 정보를 상호 제공하는 정보교환 시스템을 갖춘다면 병사들은 부모와 떨어져 있다는 상실감이나 고립감을 크게 감소시킬 수 있을 것이다.

이와 함께 병사에게 위기가 발생하여 이 문제를 해결하는 데 있어 부모의 도움이 필요할 경우, 전화나 이메일을 이용하여 상담할 수 있도록 하는 방안도 적극 강구되어야 할 것이다.

또한 병사들의 지적 욕구를 충족시키기 위해서 군과 학교의 인프라를 적극 구축해야 할 것이다. 최근 국방부가 적극 추진하고 있는 學-軍 제휴나 학점은행제 등은 지속적으로 확대할 필요가 있다. 아울러 부대가 주둔하고 있는 지역 내의 교육기관과의 교류를 통해 병사들이 수강을 할 경우 학점을 인정해 주는 것이나, 사이버교육을 확대 시행하는 등의 민간 교육 인프라를 적절하게 활용하는 방안도 강구되어야 할 것이다. 특히 각종 취미생활이나 기술 취득을 위해 군대는 민간자원을 과감하게 활용하는 정책을 시행해야 한다. 이를 위해서는 공공기관이나 민간단체에서 운영하고 있는 유익한 프로그램에 적극 참여시키고 필요시에는 민간시설을 활용하는 방법도 효과적일 것이다.

6. 맺음말

군대는 위기를 관리하는 전문집단이다. 군대가 위기를 완벽하게 관리하려면 스스로 관리할 수 있는 능력을 갖추어야 하며, 이는 유무형적인 전력을 완벽하게 갖춘 상태라야 가능하다. 한국군 병사들은 전형적인 의무복무제로서 모병제를 채택하고 있는 다른 나라들에 비해 군 복무 간에 다양한 위기에 직면하거나 경험하게 되는 기회가 훨씬 많다. 병사의 이러한 위기들은 군대 조직을 유지하고 전투력을 발휘하는 저해요인이 되며, 개인적인 성장에도 부정적인 결과를 초래하게 된다.

특히 병사들은 입대하는 순간부터 전역할 때까지 수많은 위기에 직면하며 대부분은 이를 잘 극복하지만 그렇지 못한 경우도 적지 않다. 이러한 위기는 간과하기 쉽지만 위기가 발전할 경우 돌이킬 수 없는 사태로 발전하기도 한다. 이러한 점에서 병사가 직면하고 있는 위기는 전투력을 관리하는 차원에서 근원적으로 대비하지 않으면 안 된다.

병사들은 대체적으로 계급별로 조금씩 다른 위기에 직면하게 된다. 앞에서 다룬 계층별 위기유형 제시는 그 좋은 예이다. 아울러 이러한 위기들은 얼마든지 예방하거나 직면하고 있는 상태의 확산을 정지시키거나 오히려 발전의 기회로 삼게 할 수 있다. 그러므로 위기를 기회로 반전시키기 위해서는 다각적인 노력이 필요하며 그중에서도 법규, 제도,조직, 인력, 예산, 사회와의 인프라 구축 등의 정책을 개발하고 이를 일관성 있게 추진해야 한다.

위기는 스트레스에 의해 시작된다. 스트레스를 줄이면 위기는 감소되고 위기가 감소되다 보면 자연스럽게 병영은 안정되고 사고도 없어진다. 이러한 점에서 인간 중심의 선진 병영문화를 국방개혁의 핵심으로 삼고 있는 국방부의 노력은 매우 긍정적이고, 병사들의 위기를 기회로 성장시켜 주는 좋은 의미 있는 계기가 될 것이다.

참고문헌

강기호, 『위기상담이론』, 서울: 생명의 말씀사, 2000.
국가인권위원회, "복무 부적응자 인권상황 실태조사연구", 2007.
국방부, "병영문화 개선사례", 2007.
권석만, 『현대 이상심리학』, 서울: 학지사, 2006.
김남현, 『리더십』, 서울: 경문사, 2005.
김중기, 『교육심리학』, 서울: 동문사, 1988.
한국 국방연구원, "인권과 지휘권의 동반적 발전 방안", 2006.

제5장 신세대 장병 설득 커뮤니케이션

이원봉*

1. 머리말

우리나라 병역법에 보면, 만 19세에 징집을 위한 신체검사를 실시하고, 합격한 장정의 경우 20세에 입대를 하도록 되어 있다.[1] 이 20세 전후의 연령층이 바로 신세대이다. 그리고 60만 국군 중 80% 이상의 주류를 차지하는 장병이 바로 신세대 장병들이며, 해마다 약 25만 명의 신세대 장정들이 군에 입대를 하고 있다. 따라서 본 연구는 국군 구성원의 절대다수를 차지하는 이 신세대 장병들을 대상으로 presentation과정을 통해 그들을 잘 설득하여 지휘관과 부하 장병이 일심동체가 되게 함으로써 적과 싸우면 반드시 이기는 군대가 되도록 일조하는 데 그 목적을 두고 있다. 그렇게 되기 위해서는 지휘관과 장병 모두가 한마음 한뜻이 되어야 하고 동일한 군 목표를 향한 지향점이 같아야 한다. 결국은 이러한 목표와 지향점을 잘 알고 있는 지휘관이나 간부들이 먼저 부하들인 신세대 장병의 특성을 잘 파악하여

---

* 국방대학교 교수. 이장의 내용은 필자의 다음 원고를 보완·발전시킨 것이다: 이원봉, "신세대 장병 설득을 위한 presentation 기법 연구", 『직무교수논총』제2집, 국방대학교 직무연수부, 2006, pp.33－69.

1) 병역법(법률 제8024호 일부 개정, 2006. 10. 4.) 제11조1항,
병역의무자는 19세가 되는 해에 지방병무청장이 지정하는 일시 및 장소에서 징병검사를 받아야 한다. 다만 군 소요와 병역자원의 수급 등을 고려하여 일부를 20세 되는 해에 징병검사를 받게 할 수 있다.

그들의 눈높이에 맞는 presentation을 해야 한다는 사실에 주목하였다. 동시에 신세대는 영상세대이기 때문에 효과적인 설득을 위해서는 영상기법을 잘 활용하는 것도 presentation에 있어서 중요하다는 점을 염두에 두고 연구했다.

이 글은 두 가지 연구배경을 가지고 있다. 첫째는 국군 구성원의 주류를 이루는 것이 신세대 장병이기 때문에 전투력 향상을 위해서는 그들을 강압적 명령이 아닌 합리적 효율적 메시지로 설득하는 것이 무엇보다 중요하다는 사실이고, 두 번째는 신세대 장병의 두드러진 성장배경을 살펴보면 그들은 영상세대라는 점에 유의해야 한다는 것이다. 즉 효과적인 설득을 위해서는 군의 목표와 방향에 대해서 설명할 때에 그들의 속성과 취향에 맞는 영상매체를 잘 개발해야 한다는 점이다. 따라서 본 연구에서는 보다 효율적인 설득을 위해서 신세대의 성향과 눈높이에 초점을 맞춘 메시지 작성 요령을 제시하고, presentation 기법 중 영상세대에 맞는 영상 power－point 매체 개발에 역점을 두겠다는 것이다.

본 연구는 그 목적이 presentation을 통해 신세대 장병들을 효과적으로 설득하기 위한 모델을 제시하는 데 있다. 따라서 먼저 신세대의 특성과 의식성향을 분석한 후 설득 presentation과 관련되는 기존의 이론적 모델을 고찰하여 신세대에 적합한 설득 presentation의 발전적인 모델을 제시하기로 한다.

신세대의 특성과 의식성향에 대한 고찰은 일반사회의 기존 연구자료 및 국방부 및 국방대학교에서 그동안 종합적으로 분석한 내용을 참고하기로 한다.[2] 이에 덧붙여서 신세대의 주요 특성인 자기중심적 개인주의와 고학력을 바탕으로 한 합리성에 특히 착안하여 메시지를 구상하고 정리할 때 이성적 논리전개를 위한 설명의 표현 도구를 효과적으로 사용하는 모델 정립에 초점을 맞추었다. 그리고 설득 presentation 관련 기존 모델의 고찰에서는 먼저 설득의 개념을 정립해놓고 서구의 합리주의에 바탕을 둔 IDSMD모델과 인간의 사고과정을 자연스럽고도 순리적으로 적용한 ANSVA모델, 그리고 현대적 Presentation Process 모형을 도입한 PMCRE

2) 신세대 특성과 의식성향에 대한 연구는 다음 참조: 오치선 외, 『청소년 리더십론』(서울: 도서출판 솔과학, 2002), 임상철, “신세대 장병 지휘활동 분석을 통한 실천적 지휘통솔 방안 연구”, 『국민의 군대 활기찬 병영』(서울: 국방부, 2002), 이준희, “신세대 특성을 고려한 정신교육 방법”, 『정신전력연구』 제35호(서울: 국방대학교 안보문제연구소, 2004)

모델을 재정리하였다.

이상의 내용을 토대로 하여 오늘의 우리 군 내에서 활용할 수 있는 신세대에 적합한 설득 presentation 모델은 과연 어떠한 것인가를 모색해보았다. 그리고 본 연구의 핵심인 새 모델 정립에서는 신세대 성향에 부합된 메시지 작성, 공감대 형성을 위한 매체 개발의 검토, 그리고 전달자의 공신력 확대를 위한 인간관계 유지 등을 탐색해서 정리하고 최종적으로 Presentation 전개과정에서의 새 모델을 제시하였다. 따라서 이 새 모델은 신세대 장병들의 집단을 주요 대상으로 하고 있으며, 피교육 집단을 모아놓고 강의법을 통하여 정신교육을 실시할 때 새 모델을 적용하면 보다 효과적이라는 것이다. 그러나 때에 따라서는 집단이 아닌 개인에 대한 적용도 물론 가능하다.

2. 신세대 의식성향이 군에 미치는 영향 분석

가. 신세대의 일반적 성향

우리 군의 구성원 중 주류를 이루는 연령층, 즉 신세대 장병의 일반적 성향을 이해하기 위해서 먼저 그들의 성장배경과 문화적 풍토를 살펴보는 것이 필요하다.[3] 즉 오늘날의 신세대는 첫째 고도의 경제성장 시대를 거침으로써 경제적으로 혜택을 많이 받은 세대, 둘째 전통적 가치관보다는 서구적 가치관에 친근감을 느끼는 서구화된 세대, 셋째 핵가족에서 온 귀한 외아들 세대, 넷째 높은 교육수준에서 비롯된 과도한 교육열 세대, 다섯째 정보화 시대와 대중문화의 범람으로 말미암은 매스미디어, 통신, 과학의 발달을 만끽한 세대, 여섯째 권위주의 사회에서 민주화 사

3) 신세대의 성장배경과 문화적 풍토에 대해서는 다음 참조: 강명구, “신세대론”, 『신세대의 특성과 역할』, 한국청소년개발원 편(서울: 한국청소년개발원, 1994), 김옥순, Ibid, 한국일보사, 『신세대 그들은 누구인가』(서울: 한국일보사, 1988)

회로 편안히 안착한 탈권위주의 세대, 일곱째 냉전종식 후 세계 신질서 형성기에 청소년기를 보낸 탈냉전 세대 등으로 개념 규정을 할 수 있다.

이렇듯 급속히 변화된 성장배경을 통해 형성된 신세대의 일반적 의식성향을 살펴보면 다음과 같다. 첫째, 신세대의 가장 두드러진 사고방식과 행동양식은 '자기중심적 개인주의'이다. 그들은 경제적으로 혜택을 받으면서 동시에 핵가족의 귀한 외아들 세대로 자라왔기 때문에 타인을 크게 의식하지 않고 자기 자신만을 소중히 여기는 것은 물론 자기가 하고 싶은 것을 무엇보다도 중요시하는 개인주의적 가치관에 친숙해 있다. 따라서 사회조직에 대한 관심도가 낮고 공동체 의식도 빈약하다. 그리고 공식적인 조직에서보다는 비공식적인 조직에서의 친화력이 강해서 자기가 속한 동아리 또는 친한 친구에게만 몰두한다. 이들의 성향은 PANTS 증후군[4]으로도 잘 나타나는데, 그중에서도 가장 두드러진 것은 "P" 부분 즉 자기중심적(Personal) 성향이다.

둘째, 고학력 수준을 바탕으로 한 합리주의적 성향이다. 이들은 전통적으로 교육열이 높은 부모들의 의식구조와 풍요로운 경제적 토대 위에서 필연적으로 높은 학력수준을 가질 수밖에 없었다. 그리고 서구식 교육의 핵심적 사고방식은 합리성의 추구에 있기 때문에 신세대 장병들은 평등의식을 바탕으로 한 수평적 가치관에 익숙해지게 된 것이다.

셋째, 탈권위주의이다. 이들은 기본적으로 상하 동료관계를 존중하고 변화를 두려워하는 기성세대의 권위의식에 맞서 권위를 속 빈 허례허식 정도로 인식하여 권위의 고수보다는 오히려 변화의 실속을 합리적 이익으로 계산하는 성향을 가지고 있는 것이다.

---

4) PANTS 증후군은 Personal(개인주의, 자기중심주의), Amusement(향락주의, 여가중시), Natural(자연주의, 탈권위주의), Trans－border(다원주의, 탈이데올로기, 세계화), Service(서비스 중시) 등 5가지 증후군을 가리킨다.

나. 신세대 의식이 군에 미치는 영향

앞서 살펴본 바와 같이 신세대는 양면성을 지니고 있다. 이러한 양면적 요인들이 군 복무 과정에 있어서 개인적으로 적응이 잘될 경우에는 탁월한 능력발휘로 군 전투력 증강에도 크게 기여할 수 있다. 그러나 통제된 군 생활에 잘 적응하지 못할 경우에는 군의 특수한 조직 환경 및 군 지휘통솔 여건에도 많은 부정적 영향을 끼칠 것으로 보인다. 따라서 신세대의 일반적 성향이 군에 미칠 수 있는 영향에 대해 좀 더 구체적으로 살펴볼 필요가 있다.

첫째, 신세대의 '자기중심적 개인주의'가 긍정적 요인으로 작용할 때에는 그들이 지니고 있는 강한 자부심과 주체의식이 확고한 국가관 정립으로 표출될 수 있으나, 부정적 요인으로 작용할 때에는 그들의 강한 주체의식이 현실 부정과 결합하여 이념적 변질을 초래할 수도 있다. 또한 신세대의 자유분방한 성향은 강력한 통일성과 일관성을 요구하는 군 조직에 대해 획일적인 표현으로 상급자와의 갈등이 내재될 수도 있다.[5)]

둘째, 신세대 장병의 '고학력 수준을 바탕으로 한 합리주의'가 긍정적 요인으로 작용할 때에는 합리적 사고와 비권위주의 성향 등으로 인간관계가 향상되기도 한다. 그러나 부정적으로 작용할 때에는 수직적 상하관계에 내면적으로 저항함은 물론 명령계통의 결정과 지시를 거부하며, 신세대 장병들은 상관의 지시를 불공평, 불공정 등으로 치부하여 이에 반발하고 강하게 이의를 제기함으로써 갈등을 초래하는 경향이 강하게 나타나는 것이다. 또한 극히 우려되는 것은 신세대 장병들이 높은 교육수준을 자기합리화의 방패막이로 삼는다는 것이다. 즉 자기 자신의 비합리적인 행위는 접어둔 채 상대방의 비합리적인 행위에 대해서는 온갖 이론과 논리를 동원하여 교묘하게 비판하는 것이다.

셋째, 신세대의 '탈권위주의적 사고'가 긍정적 요인으로 작용할 때에는 그들의 개방적이고 솔직한 성격을 토대로 밝은 병영문화를 창출할 수 있고, 기존의 사고에 얽매이지 않아 창의력 발휘에도 용이하며 동기유발 시 그들의 도전적 가치추구와 적극적 사고는 군 생활의 활력요소로도 작용할 수 있는 것이다. 반면에 부정적으로

5) 제3군사령부, 『신세대 지휘통솔』(제3군사령부, 1995), pp.14－19.

작용할 때에는 상관의 권위주의적 지휘통솔에 강한 반발을 표시할 수 있으며, 인내심이 부족하고 돌발적인 성격이 강하여 예상치 못한 악성 사고 요인으로도 표출될 수 있다.

이처럼 신세대 장병은 자기중심적 개인주의와 고학력 수준을 바탕으로 한 합리주의 그리고 탈권위주의적 사고방식을 공통적으로 갖고 있기 때문에 군간부들이 과거처럼 일방적으로 윽박지르거나 강요하게 되면 일시적 효과는 있을지 모르나 시간이 흐를수록 그 효과는 점점 감소하게 될 것이다. 따라서 부하인 신세대 장병들의 특성과 개성을 잘 살려주면서 정신교육에 의한 합리적 설득으로 부대를 지휘하고 관리할 필요가 있다.[6]

3. 설득 presentation 관련 모델 고찰

가. 설득 presentation의 개념 고찰

신세대 장병들을 설득한다는 것은 지휘관 또는 간부들이 전투력 향상을 위해 군의 목표와 방향을 효율적으로 설명하여 그들로 하여금 자발적으로 동참할 수 있도록 유도하는 것이다.[7] 이와 관련하여 과거에는 어떤 방식으로 설득을 해왔는지 역사적 과정을 통해 살펴보는 것도 매우 의미 있는 작업이라고 사료된다.

설득 presentation의 고전적 개념에 대해서는 Corax, Platon, Aristoteles 등 세 사람의 견해가 중요하므로 이들이 제시하고 있는 견해를 비교 분석해보기로 한다. 먼저 Corax는 "설득이란 청중으로부터 화자가 바라는 반응을 불러일으키기 위한 기

6) 박화노, "실무부대에 있어서의 정신교육 발전 방향", 『정신전력연구 제35호』(서울: 국방대학교 안보문제연구소, 2004), p.125.

7) 이봉세, "상사에 대한 부하의 신뢰요인과 결과에 관한 연구", 『정신전력연구 제36호』(서울: 국방대학교 안보문제연구소, 2005), p.110.

술"이라고 정의하였다.[8] 그리고 Platon은 "설득이란, 언어를 통하여 사람들의 마음(soul)에 영향을 미치는 기술"이라고 정의를 내렸다.[9] 여기서 설득에 대한 두 사람의 공통점을 찾아보면 '상대방에게 영향을 미친다.'는 것이다. 즉 '설득이란 어떤 형태로든 화자(presenter)가 청자(receiver)에게 영향을 미치고 있다'는 것을 강조한 점이다. 그와 동시에 두 사람의 차이점도 뚜렷하다. Corax의 경우는 '청중의 반응'을 강조한 데 반해, Platon은 화자가 청중에게 전달하는 '언어 또는 기술 등의 과정'을 중요시하고 있다는 사실이다. 물론 설득 presentation이란 전달자가 의도하고 있는 반응(effects)을 얻는 것이 궁극 목표이긴 하다. 그럼에도 불구하고 강조점을 효과획득이라는 목표 그 자체에 두느냐 아니면 그 목표를 얻기 위해 사용하고 있는 '수단'에 중점을 두느냐는 관심사가 아닐 수 없다. 그리고 Platon은 문답법과 수사학 간의 관계를 설명하면서 이러한 설득술을 연구하는 수사학이란 "진리탐구의 이성적 방법인 문답법(dialectic)에다가 심리적 방법을 곁들인 것"이라고 부연설명을 하고 있다. 이러한 설득 presentation은 오늘날 군대 내에서 지휘관이나 간부들이 신세대 장병들을 설득할 때에도 그대로 적용될 수 있는 것으로서 관심을 갖고 활용하면 매우 효과적이라고 할 수 있다.

한편 Platon의 제자로서 고대 수사학의 체계를 정립해놓은 Aristoteles도 역시 그의 스승과 비슷하게 설득의 개념을 설명하고 있다. 즉 "수사학은 문답법의 형제 학문"이라고 그의 저서 Rhetoric(B.C.330)의 첫머리에서 전제한 후 그 학문 대상인 설득 또는 설득술에 대해서는 이성적 논리보다는 알기 쉬운 개념설명을 강조하는 것에 중점을 두고 있는 것이다. 다시 말해서 "설득이란 삼단논법(syllogism) 등과 같은 연역적 설명방법을 사용하는 문법과는 달리 대중들이 쉽게 이해할 수 있는 약식 삼단논법이나 예시(example) 등의 귀납적 추리방법을 사용하여 다른 사람들의 마음에 영향을 미치고자 하는 논증법(demonstration)"이라고 정의하고 있다. 그리고 수사학이란 이러한 설득 또는 설득술을 연구하는 분야임을 강조하면서, "어떠한 경우에나 사용될 수 있는 그 모든 가능한 설득의 수단을 관찰하고 발견해내는

8) James C. McCroskey, *Introduction to Rhetorical Communication*, (Englewood Cliffs, N. J: Prentice－Hall, 1968), p.4.

9) Edwin Black, "Plato's View of Rhetoric", in L. Crocker and P. A. CarMack(eds.), *Readings in Rhetoric* (Charles C. Thomas, 1965), p.87.

학문"이라고 규정하였다.[10] 이로써 Aristoteles는 '수단으로서의 설득술'을 강조하고 있는 셈이다.

이상 세 사람의 견해를 비교 분석해보면, 우선 공통적 견해가 "설득이란, 상대방에게 영향을 미쳐서 반응을 불러일으키는 것"이라고 정의를 내리고 있다는 점이다. 그러나 시간적 흐름에 따라서 후세로 갈수록 설득의 개념에 대한 설명은 점점 상세하게 전개된다. 다시 말해서 Corax는 설득을 '청중의 반응을 일으키는 기술' 그 자체만 언급하고 있으나 Platon은 설득을 '언어를 통하여 사람들의 마음에 영향을 미치는 기술'이라고 하여 '언어'라는 매개체를 강조하였고, 동시에 설득의 대상을 사람들의 '마음(soul)'이라고 보다 명확하게 규정하고 있다. 특히 Aristoteles의 경우에는 '설득의 학문적 위치와 성격'을 규정짓는 데까지 발전한다. 즉 설득은 '연역적 설명 방법을 주로 사용하는 문답법과는 달리 귀납적 추리방법을 사용하여 다른 사람들의 마음에 영향을 미치고자 하는 논증법'이라고 규정하는 것이다.

설득에 대한 고대 그리스의 수사학자들의 이와 같은 정의들은 그 후의 서양 학자들에게도 거의 그대로 받아들여져서 19세기까지 계속되었다. 예컨대 17세기 영국의 철학자 Francis Bacon의 경우를 보더라도 그는 그의 저서 The Advancement of Learning에서 "설득이란 다른 사람들의 의지(will)를 유발시키기 위하여 감성(emotion)에다가 이성(reason)을 결부시키는 수단"이라고 정의하고 있다.[11] 이는 이성적 방법 예컨대 Platon의 문답법이라든가 Aristoteles가 말한 삼단논법 등만을 가지고서는 일반 대중들의 의지를 유발시키기는 어려우므로 거기에다가 감성적인 방법을 가미시켜서 그들의 의지를 움직이는 것이 곧 설득 presentation이라고 강조하고 있는 것이다. 이러한 견해는 오늘날 신세대 장병이 감성에 민감하다는 측면을 고려할 때 크게 유의해야 할 것으로 사료된다.

설득 presentation에 관한 위와 같은 고전적 정의들은 현대에 와서도 그 본질적 측면에서는 크게 변한 것이 없다고 보겠다. 다만 변한 것이 있다면 그것은 설득 presentation을 communication의 입장에서 보려는 새로운 시도였다고 하겠다. 그 몇 가지 대표적인 정의들을 보면 다음과 같다.

---

10) 차배근, 『커뮤니케이션학 개론 (상)』(서울: 세영사, 1982) p.60.

11) Francis Bacon, *The Advancement of Learning*, (London: 1605) p.12.

우선 Brembeck과 Howell의 경우에는 "설득이란 미리 설정된 목표의 방향으로 다른 사람들의 동기(motivation)를 유발시켜서 그들의 사상(thought)이나 행동(action)을 변용(modify)시키고자 하는 의식적 기도(conscious attempt)"라고 정의하고 있다.[12] 여기서 Brembeck과 Howell이 강조하는 것은 '전달자(presenter)의 설정된 목표'와 '의식적 기도(conscious attempt)'라고 할 수 있다. 군 조직에 있어서도 지휘관이나 간부들이 신세대 장병들을 설득할 때에 바로 전달자(=presenter 즉 지휘관 또는 간부)의 설정된 목표와 의식적 기도(conscious attempt)가 매우 중요하며, 이를 통해 신세대 장병들의 동기(motivation)를 유발시켜서 군의 목표와 방향에 자발적으로 참여하도록 그들의 사상(thought)이나 행동(action)을 변용(modify)시키는 것이다.

또한 이와 비슷한 관점에서 Thayer도 "설득이란 특정 상황이나 시점에서 다른 사람들의 행동(behavior)에 영향을 미치기 위한 하나의 의식적 노력(a conscious effort)"이라고 정의하고 있다. Thayer의 경우에는 의식적 노력을 매우 강조하고 있다. 여기서 말하는 의식적 노력(a conscious effort)은 presenter가 의도하는 바를 얻기 위한 노력으로서 주로 언어적 메시지에 중점을 두고 있는 것이다. 그리고 Wright와 Warner도 "설득이란 이성 또는 감성에 호소해서 다른 사람들의 행동이나 신념에 영향을 미치려는 적극적 기도(active attempt)"라고 정의하고 있다.

이상의 정의들을 분석해보면 그들이 공통적으로 강조하고 있는 것이 있다. 바로 설득 presentation에서의 지배적인 요소는 "기도(attempt)"라는 사실이다. 이는 전달자(presenter)가 상대방(receiver)에게 어떤 목적과 의도를 가지고 의사표시를 하는가가 중요시되는 경우이다. 군 조직에 있어서도 전달자(presenter=지휘관, 간부)가 상대방(receiver=신세대 장병)에게 군의 목표와 방향을 잘 전달하여 자발적 참여를 유도하는 의사표시를 하는 것이 가장 중요한 것이다. 어떤 측면에서는 이것이 가장 기본적이고 필수적이라 할 수 있다. 이것은 PMCRE모델에서 E에 해당되는 효과(Effects)를 가리키는 말이다. 효과(Effects)란 정보습득을 통한 태도변용을 말하며, 이 효과야말로 바로 설득 presentation의 최고 목표라고 할 수 있다.

---

12) w. L. Brembeck and W. S. Howell, *Persuasion*, (Englewood Cliffs, N. J.: Prentice – Hall, 1992), p.6.

그런가 하면 어떤 학자들은 설득 presentation에서 사용되고 있는 수단(means)이나 자극(stimuli)에 중점을 두고 정의하는 경우도 있다. 예컨대 Minick 교수는 그의 저서 "The Art of Persuasion"를 통해서 "설득이란 인간들의 행동을 결정하는 모든 요인들을 활용, 다른 사람들의 신념을 변용시키거나 행동을 자극코자 하는 문서적 또는 구두적 담화(discourse)"라고 정의하고 있다.[13] 여기서 그는 설득을 위해 가용한 모든 수단을 활용하되 특히 문서적 또는 구두적 담화(discourse)를 설득의 중요한 수단으로 제시하고 있다. 이는 오늘날 군대에서 지휘관들이 장병들을 모아놓고 부대단결을 위한 훈시를 할 때 가장 많이 사용할 수 있는 방법이라고 하겠다.

그리고 Eisenson, Irwin의 경우 "설득이란 수용자들의 태도, 신념, 원망(desires) 등을 호의적인 방향으로 연결시킴으로써, 설득자의 생각(idea)이나 행동을 받아들이도록 하는 과정이다"라고 정의하고 있다. 여기서 Eisenson, Irwin 등이 강조하는 것은 '호의적 방향'이다. 이는 신세대의 특성 중 하나가 '자기중심적 개인주의'와 '탈권위주의적 사고방식'임을 감안할 때 그들을 '호의적 방향'으로 유도하는 것이야말로 자발적 참여를 통한 전투력 향상에 크게 기여할 수 있는 것이라 하겠다.

한편 Fotheringham은 "효과가 없는 설득이란 있을 수 없다."고 전제하면서, "설득이란 설득원이 바라는 그 어떤 목표를 달성하고자 주로 메시지를 통하여 수용자들로부터 어떤 의도된 행동을 유발시키는 역동적 과정"이라고 정의하고 있다. 따라서 만약 이러한 communication 과정에서 설득원이 의도했던 대로 수용자들의 행동이 유발되었다면 설득 presentation의 효과는 매우 크다고 하겠다.

이상의 여러 가지 정의들을 토대로 해서 설득 presentation의 속성들을 분석, 그 본질들을 파악한 후에 이들을 종합함으로써, 설득 presentation에 대한 보다 명확한 정의를 내리기로 한다. 앞의 정의에서도 보았듯이 설득이란 한 개인이나 집단이 다른 개인이나 집단에게 자극을 주어서 그들의 태도나 의견 또는 행동에 영향을 미치는 것이다. 우리가 다른 사람들의 태도나 행동 등에 영향을 주거나 또는 그것들을 변용시키는 방법에는 여러 가지가 있을 수 있다. 예컨대 총이나 칼 또는 완력을 사용하여 그렇게 할 수도 있다. 하지만 이러한 방법들과 설득 presentation이 다른 점은, 설득 presentation은 메시지라는 기호적 자극을 통하여 다른 사람들의 태도나

13) W. C. Minick, *The Art of Persuasion*, (New York: Houghton－Mifflin, 1957).

행동을 변용시키고 있는 커뮤니케이션의 한 형태라는 데 있다.[14] 다시 말해서 설득 presentation은 바로 위에서 지적한 바와 같이 메시지를 그 수단으로 삼고 있으며, 그렇기 때문에 그것은 의사소통의 한 형태라는 점이 곧 그 본질적 속성의 하나가 되고 있다. 따라서 만약 메시지라는 수단에 의하지 않고 그 밖의 다른 강압적 수단을 통하여 다른 사람들의 태도나 행동을 변용시킨다면 그것은 설득이라고 할 수 없다.

그렇다면 메시지의 일종이라고 할 수 있는 단순한 명령이나 지시 등을 통하여 다른 사람들의 태도나 행동을 변용시키는 것도 설득 presentation이라고 볼 수 있겠는가? 물론 이것도 설득의 일종이 될 수 있다. 그러나 거기에는 선택(choice)이라는 문제가 따르게 된다. 만일 설득 대상자(receiver)가 신체적 심리적 측면에서 자율적으로 선택하지 않고 다른 요인들에 의하여 그것을 강제로 받아들이게 된다면 이는 설득이라고 할 수 없겠다. 따라서 설득 presentation의 또 하나의 본질적 속성으로서는 수용자(receiver)에 의한 선택의 자유(freedom of choice)를 들 수 있다.[15]

설득 presentation이 그 밖의 다른 형태나 유형의 의사소통과 구별되는 어떤 상대적 속성들 중 몇 가지 대표적인 것들만 골라보면 다음과 같다. 첫째, 설득 presentation이 다른 형태의 커뮤니케이션과 구별되는 중요한 속성의 하나로서는 우선 그 의도성(conscious intent)을 들 수 있다. 여기서 의도성이란 곧 어떤 목적의 달성을 위한 의식적인 목적을 갖고 있다는 것을 말한다. 물론 다른 형태의 의사소통들도 그 나름대로의 목적들, 예컨대 어떤 정보를 전달 또는 교환한다든지 지식을 공유한다든지 하는 목적들은 어느 정도 지니고 있는 것은 사실이다. 그러나 여러 가지 형태의 의사소통들 중에서 그 의도성이 가장 높은 것은 역시 설득 presentation이라고 하겠다. 왜냐하면 설득은 본래부터 다른 사람들(수용자)의 태도나 의견, 신념 또는 행동 등을 변용시키려는 것을 그 궁극적인 목표로 삼고 있으며, 바로 이러한 목표의 달성을 위하여 의도적으로 계획된 것이기 때문이다.

---

14) 도영태, 『프레젠테이션 요럴땐 요렇게』(서울: 영진미디어, 2005), p.19.

15) 정효현, "병사들의 대인갈등 요인과 군 범죄와의 관련성 연구", 『정신전력연구』 제31호 (서울: 국방대학교 안보문제연구소, 2002), p.61.

둘째로 설득 presentation의 특성으로서는 도구성(instrumentality)을 들 수 있겠다. 물론 이러한 도구성은 위의 의도성과 서로 밀접한 관계를 지니고 있는 것이기는 하지만 어떻든 설득 presentation은 어떤 목적의 달성을 위한 수단으로 사용되고 있다는 점에서 다른 형태의 의사소통과 구별되고 있다.

셋째로 설득 presentation의 또 하나의 상대적 속성으로서는 그 설득대상(receiver)의 특정성을 들 수 있다. 즉 다른 형태의 의사소통에 비하여 설득 presentation은 특정 대상의 수용자들을 그 목표로 삼아서 이들의 태도나 의견 또는 행동을 변용시키고자 한다는 말이다.[16)]

넷째로 설득 presentation의 또 다른 속성으로서는 역시 그 효과에 대한 중시성을 들지 않을 수 없다. 물론 다른 형태의 의사소통에서도 대체로 그 효과를 중시하고는 있다. 그러나 설득 presentation에서는 특히 그 효과를 중시하고 있으므로 미리 의도했던 효과를 얻지 못한 경우에는 커뮤니케이션이 이루어지지 않는 것으로 간주할 정도이다. Fotheringham도 바로 이와 같은 견해를 제시하고 있다. 그에 의하면 설득을 남을 설득하려는 설득자의 의도적 행동으로 보고 있으나 이는 잘못된 것이며, 그 반대로 설득은 수용자들에 의한 승복적 반응으로 보아야 한다는 것이다. 어떻든 설득 presentation에서는 그 커뮤니케이션 행위 자체를 어떤 효과를 얻기 위한 수단으로 보고 있기 때문에 그 효과를 매우 중시하고 있다. 이것도 역시 설득 presentation이 지니고 있는 여러 가지 중요한 상대적 속성들 중의 하나라고 보겠다.

설득 presentation의 본질을 알아보기 위하여 먼저 그에 대한 여러 가지 정의들을 비교분석해 보았고, 그 다음으로는 그것이 지니고 있는 여러 가지 기본적 속성들과 상대적 속성들을 분석해 보았다. 설득이란 메시지라는 기호적 자극을 사용하여 우리 인간들이 서로 상대방(receiver)의 태도나 의견 또는 행동을 변용시키려는 행위라는 것을 알 수 있었다.

이상에서 살펴본 설득의 여러 가지 속성들을 바탕으로 해서 종합적 정의를 내려본다면, "설득이란 어떤 목적을 위하여 사람들의 태도나 의견 또는 행동 등을 변용

---

16) 신덕규, "군입대 예정 시세대의 효과적인 지휘통솔 및 군 리더십 방안에 관한 연구", 『정신전력연구』 제31호(서울: 국방대학교 안보문제연구소, 2002), p.124.

시키고자 하는 의도를 지니고 있는 개인이나 집단이, 그 목적의 달성을 위하여, 특정의 매체를 통하여, 특정 대상의 수용자들에게 전달, 그 수용자들로부터 의도했던 반응을 유발하는 행위 내지는 그러한 행위의 일련의 과정"이라고 할 수 있다. 이 종합적 정의에서 강조하는 것은 전달자의 의도가 무엇보다 중요하며, 이를 위해서는 정확한 수용자 분석과 그들에게 적합한 메시지 구성을 해야 한다는 것이다. 물론 이러한 설득의 행위는 진공상태에서 이루어지는 것이 아니라 어떠한 특정의 상황(social-setting)에서 이루어지는 것이다.

나. Presentation IDSMD 모델 고찰

지금까지 설득 presentation의 개념을 고찰해 보았는데, 이제부터는 신세대 장병들을 효과적으로 설득하기 위한 모델에는 어떤 것이 있는지 문헌연구를 통해서 알아보기로 한다. 먼저 IDSMD 모델이다. 이 모델은 고대 그리스의 철학자 Aristoteles에 의하여 만들어졌다.[17] 당시에 이 모델이 필요했던 이유는 그리스의 아테네에서 민주정치가 시행되면서부터이다. 즉 정치가가 되려면 대중을 잘 설득하여 그들의 지지를 통해서 당선이 되어야 하는데 효과적인 대중설득을 위해서는 수사학을 동원할 수밖에 없었기 때문이었다.

Aristoteles는 그의 스승인 Platon의 도덕적 철학적 학문태도에 반대하여 자연주의적 입장을 취하면서 "Rhetoric"(B.C.330)이라는 책을 써서 수사학을 단순한 기술이 아닌 참다운 조직적 과학적 학문으로서의 체계를 세워놓은 것이다. Aristoteles는 화자(presenter)가 청자(receiver)를 설득하여 자기가 의도한 반응(effects)을 얻기 위한 기능으로서 [그림 1]과 같이 다섯 가지 단계의 작업 경로를 제시하고 있다.[18] 이러한 작업은 오늘날 지휘관이 신세대 장병들을 설득하기 위한 작업 또는 과정으로서 매우 필요한 단계라고 할 수 있다.

---

17) Aristotle, *Rhetoric*, translated by w. Rhys Roberts, (New York: The Modern Liberary, 1954)

18) 차배근, 『설득 커뮤니케이션 이론』(서울: 서울대학교출판부, 1989) p.125.

[그림 1] IDSMD 모델

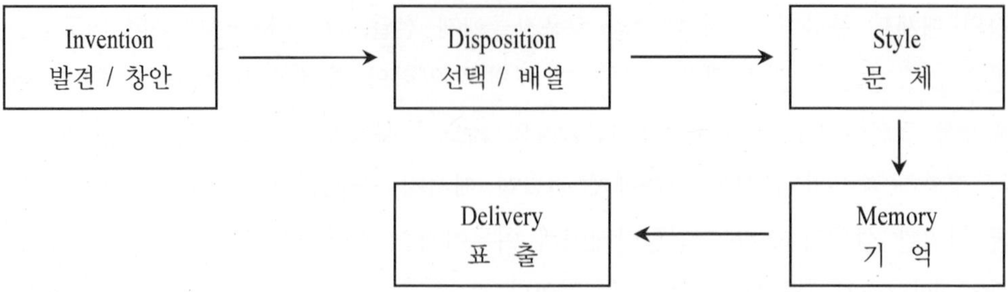

Aristoteles에 의하여 집대성된 소위 고전 수사학의 핵심적인 이론체계는 [그림 1]과 같이 다섯 가지 영역에 따라 전개되고 있는데 이를 보다 상세히 설명하면 다음과 같다.

(1) Invention(발견과 창안)

Invention이란 발견과 창안을 뜻하는 것으로서, 이는 메시지의 준비와 전달과정에서 가장 먼저이면서 또한 가장 중요한 단계이기도 하다. 동시에 Invention은 화자(presenter)의 주장을 입증(proof)할 자료의 발견과 입증방법(modes of proof)의 구상을 뜻하기도 한다. 이것은 지휘관이 신세대 장병들에게 전투력 향상을 위해서 '무엇'을 전달할 것인가를 구상하는 것이다. 한마디로 메시지의 맥(point)을 잡아야 한다는 것이다. 고전 수사학에서는 입증 또는 논증의 방법을 비기술적인 방법과 기술적인 방법으로 구분하여 제시하고 있다. 전자는 실제의 증거물이나 법안문 등을 있는 그대로 제시함으로써 화자(presenter) 자신의 주장을 입증하고 상대방으로 하여금 믿게 하는 방법이다. 반면에 후자는 비기술적인 입증이 불가능할 때 기술적으로 상대방을 설득시키는 방법으로써 본 연구의 주제와 관련성이 깊은 것은 바로 이 기술적인 방법이다.[19] Aristoteles는 이 기술적인 방법을 다음과 같은 세 가지 양식으로 구분하였다. 첫째는 이성적인 방법(logos = rational appeal), 둘째는 인간의 감성에 호소하는 방법(pathos = emotional appeal)이며, 셋째는 전달자(presenter)의 인품을 통한 입증방법(ethos = ethical appeal)이 그것이다. 이는 오늘날에 있어서

19) 설득 presentation이 일방적인 명령이나 지시 일변도와 다른 점은 바로 설득 presentation이 기술적 방법에 초점을 맞춘다는 데 있다.

의 설득방법과 그대로 부합된다고 할 수 있다.

Aristoteles는 그의 저술 수사학 제2권에서 설득의 방법을 매우 상세하게 분석하여 설명하고 있다. 즉 청중(receiver)을 설득하려면 반드시 그들의 심리상태를 알아야 한다고 강조하면서 인간의 이성, 감성, 도덕감 등의 심리를 청중의 연령, 빈부의 격차, 사회적 지위 등의 속성에 따라 어떻게 고려해야 할 것인가를 분석해 놓은 것이다. 이와 같은 입증 또는 설득의 방법이 구상되었으면 문제를 분석하고 그 입증의 자료를 발견, 수집하여야 한다. 이에 대한 이론으로 고전적 수사학에서는 'Stasis 체계' 또는 'Topoi 체계' 등을 제시하고 있다. 여기서 'Stasis 체계'는 주어진 문제를 분석해서 논증의 쟁점을 발견해내는 이론체계를 말하며, 'Topoi 체계'는 자료의 수집방법을 다루는 것으로서 언제, 누가, 무엇을, 왜, 어떻게 하는 6하 원칙을 제시하면서 설명하는 방법이다.

(2) Disposition(선택과 배열)

앞의 Invention(발견과 창안)에 이어 중요한 것은 발견한 자료를 어떻게 정선하고 배열(조직)해서 효과적인 메시지를 만드느냐 하는 문제이다. 다시 말해서 지휘관이 신세대 장병들에게 무엇(point)을 전달할 것인가에 대한 구상이 되어 있으면 그 다음으로 이를 어떻게 가닥을 추려서 논리정연하게 설명할 것인가를 염두에 두는 것이다. 수사학은 이 문제에 대하여서도 그 나름대로의 이론을 전개하고 있다. Disposition, 즉 선택과 배열이라는 것은 단순한 자료의 선택과 배열 이상의 뜻을 가지고 있다. 여기에는 자료의 가공 즉 윤색(coloring), 확대 및 축소, 강조, 배분(proportioning) 등이 포함된다.

Aristoteles는 선택과 배열상의 유의조건으로서 말의 목적 및 유형, 상황, 청자의 연령, 구성, 분위기 등과 화자 자신의 연령, 명성, 성품 등을 잘 조화시킬 것을 강조하고 있다. 그리고 실제의 메시지 조직형태로서는 말의 유형에 따라서 다르기는 하나 대체로 서론(exordium) – 해설(narration) – 논증(proof) – 결론(peroration) 순으로 구분하여 제시하고 있다.

첫째로 서론의 목적은 청자(receiver)로 하여금 호의(benevolum)를 갖게 하고 주목(attemtum)을 하게 하며, 정보의 수용태도(docilem)를 유발하는 데 있다고 했다.[20]

그리고 서론에는 두 가지 종류 즉 단도직입적인 것(principium)과 완곡적인 것(insinuatio)이 있다고 설명한다. 둘째로 해설 부분에서는 논제(proposition)와 논제를 뒷받침하는 설명들이 포함되어 있음을 강조했다. 셋째로 논증은 수사학에서 가장 핵심적인 부분으로서 주어진 논제를 입증(confirmation)하거나 또는 반박(refutation)하는 것을 말하며, 논증의 방법에는 귀납적 방법(example)과 연역적 방법(enthymeme)이 있음을 제시하고 있다. 그리고 마지막으로 결론에서는 앞에서 설명하고 제시한 것을 요약, 정리하게 된다.

(3) Style(문체)

수사학의 세 번째 분야인 Style(문체)에서는 주로 수식에 대한 이론을 다루고 있다. 지휘관이 신세대 장병들에게 메시지를 전달할 때, 맥을 잡아서 그 주요 내용에 대한 가닥을 추리고 나면 이를 효과적으로 설명하기 위해서 어떻게 꾸밀 것인가를 생각해야 하는데 이것이 Style(문체)이다.[21] Aristoteles는 여기서 문체의 기본원칙(virtues)으로 정확성(correctness), 명료성(clearness), 적합성(appropriateness), 화려성(ornateness) 등을 제시하고 있다. 여기서 특히 화려성과 관련하여 문장을 화려하게 만드는 방법으로서는 비유(figures)와 율동적 문장 변화(rhythmical sentence movement)를 들고 있는데, 비유에서는 이것을 다시 'Scheme'과 'Trope'로 나누어 은유, 직유, 과장법 등으로 구분하여 제시하고 있다. 또한 문체에서는 그 종류에 대하여서도 다루고 있는데 강건체, 건조체, 장엄체 또는 보통체 등으로 나누어 설명하고 있다. 여기서 한 가지 강조하고 싶은 것은 많은 사람들이 수사학이라면 바로 세 번째 영역인 문체와 동일시하여 그 본래의 개념을 구별하지 못한 채 'rhetoric'이라는 말도 수사학이라고 번역해서 쓰고 있다는 점이다.

(4) Memory(기억)와 Delivery(표출)

수사학의 네 번째 및 다섯 번째 영역에서는 주로 메시지의 내용을 암기해서 효

---

20) 이준평, "신세대 병사에 대한 지휘관리 방안", 『국방저널』 1997년 5월호(서울: 국방홍보원), p.57. 이 외에도 청자(receiver)의 동기유발과 관련하여 'sizzle을 던지라'는 견해도 있다.

21) 동신대학국어교재편찬위원회 편, 『문장연습』(광주: 도서출판 에원, 1996), p.262.

과적으로 표출, 전달하는 기억(Memory) 및 표출(Delivery)에 대한 이론들을 다루고 있다. 이는 부대에서 지휘관이 신세대 장병들에게 전달할 메시지의 맥(point)을 잡아서 가닥(arrangement)을 추리고 효과적인 문체(style)를 작성한 후에 이를 잘 기억하여 speech를 전개하는 것이다. 말할 내용의 기억 방법으로는 연상법에 의한 기술적 문제들을 소개하고 있다. 그러나 기억에 대한 것은 수사학에서 가장 경시된 분야로서 로마시대 이후에는 수사학에서 제외되는 경향이 있다. 표출이란 음성이나 동작을 통한 메시지의 실제 전달방법을 말하는 것으로 여기에는 발음 및 음성의 문제와 제스처, 표정 등의 동작 문제가 포함되고 있다.

이상 다섯 가지 단계를 구분하여 그 첫 글자를 따서 편의적으로 표시한 것이 IDSMD모델이다.

다. 인간의 사고과정 중심의 메시지 구상

다음은 지휘관이 신세대 장병들을 대상으로 메시지를 작성하는 데 있어서 어떻게 하면 합리적이고 효율적으로 할 것인가를 염두에 두면서 인간의 사고과정을 다섯 단계로 구분하여 논리를 전개해 나가는 구성법을 [그림2]와 같이 소개하고자 한다. 이 구성법은 미국 퍼듀대학 교수 앨런 몬로(Alan H. Monroe)가 창안했다고 해서 몬로 구성법이라고 부르기도 한다.[22)]

제1단계(Attention－step)는 주의를 끄는 도입단계로서, 듣는 사람들에게 흥미를 갖게 하는 단계이기도 하다.

제2단계(Need－step)는 필요성을 제시하는 단계로서, 흥미를 갖기 시작한 청중에게 중대한 선언을 하여 청중으로 하여금 그 필요성을 절실하게 느끼도록 하는 것이다.

제3단계(Satisfaction－step)는 필요를 만족시키는 단계로서, 중요하고 필요한 문제를 해결하기 위해서 어떻게 하면 좋은가를 제시하는 것이다.[23)]

---

22) 김양호, 『대화의 심리작전』(서울: 언어문화사, 1983), p.66.

23) 서정수, 『문장력 향상의 길잡이』(서울: 한강문화사, 1991), p.62.

제4단계(Visualization－step)는 구체화의 단계로서, 문제의 해결법을 보다 구체적으로 제시하는 단계이다.

제5단계(Action－step)는 행동으로 이끄는 단계로서, 듣는 이에게 결의를 다짐하고 직접 행동으로 표출될 수 있도록 유도하는 단계이다.

[그림 2] ANSVA 모델

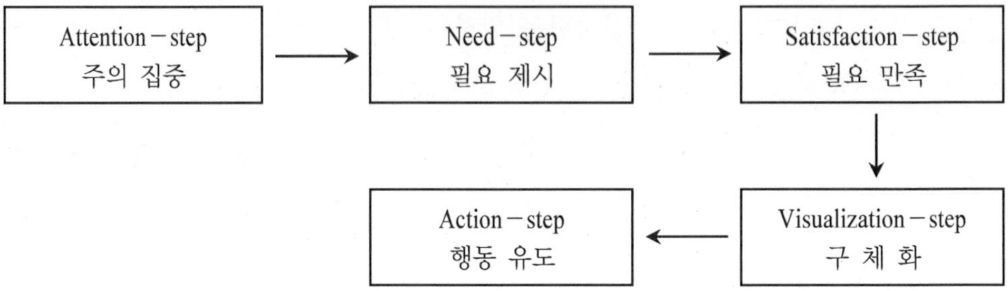

이상의 다섯 가지 단계는 하나의 단계가 다음 단계를 끌어내는 구실을 하고 있다. 즉 다음 단계의 동기를 만들어 주는 기능을 하고 있다는 의미에서 동기를 유발시키는 순서라고도 볼 수 있으며, 오늘날 가장 널리 사용되고 있는 구성법이다. 이해를 돕기 위해 좀 더 구체적으로 정리하면 다음과 같다.

제1단계(Attention－step)는 주의를 끄는 단계로서, 수용자들의 관심과 주의를 끌기 위하여 실마리부터 대담하고 기발한 표현을 쓴다든지 듣는 이의 반응을 위한 수사적 질문을 던진다든지 혹은 유명한 위인의 격언이나 세계적 명저 내용을 인용하는 것 등이 필요하다. 그리고 놀라운 사실(뉴스)이나 지방적 사건에의 언급 및 개인적인 경험담이나 사건에 대한 이야기, 참고물, 증거물 등 실물의 인용도 수용자의 주의를 끄는 데 큰 역할을 한다. 또한 듣는 이에 대한 인사말, 유머, 위트 등도 주의 환기에 기여할 수 있다.

제2단계(Need－step)는 필요성을 나타내는 단계로서, 주제에 대한 목적 및 윤곽의 제시, 문제에 대해서 흥미를 갖는 이유의 설명, 주제에 대한 말하는 이의 입장과 태도의 표시, 그리고 듣는 이가 인정할 수 있는 멋진 사실이나 통계 및 증거의 공개, 중심적인 목적의 암시 등을 나타낸다.

제3단계(Satisfaction－step)는 필요를 만족시키는 단계로서, 중심적 의견의 솔직한 표현, 중심적 의견의 열쇠가 될 만한 극적인 사건이나 인물, 소설 따위의 인용, 중심적 의견을 명백하게 하는 설명이나 정의, 중심적 의견을 전개하는 데 해답을 필요로 하는 의문의 제기, 원인과 결과의 설명 등을 제시하는 것이다.[24)]

제4단계(Visualization－step)는 구체화 및 가시화의 단계로서, 이유와 증거, 사실, 통계, 조사, 보고, 전문가의 말 인용, 극적 감동적 예화 등을 통해 상대방을 인상 깊게 해준다. 그리고 확증할 수 있는 사건, 사실의 제시도 구체화 작업에서 중요한 역할을 한다.

제5단계(Action－step)는 행동으로 이끄는 단계로서, 간추린 주제의 재확인, 듣는 이의 양심에 대한 호소, 낡은 의견에 대한 새로운 해석, 의견의 실현을 위한 계획의 힌트, 주제에 따르는 결의 표명 등이 중요하다.

라. PMCRE 모델

다음은 효과적인 설득과 관련하여 포괄적 총괄적 설명을 해주는 PMCRE모델을 [그림 3]과 같은 도표를 통해 설명하기로 한다.

[그림 3] PMCRE모델

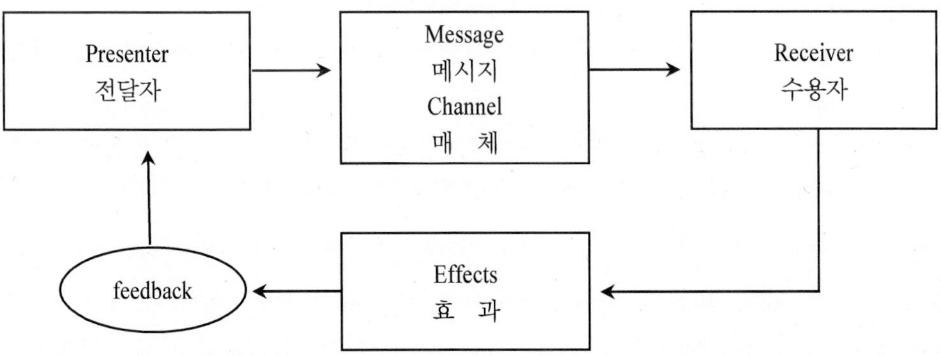

신세대 장병을 모아놓고 Presentation을 실시하는 상황을 연상하면서 [그림3]의 내

24) satisfaction 단계에서는 구체적 사례나 예화의 제시가 필수적이다.

용을 분석해보면 다음과 같다. 정신교육장에 있어서 신세대 장병은 수용자(Receiver)가 되고, 그들을 가르치는 지휘관이나 교관은 전달자(Presenter)가 되며, 정신교육의 내용은 메시지(Message)가 되고 그 내용을 전달하는 방법은 매체(Channel)가 된다. 그리고 정신교육을 실시하는 장소와 분위기 등이 상황(Social setting)이다.

효과는 설득을 위한 Presentation의 최종목표가 되는 것으로서, 이 효과의 주요 내용은 '정보 습득'을 통한 '태도 변용'이라고 할 수 있다. 여기서 Presentation의 최종 목표인 효과의 구체적 내용 즉 '태도변용'에 대해서 좀 더 자세히 살펴보면 <표 1>과 같다.

〈표 1〉 태도변용의 세부 내용

구 분	생 성	변 화	강 화
인지(cognition)	c-1	c-2	c-3
감정(feeling)	f-1	f-2	f-3
의지(willness)	w-1	w-2	w-3

다시 말해서 교관이 신세대 장병들에게 의도된 메시지를 전해주었을 때, 그 내용의 깊이와 강도, 그리고 효율성에 따라서 효과는 천차만별로 나타난다. 구체적으로 열거하면 장병 개개인의 인지, 감정, 의지 측면에서 생성, 변화, 강화 작용이 그들의 내면세계에 9가지의 다양한 모습으로 일어난다는 것이다.[25)]

이처럼 다양한 각종 효과의 극대화를 위해서 사전에 고려하고 검토하고 발전시켜야 할 사항은 크게 4가지다. 이것은 도표에 나오는 대로 정확한 수용자(Receiver) 분석, 수용자의 취향과 눈높이에 적합한 메시지(Message) 구상, 적절한 매체(Channel)의 개발, 전달자의 공신력(Presenter-credibility) 확대 등이 그것이다.

첫째, 정확한 수용자 분석에서는 그들(신세대 장병 등)의 사회적 지위나 경험, 지적 수준, 성격, 태도, 피설득 성향(집단성향) 등이 주요 분석요소이다. 그리고 본 연구의 관심사항인 설득 대상자가 되는 신세대의 의식성향에 대해서 상세히 다룬 것도 바로 정확한 수용자 분석이 중요하기 때문이다.

25) 차배근, 『설득커뮤니케이션 이론』(서울: 서울대학교출판부, 1989), pp.93-97.

둘째, 수용자에게 적합한 메시지 구상에서는 수용자의 입장과 처지에 맞도록 작성하는 것에 초점을 맞추되, 유익한 정보, 체계적인 지식, 논리전개의 일관성, 경험적 타당성, 적절한 사례 및 예화 등이 검토되어야 한다. 이 메시지 구상은 본 연구의 핵심이기 때문에 별도로 연구해보기로 한다.

셋째, 적절한 매체의 개발에서는 구성된 메시지를 효율적으로 전달하기 위하여 언어 및 음성적 요소, 신체 및 동작적 요소, 보조적 요소 등을 검토하는 것이다. 특히 요즘 신세대는 영상세대이기 때문에 그들에게 보다 효율적으로 메시지를 전달하기 위해서 시청각 자료를 적절하게 활용하는 것이 무엇보다 중요하다고 할 수 있다. 따라서 본 연구에서는 power－point를 활용한 시청각 자료 활용에 대해서 상세히 논해보고자 한다.

넷째, 전달자의 공신력 확대에서는 전달자의 사회적 지위나 실력이 중요하지만 presentation 과정에서는 외형적으로 전달자의 몸가짐과 행동 처신에 유의하는 것도 중요하다. 아무리 훌륭한 메시지를 적절한 매체를 통해 효과적으로 전달한다 하더라도 전달자 자신의 공신력에 문제가 있으면 그 메시지는 위력을 잃게 된다.[26] 이러한 전달자의 공신력은 사회적 지위, 전문지식, 이미지 등에 의해 형성되는데, 특히 이미지는 그 사람의 성격, 태도, 반복되는 행위 등에 따라 시시각각으로 변하기 때문에 매사에 신중한 태도와 몸가짐으로 처신하고 행동을 해야 할 것이다.

4. 신세대 장병 설득에 적합한 Presentation모델

가. 신세대 눈높이에 맞춘 message

신세대 장병은 기본적으로 교육수준이 높은데다가 자기중심적 성향이 강하여서

26) 이준용, “부성애로 골육지정의 단결된 부대 육성”, 『활기넘치는 부대운영』(서울: 국방부, 2000), p.11.

권위주의적인 것에 매우 부정적이며 저항적이다. 따라서 이들의 설득을 위해서는 합리성과 논리성에 바탕을 둔 메시지이면서 동시에 내용의 충실성과 전달의 명료성을 충족시켜야 한다.

따라서 presentation에 있어서 좋은 메시지의 첫 번째 구비조건은 내용의 충실성이다. 이런 면에서 와트(W. Watt)는 말할 것이 없으면 하지 말라(if you have nothing to say, do not say it)고 했다.[27] 이러한 내용의 충실성을 위해서는 message가 유익한 정보, 체계적인 지식, 재미와 즐거움, 희로애락의 공감대 형성 등을 포함하고 있어야 한다.

유익한 정보란, 수용자의 관심사항이면서 그들의 궁금증을 해소하여 주는 것이어야 하며, 체계적인 지식이란 presentation message 관련분야의 검증된 학술적 이론이나 방법론을 토대로 한 교육내용을 말한다. 재미와 즐거움, 희로애락의 공감대 형성 등은 인간의 감성에 호소하는 파토스(pathos)적 요소로서, 역사적 사례나 일상생활 사항, 그리고 인간관계 문제 등을 주요 소재로 할 수 있다.

두 번째 구비조건은 전달의 명료성이다. 이 전달의 명료성을 위해서는 논리전개의 일관성, 경험적 타당성을 토대로 하여 내용을 구성하는 것이 중요하다. 전달의 명료성을 위한 통상적인 내용의 전개 방법은, 직선적인 주제 선포 ☞ 주제와 관련된 구체적 사례 또는 예화 제시 ☞ 예화에 대한 전달자의 촌평 ☞ 주제의 재선포 순으로 하면 효과적이라 할 수 있다.

나. presentation message 표현도구

효과적인 메시지 전달을 위한 설명의 표현 도구에는 여러 가지가 있으나, 본 연구에서는 신세대 장병들의 기본 성향인 고학력 수준에 따른 합리성과 논리성에 근거하여 이에 필요한 설명의 표현 도구를 제시해본다.

먼저 설명(explanation)이란 presentation 과정 중 특정한 사물이나 과제를 쉽게

27) William W. Watt, *An American Rhetoric*, (Holt, Rinehart and Winston, 1964), p.3, 김봉군, 『문장기술론』(서울: 도서출판 삼영사, 1982), p.32 재인용.

풀어서 그것이 '무엇'인가를 알게 하는 것이다. 그리고 이것이 논리적으로는 사실 명제 'S는 P이다'식으로 서술되는 양식이다. 사실이나 생각의 분명한 이해, 인물의 특징이나 어떤 사태의 분석, 용어의 정의, 임무의 수행을 위한 지침(directions)의 설정 등이 이에 해당된다. 이러한 설명의 도구에는 정의(definition), 예시(illustration), 분석(analysis), 비교(comparison), 분류(classification) 등이 있다.[28)]

첫째, 정의(definition)는 어떤 일정한 대상의 속성을 해명하는 양식이다. 즉 대상의 종차와 개념의 유형을 정립하여 명제(proposition) 형식으로 나타나는 것이 정의이다. 예컨대 '사람은 이성적 동물이다'라는 명제에서 '이성적'은 종차요 '동물이다'는 개념의 정립이다. 이러한 정의는 '무엇이냐'라는 물음에 대해 '무엇은 무엇이다'라는 대답의 형식인 점에서는 '지정'과 같지만 다음 몇 가지 관점에서 보면 정의와 지정과는 뚜렷한 차이가 있다. 즉 전문성, 논리성, 본질성 차원에서 구분할 수 있는 바, '지정'이 단순 사실의 확인인 데 비하여 '정의'는 전문적 해명이 요구되며, '지정'이 현상적 설명에 국한되지만 '정의'는 논리적 조직적 성향을 띠고 있다. 그리고 '지정'이 파생적 부분적인 데 비하여 '정의'는 본질적 종합적이다. 따라서 정의는 대상의 속성과 본질에 관한 지식을 필요로 하므로 전달자(presenter)와 수용자(receiver) 사이에 전문적 지식의 이해라는 공통기반(common ground)이 있어야 한다. 그리고 정의는 보통 단일명제 형식으로 성립되나 그것의 난해성 압축성 때문에 충분한 이해를 위해서는 두세 가지 내용을 더 포함할 수밖에 없다. 이처럼 더욱 광범위한 내용으로 사물의 속성을 해명하는 것을 확장적 정의(expanded definition)라 한다.

둘째, 예시(illustration)는 특수진술(specific statement)이나 특수사항으로 예를 들어 보이면서 유형(type), 계층(class), 부류(group) 등 일반적인 것을 설명하는 방법이다. 다시 말해서 포괄적 추상적 내용에 대해 이해를 보다 용이하게 하기 위하여 구체적 예증을 제시하는 것으로서 통상적으로 특수한 예(particular instance)로부터 보편적 관념(general idea)으로 발전하게 된다.

셋째, 분석(analysis)은 어떤 사물이나 현상에 대해 그 구성분자 또는 인과관계

---

28) 설명의 표현도구에 대해서는 다음 참조: 전영우, 『국어화법론』(서울: 집문당, 1987), 김봉군, 『문장기술론』(서울: 도서출판 삼영사, 1982), Cleanth Brooks, and R. P. Warren, *Modern Rhetoric*, (Harcourt, 1949).

등을 규명하면서 설명하는 방법이다. 분석은 그 대상의 성질에 따라 물리적 분석(physical analysis)과 개념적 분석(conceptional analysis), 그리고 작용에 따라 기능적 분석(functional analysis), 연대기적 분석, 인과적 분석 등으로 구분할 수 있다. 여기서 신세대 장병들에게 특히 많이 활용되는 것은 인과적 분석이다. 인과의 조건 중에는 충분조건과 필요조건이 있다.[29] 예컨대 X가 있을 때 언제나 사건 A가 일어나면 X는 충분조건이다. 그러나 조건 Y가 주어지지 않으면 B가 결코 일어나지 않는다면 Y는 B가 일어나기 위한 필요조건이다.

넷째, 비교(comparison)는 둘 또는 그 이상의 사물 및 현상 간의 비슷한 점과 차이점을 가려내어 설명하는 방법이다. 이러한 비교법은 개념을 명확히 하는 데 매우 효과적이며, 따라서 어떤 대상들을 비교할 때 반드시 상호간에 관련성이 있어야 하고 동시에 비교기준도 일치해야 한다.

다섯째, 분류(classification)는 여러 사물이나 현상의 부류를 계층화하여 구분해서 갈라내거나 모으는 조직의 방식이다. 이때 사물을 모으거나 갈라내는 각 구성분자는 서로 의미상의 관련성을 지닌 것이라야 한다. 효율적인 분류를 위해서는 다음의 세 가지 원칙을 지키는 것이 좋다.

(1) 각각의 개념이나 구성분자는 동일수준이면서 상호 배타성을 지녀야 한다.

(2) 하위계층은 소속되는 상위계층에 남김없이 포함되는 것이어야 한다.

(3) 모든 계층에 적용되는 원칙이나 기준은 반드시 일관되거나 하나라야 한다.

다. 영상 power－point 매체 개발

신세대 장병의 연령이 대부분 20대 전후이기 때문에 생태적으로 감성적 표현을 즐긴다. 이러한 특성은 고학력 수준에서 비롯되는 이성적 논리적 사고와 모순되는 경향이 있으나 인간성장의 과정에서 오는 자연적 현상이라고 할 수 있다. 따라서 음성을 비롯한 감각적 매체에 의해 감동을 받는 경우가 많다. 밀러는 그의 저서 speech communication에서 매체 분야를 강조한 communication 모델[30]을 제시하고

---

29) 김봉군, ibid, p.130.

있는바, 본 연구에서는 이 모델을 부분적으로 참고하여 군의 특수상황에 맞추어 [그림 4]와 같은 모델을 제시한다.

[그림 4]에서 보듯이 매체 부분에서는 언어/음성적 요소, 신체/동작적 요소, 그리고 보조적 요소 등이 있는데, 각 요소별로 좀 더 자세히 알아보면 다음과 같다.

첫째, 언어/음성적 요소에서는 낱말의 정확한 선택, 발음의 명확성, 소리의 크기 강약 속도 억양에 대한 내용이다. 여기서 특히 소리의 크기, 강약 속도는 전달자(presenter)로부터 가장 멀리 떨어져 있는 수용자(receiver)를 기준으로 하여, 그 수용자가 편안한 마음과 자세로 들어도 명확히 잘 들리는 정도의 소리가 표준이다.

[그림 4] 매체 강조형 presentation 모델

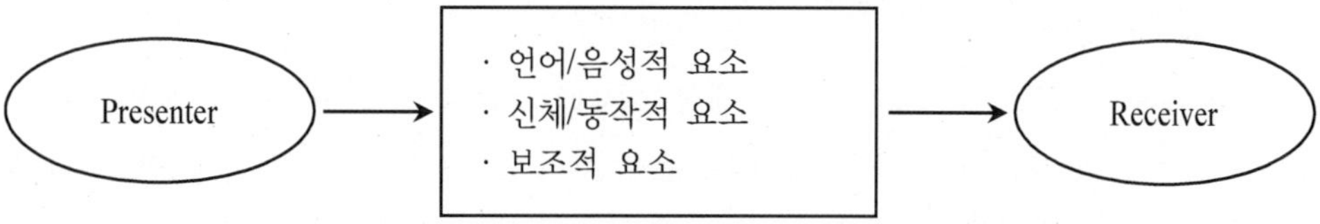

둘째, 신체/동작적 요소는 표정과 제스처, 자리 이동 등을 말한다. 여기서 표정은 전달자의 입장에서 기쁨, 슬픔, 진지한 모습 등 여러 가지가 있으나, 교육을 위한 presentation 모델에서는 주로 시선접촉(eye－contact)에 초점을 맞춘다. 이 시선접촉은 교수법에서 강조하는 접촉유지와 같은 개념으로서, 방법 및 요령은 전술적 차원의 경계원칙[31]을 적용하면 무난하다. 강의실 특히 대강당의 경우 신세대 장병들을 모아놓고 강의를 할 때, 지휘관 또는 교관의 시선 처리는 다음과 같다. 가까운 곳에서 먼 곳으로, 좌에서 우로, 우에서 좌로 가급적 중첩해서 시선을 보내주되, 의심나는 곳은 반복해서 쳐다보는 것이다. 특히 전달자는 메시지 선포 도중에 자연스럽게 시선을 수용자들에게 골고루 배분하는 것이 중요하며, 나머지는 위와 같은 요령으로 한다는 것이다.

다음 제스처와 자리 이동은 메시지 선포 도중 내용의 이해를 증진시킴은 물론

---

30) Gerald R. Miller, *Speech Communication: A Behavioral Approach*, (Indianapolis: Bobbs Merrill Co., 1966), p.73.

31) 육군본부, 『교수법, 야교21－6』(서울: 육군본부, 1980). p.35.

강의 환경의 지루감을 해소할 수 있고 신선감을 주기 위해 실시하는 방법으로서, 기술적으로 잘 처리하게 되면 매우 큰 효과를 얻을 수 있으나, 잘못 사용할 경우에는 오히려 역효과가 날 수도 있다. 교육을 위한 presentation에 있어서 제스처의 핵심은 양손의 처리이다. 특히 야전에서는 학교기관과는 달리 교관의 몸 전체가 교육자에게 노출되기 때문에 양손의 처리를 잘 못할 경우에는 어색하기 짝이 없게 된다. 그리고 자리 이동은 물리적 상황 변화를 통한 신선감과 지루감 배제의 효과를 기도하는 것으로, 그 요령은 무대에서의 동작 원칙에 준하면 된다. 이때 유의할 점은 너무 빈번한 자리 이동은 오히려 수용자들을 혼란스럽게 한다는 사실이다.

셋째, 보조적 요소는 메시지 전달의 효과를 극대화하기 위해서 동원하는 수단이다. 예컨대 마이크, 판서, 괘도, 슬라이드, 상황판, 지시봉, 파워포인트 등이 모두 보조적 요소들이다.[32)]

여기서 특히 강조하고 싶은 것이 영상 power-point이다. 파워포인트는 시각적 효과가 우수하고, 전달효과가 탁월하여 동기 부여에 큰 도움을 준다. 뿐만 아니라 저장 및 가공이 용이하고, 다른 매체와 응용이 가능하고 현장 디스플레이로 암기 부담을 해소시켜 준다. power-point는 결코 어렵지 않으며, 하면 할수록 실력이 향상된다. 사실 기본기는 단 며칠 만에 배울 수 있다. 그리고 인터넷을 이용하여 power-point 관련 사이트를 활용하면 더욱 좋다.[33)]

지금까지 제시한 매체의 각 요소들은 메시지 그 자체는 아니지만 활용 여하에 따라 메시지 전달과정에 있어서 대단히 중요하다. 이것은 마치 아무리 훌륭한 상품도 포장이 신통찮으면 제대로 대접받지 못하고 특히 상품의 전달과정에서 깨어지거나 망가지면 아무 소용이 없는 것과 마찬가지라는 것이다.

---

32) 보조적 요소에 대해서는 다음 참조: 육군본부, 『교수법, 야교21-6』(서울: 육군본부, 1980), 전영우, 『화법론』(서울: 익문사, 1973), 조정기, 『교수방법론』(서울: 삼일각, 1983).

33) power-point 관련 각 특성별 사이트는 다음 참조: 기능 및 활용 방법 소개(www.seri.org/fourm/pasamo), 자료 및 샘플 모음(www.clipartkorea.co.kr), 디자인 및 프레젠테이션(www.powerpt.co.kr)

라. 전달자의 공신력 확대

앞에서 주로 논의된 내용은 신세대 장병에게 적합한 메시지 작성 방향과 작성 요령 및 공감대 형성을 위한 매체 개발에 대한 것이었다. 그러나 아무리 훌륭한 메시지와 잘 개발된 매체를 활용한다 하더라도 전달자 자신의 공신력에 문제가 많으면 수용자는 그 메시지를 받아들이지 않는다. 따라서 전달자의 공신력은 메시지와 매체 못지않게 중요하다. 설득 presentation과 관련된 전달자의 공신력(presenter－credibility)은 기본적으로 사회적 지위, 전문지식, 표현기술, 이미지 등에 의해 형성되며, 특히 이미지는 전달자의 인격, 도덕성, 가치관, 성격, 태도 반복되는 행위 등에 따라 크게 달라진다. 그리고 원활한 인간관계의 유지 여부에 따라 교육 및 상담의 효과에 큰 차이가 나게 마련이다.

원활한 인간관계의 특징은 여러 가지가 있으나, 조직차원과 개인차원을 구분하여 살펴볼 수 있다. 먼저 조직차원에서 살펴보면 직무만족(job－satisfaction), 직무확대(job－enlargement), 직무충실(job－enrichment) 등이 있다.[34] 여기서 직무만족은 '그 사람하고 같이 일하는 것이 즐겁다'든지 '소속집단이 자랑스럽다'는 심리적 차원이다. 그리고 직무확대는 일의 양적인 면에서 조직의 구성원 스스로가 보다 많은 업무를 추진하는 분위기가 형성되는 상태이며, 직무충실은 그 구성원들이 주어진 업무에 대해 최선을 다하여 '질적인 향상'까지 가져오는 상태, 즉 '신바람 나는 상태'를 말한다.

개인차원에서는 호감성(favorite, friendship), 안정성(peace, stability), 신뢰성(trust, respectable) 등이 있다. 호감성은 '그저 그 사람이 좋다', '그 사람하고 같이 있고 싶다', '왠지 모르게 이끌린다'는 의미를 가지고 있다. 이 호감성과 대칭되는 개념은 기피성, 혐오성 등이다. 안정성은 그 사람하고 같이 있으면 마음이 포근하고 편하다. 마주 대하기가 편하다는 뜻을 지니고 있으며, 이 안정성과 대칭되는 개념은 불편성, 불안감 등이다. 그리고 신뢰성은 믿음직하다. 찾아가서 의논하고 상담하고 싶다는 의미를 지니고 있으며, 이 신뢰성과 대칭되는 개념은 불신감과 멸시 등이다.

이상에서 언급한 바와 같이 전달자가 조직적 개인적 차원에서 원활한 인간관계

---

34) 이성혜, 『현대인의 인간관계론』(서울: 학문사, 1994), pp.154－159.

를 유지하게 되면 그의 공신력은 증대될 수밖에 없고, 결과적으로 효과적인 설득이 가능하다. 이러한 공신력은 집단이든 개인이든 관계없이 큰 효과를 지닌다. 그러면 원활한 대인관계를 유지하기 위한 방법에는 어떤 것이 있는가를 탐색해보지 않을 수 없다. 이 문제에 대해서는 많은 의견이 나올 수 있으나, 여기서는 주도성(pro－activity)과 생산적 사랑(productive－love)에 대해서만 논하여 보기로 한다.

먼저 주도성은 미국의 심리학자 스티븐 코비(Stephen R. Covey)가 그의 저서 '성공하는 사람들의 7가지 습관(The 7 Habits of Highly Effective People)'에서 가장 중요시하고 강조해온 덕목이다.[35] 이러한 주도성에는 당사자의 능력과 적극성이 포함되어 있다.

그리고 생산적인 사랑은 에릭 프롬(Erich Fromm)이 The Art of Loving에서 제시한 것으로 여기에는 관심(care), 이해(understanding), 존중(respectable), 책임(responsibility) 등의 4가지 요소가 갖추어져야 한다.[36]

이상과 같은 인간관계의 유지를 통해서 전달자의 공신력을 증대시키고 나면, 메시지 구상과 매체의 개발을 위해 노력한 만큼의 효과를 충분히 거둘 수 있을 것이다.

마. 새 모델 정립

지금까지 신세대 장병을 효과적으로 설득하기 위해 무엇을 해야 될 것인가를 포괄적으로 고찰해보았다. 즉 성공적인 설득presentation의 조건으로서 크게 4가지를 제시했는데, 첫째 정확한 수용자 분석, 둘째 수용자에 적합한 메시지 구상, 셋째 영상 power－point 매체의 개발, 넷째 전달자의 공신력 확대 등이 그것이다. 정확한 수용자 분석에서는 제2장에서 신세대 장병의 의식성향 분석을 통해서 충분히 다루었고, 메시지 구상에서는 내용의 충실성과 전달의 명료성을 위해 설명의 표현도구를 제시했다. 그리고 매체의 개발에서는 언어, 음성적 요소와 신체, 동작적 요소,

35) Stephen R. Covey, *The 7 Habits of Highly Effective People*, 박재호 외 2인 역, 『성공하는 사람들의 7가지 습관』(서울: 김영사, 1994), p.89.

36) Erich Fromm, *The Art of Loving*, 『사랑의 기술』, 황문수 역(서울: 문예출판사, 1980), p.87.

그리고 보조적 요소로 구분하여 살펴보았다. 전달자의 공신력 확대에서는 전달자의 호감성, 안정성, 신뢰성 구축에 초점을 맞추어서 주도성과 생산적 사랑을 제시했다.

이제부터는 presentation delivery 전개과정에 있어서 어떤 모델을 제시하고 어떤 순서와 방법을 적용하는 것이 가장 효과적이겠는가를 탐색해보기로 한다. presentation delivery 전개과정에 있어서 나름대로의 효과를 기대해볼 수 있는 방법 중 하나는 ANSVA 원리를 적용하는 것이다. 즉 Attention(주의환기) ⇒ Need(필요제시) ⇒ Satisfaction(필요만족) ⇒ Visualization(구체화, 가시화) ⇒ Action(행동유도)의 순서에 따라 메시지를 구성하는 방법이다. 이것은 인간의 사고과정과 감정의 흐름을 순리적으로 적용한 것으로 의사소통 과정에서 자연스럽게 수용자의 호응을 얻고 공감대를 형성할 수 있는 모델이라고 할 수 있다. 따라서 본 연구에서는 이 원리를 참고로 하여 presentation delivery 전개과정을 <그림 6>과 같이 제시한다.

〈그림 6〉 SPAKES 모델

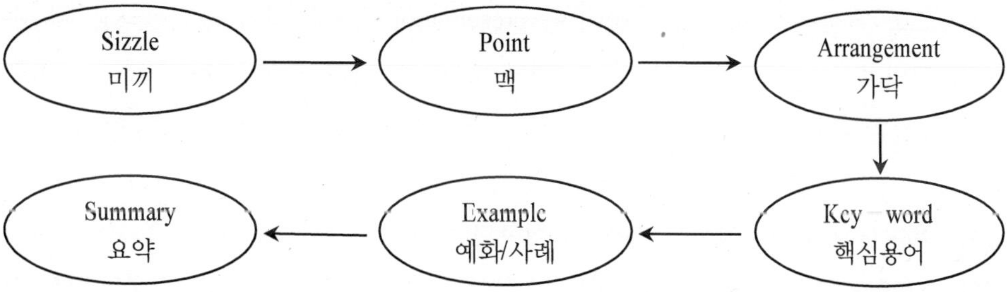

첫째, 미끼(sizzle)를 던져라. 미끼는 주의환기를 위해서 실마리를 찾아내는 것이다. 통상적으로 보면 설득에 있어서 첫 시작부터 5분까지가 가장 어색하고 어렵다. 따라서 이때를 슬기롭게 처리해야만 그 다음의 내용전개가 용이하게 되는 것이다.[37] 이와 관련하여 효과적인 방법 중 하나가 바로 sizzle을 던지는 것이다. sizzle이란 불고기 요리를 할 때 톡톡 튀거나 칙칙거리면서 사람들의 입맛을 돋운다는 의미를 지닌 의성어이다. 전달자가 수용자를 대상으로 presentation을 할 때 처음부터 딱딱하게 시작하면 효과가 없다. 그러나 재미있고 유익한 경험담이나 이야기 위

37) Cialdini, Robert B., *Influence: Science and practice*, 이현우 옮김, 『설득의 심리학』(경기 파주: 21세기북스, 2004), p.157.

주로 시작하는 것이 효과적이다. 이렇게 함으로써 전달자와 수용자 사이에는 라포(rapport, 친숙함)가 형성되고, 수용자는 모든 메시지를 수용할 태세를 갖추게 된다. 다시 말해서 효과적 설득을 위한 미끼, 이것이 바로 sizzle이다.

둘째, 맥(point)을 잡아라. 맥은 인간의 생사를 결정짓는 맥박의 뜻을 갖는 동시에 광산에서의 광맥을 의미하는 것으로, 한마디로 표현하면 설득 내용의 핵심(point)이다. 다시 말해서 전달자의 메시지 중 핵심이 무엇인지를 찾아내는 것이다. 이것을 명제라고도 하며 ANSVA 원리에서의 need와 satisfaction에 해당된다. 그리고 실제 메시지 전개과정에서는 이론적 틀이나 방법론까지 포함하고 있다. 지휘관이 presentation을 실시하기 전에 반드시 숙고해야 할 것이 신세대 장병들에게 과연 '무엇'을 '어떻게' 교육할 것인가이다. 맥을 잡는다는 것은 주제설정 ⇒ 자료수집의 과정을 거치는 것으로서 이때 '무엇'에 해당하는 것이 주제설정이고 '어떻게'에 해당하는 것이 자료수집이다.

먼저 주제설정은 지휘관이 presentation을 준비하는 출발점으로서 주제는 지휘관의 의도요 핵심적인 사상의 표출이며, presentation의 근본적인 요점이라고 할 수 있다. 그리고 presentation에 동원되는 자료와 중점, 사례 등이 모두 주제를 구심점으로 일원화된다. 따라서 주제가 제대로 설정되어야 presentation의 내용에 통일성, 긴밀성이 유지되는 것이다. 그러면 제대로 설정된 주제란 어떤 것인가? 이에 대해 김봉군의 '문장기술론'에서는 첫째, 참신하면서 초점이 명확한 것, 둘째, 자신이 처리할 능력이 있는 것, 셋째, 수용자의 관심사 및 시대환경에 어울리는 것, 넷째, 주제를 구체화시키는 데 필요한 자료를 수집하기 손쉬운 것, 다섯째, 좁은 범위의 주제 등 대략 5가지 요소를 들고 있다.[38)]

지휘관이 presentation을 위해 주제를 설정할 때에도 위의 다섯 가지 요소를 염두에 둘 필요가 있으며, 여기에 추가해서 지휘관은 부대의 임무와 목표를 항상 고려해야 할 것이다.

다음은 자료수집의 단계이다. 자료란 주제를 효과적으로 전개하기 위한 '얘깃거리'이다. 지휘관은 presentation을 위한 자료를 수집할 때, 주제를 뒷받침하고, 출처가 확실하며 "부대－지휘관－부하장병"들의 공동관심사가 무엇인지에 초점을 맞춰

38) 김봉군, 『문장기술론』(서울: 도서출판 삼영사, 1982), pp.32－41.

야 할 것이다. 그리고 자료를 수집하는 방법에는 관찰, 독서, 청취, 사색, 메모 등이 있는데, 특히 사색과 메모는 지휘관이 부대를 지휘하거나 presentation의 전반적인 맥을 잡는 데 매우 중요한 요소라고 할 수 있다.

셋째 가닥(arrangement)을 추려라.[39] 가닥은 앞에서 파악했던 핵심, 즉 맥에 대한 구체적 설명을 할 수 있는 갈래를 의미한다. 가닥은 줄거리를 짜는 작업으로서, 이미 수집한 presentation 자료를 큰 논점과 작은 논점, 혹은 상위 논점과 하위 논점 등으로 나누어 배열한 presentation의 설계도이다. 이처럼 설계도를 작성하는 이유는 교육내용의 혼란과 탈선을 예방하고 불필요한 내용의 반복을 피할 수 있으며, 필수내용의 망각을 예방할 수 있기 때문이다. 특히 가닥을 추리는 것은 금번 presentation 중에 부각시킬 내용은 무엇이며, 지배적인 요소 또는 가중치는 무엇인가를 지휘관 나름대로 확실히 설정하는 것이다.

그리고 통상적으로 presentation의 큰 틀은 3～5가닥으로 배열하게 되며, 이 추려진 가닥에 의해서 모든 논리가 전개되기 때문에 가닥을 추릴 때 심사숙고해야 한다.

넷째, 핵심용어(key－word)를 사용하라. 맥을 잡아서 가닥을 추리고 나면 이번에는 핵심용어를 사용하여 논리체계의 틀을 만들어야 한다. 예컨대 좋은 메시지의 구비조건을 크게 4가지로 가닥을 추렸을 때 이를 핵심용어로 표현하면 다음과 같다. 좋은 메시지의 조건 첫째는 내용의 충실성, 둘째는 전달의 명료성, 셋째는 효과적인 표현, 넷째는 자연성과 개성 등이다.

다섯째, 구체적 예화나 사례(example)로 보충하라. 앞에서 핵심인 맥을 잡아서 가닥을 추리고 여기에 핵심용어를 사용하여 틀을 만들어 놓으면 전체적 논리전개 그 자체에는 큰 문제가 없다. 그러나 설득이란 전달자의 메시지 전파 그 자체가 중요한 것이 아니라, 수용자가 얼마만큼 그 메시지를 수용할 수 있느냐가 더 중요하다. 따라서 수용자 위주로 내용을 구상하고 그들의 수준과 처지에 맞게 메시지를 전파해야 하며, 이를 위해서는 보다 이해하기 쉽고 재미있게 내용이 전개되어야 한다. 이 모든 것을 위해서 필요한 것이 바로 구체적인 예화(example)이다. 특히 신

39) SPAKES 모델에 있는 arrangement 부분은 Aristotle의 IDSMD 모델에 있어서의 disposition 부분과 유사한 개념이다.

세대 장병의 설득은 다른 어느 집단보다 사례나 예화가 더욱 중요하다.

여섯째 요약(Summary)하라. 마지막 부분에 요약한다는 것은 너무나 당연하고 상식임에도 불구하고 실제적으로는 잘 안 되는 것이 또한 요약이다. 따라서 메시지 구성이 잘되었는가 그렇지 못했는가를 확인하기 위해서는 요약이 제대로 되었는지 여부를 따져보면 알 수 있다. 그리고 요약을 통해서 결론적인 강조도 병행하게 되는데, 이것이 바로 ANSVA원리의 마지막 단계인 행동유도(action)이다.

5. 맺음말

지금까지 신세대 장병의 의식성향과 기존의 설득presentation delivery 모델을 탐색해 보았고, 동시에 신세대 장병에게 적합한 SPAKES 모델을 새 모델로 정립하여 제시해 보았다. 효과적인 설득을 위해서는 기본적으로 네 가지 요건을 갖추어야 하는바, 정확한 수용자 분석, 수용자의 수준과 성향에 맞는 메시지 구상, 적절한 매체의 개발, 그리고 전달자의 공신력 확대 등이 매우 중요한 요소임을 다시 한 번 강조해두고자 한다.

첫째, 정확한 수용자 분석에 대해서는 신세대 장병의 의식성향을 상세히 분석하여 그들의 특성과 일반적인 수준을 제시하였다.

둘째, 신세대 장병의 성향을 고려한 메시지 작성을 위해서 기존의 설득 presentation 모델인 IDSMD모델, AVSVA모델, PMCRE모델 등을 고찰하였다. 그리고 내용의 충실성과 전달의 명료성을 구비하기 위해 활용 가능한 설명의 표현도구를 제시하였다.

셋째, 공감대 형성을 위한 매체 검토에서는 밀러(G. Miller)의 매체 중심적 모델을 참고하여 언어 음성적 요소, 신체 동작적 요소, 보조적 요소 등으로 구분하여 각각의 착안사항을 제시하였다.

넷째, 전달자의 공신력 확대 측면에서는 전달자의 인격, 도덕성, 가치관, 사회적 지위, 전문지식 등에 있어서 기본 자질을 보유해야 한다. 그리고 특히 인간관계 면에서 유의해야 할 덕목을 제시했다. 즉 조직차원에서는 직무만족, 직무확대, 직무충실의 분위기를 형성하고 개인차원에서는 호감성, 안정성, 신뢰성을 확보해야만 전달자의 메시지가 효과적으로 수용자에게 전달될 수 있음을 강조했다.

이상의 요건들이 모두 갖추어진 것을 전제로 했을 때 실제 presentation 전개과정의 모델을 다음과 같이 정립하였다. 그것을 순서대로 정리하면 다음과 같다. 먼저 미끼를 던져서 수용자의 주의를 환기시키고 관심과 흥미를 집중시킨 다음, 맥을 잡아서 가닥을 추린 후 이를 핵심용어로 틀을 짠다. 다시 말해서 전달해야 할 메시지의 핵심 내용을 제시하면서 3～5개의 가닥으로 구분하여 배열한 후 이를 핵심용어로 표현한다는 것이다. 그리하여 전체적인 윤곽을 잡고 나면 구체적인 예화나 사례를 삽입하여 이해를 증진시키고 흥미를 북돋운다. 그리고 최종적으로 중점요약을 함으로써 수용자로 하여금 전달자의 의도를 완전히 파악할 수 있도록 해야 한다는 것이다.

결론적으로 군대에서는 간부와 병사들이 동일 목표를 향하여 혼연일치가 되어야 막강한 전투력을 발휘할 수 있는데, 바로 그 혼연일치의 요결이 설득이라고 할 수 있다. 즉 간부들이 신세대 병사들을 잘 설득하여 상호간의 생각과 사고가 일치되도록 할 때 전투력의 집중이 가능하다는 것이다. 이런 관점에서 볼 때, 신세대 장병들의 효과적인 설득은 전투력과 직결되는 매우 중요한 요소이므로, 본 연구에서 제시한 설득 presentation 모델이 이 분야에 조금이나마 기여했으면 하는 바람에서 논리를 전개하여 보았다.

하지만 이것이 완벽한 이론적 틀(frame)도 아니고 또한 획기적인 것이라 할 수도 없다. 다만 후속적인 연구를 통해 보다 발전적이고 획기적인 제2, 제3의 연구논문이 나올 수 있는 계기가 되기를 기대한다.

참고문헌

[1]

김봉군, 『문장기술론』, 서울: 삼영사, 1982.

김양호, 『대화의 심리작전』, 서울: 언어문화사, 1983.

육군본부, 『의사소통기술』, 육군본부, 1986.

육군본부, 『교수법』, 야전교범 21-6, 육군본부, 1980.

이성혜, 『현대인의 인간관계론』, 서울: 학문사, 1994.

전영우, 『국어화법론』, 서울: 집문당, 1987.

전영우, 『스피치 개론』, 서울: 학문사, 1964.

전영우, 『화법론』, 서울: 익문사, 1973.

조정기, 『교수방법론』, 서울: 삼일각, 1983.

차배근, 『설득커뮤니케이션 이론』, 서울: 서울대학교출판부, 1989.

차배근, 『커뮤니케이션학 개론』(상, 하), 서울: 세영사, 1982.

오치선 외, 『청소년 리더십론』, 서울: 도서출판 솔과학, 2002.

임상철, "신세대 장병 지휘활동 분석을 통한 실천적 지휘통솔 방안 연구", 『국민의 군대 활기찬 병영』, 국방부, 2002.

이준희, "신세대 특성을 고려한 정신교육 방법", 『정신전력연구』 제35호, 국방대학교 안본문제연구소, 2004.

강명구, "신세대론", 『신세대의 특성과 역할』, 한국청소년개발원, 1994.

김옥순, "신세대의 특성과 역할", 『신세대의 특성과 역할』, 한국청소년개발원, 1994.

한국일보사, 『신세대 그들은 누구인가』, 한국일보사, 1988.

육군본부, 『교수법』, 야교21-6, 1980.

제3군사령부, 『신세대 지휘통솔』, 1995.

박화노, "실무부대에 있어서의 정신교육 발전 방향", 『정신전력연구』제35호, 국방대학교 안보문제연구소, 2004.

이봉세, "상사에 대한 부하의 신뢰요인과 결과에 관한 연구", 『정신전력연구』제36호, 국방대학교 안보문제연구소, 2005.

도영태, 『프리젠테이션 요럴땐 요렇게』, 서울: 영진미디어, 2005.

정효현, “병사들의 대인갈등 요인과 군 범죄와의 관련성 연구”, 『정신전력연구』제31호, 국방대학교 안보문제연구소, 2002.

신덕규, “군입대 예정 시세대의 효과적인 지휘통솔 및 군 리더십 방안에 관한 연구”, 『정신전력연구』제31호, 국방대학교 안보문제연구소, 2002.

이준용, “부성애로 골육지정의 단결된 부대 육성”, 『활기넘치는 부대운영』, 국방부, 2000.

이준평, “신세대 병사에 대한 지휘관리 방안”, 『국방저널』 1997년 5월호, 국방홍보원.

서정수, 『문장력 향상의 길잡이』, 서울: 한강문화사, 1991.

동신대학국어교재편찬위원회 편, 『문장연습』, 광주: 도서출판 예원, 1996.

[2]

Cialdini, Robert B., 이현우 옮김, 설득의 심리학, 경기 파주: 21세기북스, 2004.

Covey, Stephen R., 박재호 외 2인 역, 『성공하는 사람들의 7가지 습관』, 서울: 김영사, 1994.

Fromm, Erich, *The Art of Loving*, 황문수 역, 『사랑의 기술』, 서울: 문예출판사, 1980.

[3]

Bacon, Francis, *The Advancement of Learning*, London: John Murray, 1605.

Blau, P. M. and W. P. Scott, *Formal Organization*, New York: Chandler, 1962.

Brembeck, W. L. and W. S. Howell, *Persuasion*, Englewood Cliffs, N. J.: Prentice Hall, 1992.

Brooks, Cleanth and R. P. Warren, *Modern Rhetoric*, Harcourt, 1949.

Gunn, Battiscombe, *The Instruction of Ptah-ho-tep and the Instruction of Kagemni: The Oldest Book in the World*, translated from the Egyptian, London: John Murray, 1984.

McCroskey, James C., *Instruction to Rhetorical Communication*, Englewood Cliffs,

N. J.: Prentice Hall, 1968.

Miller, Gerald R., *Speech Communication: A Behavioral Approach*, Indianapolis: Bobbs Merrill Co., 1966.

Minick, W. C., *The Art of Persuasion*, New York: Houghton－Mifflin, 1957.

Thayer, Lee O., *Administrative Communication*, Homewood: Richard D. Irwin, 1961.

Wright, J. S. and D. S. Warner, *Advertising*, New York: McGraw－Hill, 1962.

제6장 군 무형전력과 장병 인권보장의 관계

유명덕*

1. 군 인권을 바라보는 시각

우리 군은 올해로 창군 60주년을 맞이하게 된다. 경이로운 국가발전에 발맞추어 우리 군도 질적으로나 양적으로도 큰 발전을 이룩하였다. 병력, 장비, 무기체계, 정보전력 등 하드파워 분야의 전력은 선진국 군 수준으로 진입하고 있다. 그러나 우리 군은 창군 당시부터 일본군의 제도와 문화가 여과 없이 군에 유입되었고, 지속적인 북한의 대남 군사도발과 위협은 한국군을 장기간에 걸쳐 준 전시상태로 고착시켰으며, 이로 인해 병영문화도 자연히 긴장과 강압적이며 인간 중심이 아니라 임무수행 중심으로 형성되기에 이르렀다. 이는 문화 및 인권 영역인 소프트파워의 발전이 하드파워 분야의 발전과 균형을 이루지 못했다는 것을 의미한다.

아울러 인권침해로 인해 발생하는 군의 각종 사고는 국민이 군을 극도로 불신하게 하고 군에 대한 이미지와 매력을 감소시키는 요인이 되어 왔다. 이런 시점에서 인권문제가 군의 주요 이슈로 등장하였고, 특히 국방부에서 2005년부터 강력하게 추진해 온 선진 병영문화 조성의 중심가치가 '인간중심'으로 전환됨에 따라 군 인권문제는 이제 선택이 아니라 필수적인 사안이 되었다. 이에 따라 군은 인권관련

* 국방대학교 교수. 이 장의 내용은 필자의 다음 원고를 보완·발전시킨 것이다: 유명덕, "군 무형전력과 장병 인권보장과의 관계", 『선진강군 육성을 위한 인권과 지휘권의 동반적 발전방향 세미나』, 국방부 법무관리실, 2008. 3. 28., pp.85－107.

법규마련은 물론 조직과 인력인프라를 구축하고, 인권감수성 확산을 위한 인권교육을 전군에 시행하고 있는 것은 보다 민주적이고 정의로운 군을 육성하여 장병 개개인의 삶의 질을 실질적으로 높여준다는 차원에서 매우 가치 있고 시기적절하다고 할 것이다.

한편 군이 인권보장이라는 과제를 정책에 도입하기 전까지, 그리고 도입한 이후에도 군 인권문제는 그동안 군에서 형성되어 온 전통과 관행, 제도와 문화 등을 고려하지 않고 인권만을 강조함으로써 전투력의 약화를 가져오지 않을까 하는 등 여러 가지 시각이 존재하고 있으며, 이는 군 인권기반을 조기에 구축하지 못하는 원인으로도 작용하고 있다.

가. 군대에서는 인권이 사회처럼 적용될 수 없다는 시각

군은 전통적으로 강력한 지휘권 행사와 일사불란한 상명하복 체제, 그리고 전투상황을 상정한 훈련과 병영생활 등을 고려할 때 사회의 인권을 군에 일방적으로 적용하는 것은 현실에 맞지 않는다는 시각이다.

나. 인권은 지휘권을 약화시킬 수 있다는 시각

군은 전통적으로 강력한 지휘권 확립을 생명으로 하고 있다. 한국군은 6·25 전쟁과 베트남전을 겪으면서 강력한 지휘권을 행사할 수 있도록 지휘관에게 권한을 집중하는 특성을 가지고 있다. 따라서 일부 간부들은 군에서 인권을 지나치게 강조하다 보면 상대적으로 지휘관의 권한이나 권위가 약화될 수 있고, 장병 상호간에도 엄정한 군기확립이 어려워지게 되어 전반적으로 군이 나약한 모습으로 비춰지지 않을까 하는 시각을 가지고 있다.

다. 인권은 장병 상호간에 불신을 초래할 수 있다는 시각

군에서의 인권보장은 의무이자 권리이기도 하지만 이를 잘 적용하지 않으면 장병 상호간에 갈등이 형성되고 나아가 불신이 초래되어 부대 단결에도 지장을 초래할 수 있다고 보는 시각이다. 예를 들면 모든 장병들은 2006년 12월 '국민고충처리위원회'에 설치된 '군사소위원회'를 통해 외부에 진정하여 고충을 해소하는 것을 법적으로 보장받을 수 있지만, 진정 과정에서 당사자와 지휘관 및 동료 전우와의 관계가 악화되거나 갈등이 증폭될 수 있는 가능성은 항상 열려 있고, 이 과정에서 상하 동료 간에 불신이 유발될 수 있다는 시각이다.

라. 군 내 인권문제 노출은 군 불신을 초래한다는 시각

군에서 크고 작은 사건사고가 언제든지 발생할 수 있고 이는 국민 정서에 민감하게 반응하는 요인이 된다. 특히 구타나 가혹행위 등 인권침해에 의해 촉발된 인명사고는 작전이나 교육훈련에서 어쩔 수 없이 발생하는 사고에 비해 큰 파장을 일으킨다. 예를 들면 '훈련소 화장실 사건'은 인간의 존엄성을 침해하는 것으로서 비록 인명사고는 없었지만 그 이상으로 충격을 주었고, 군은 비인간적이고 갈 곳이 못 되는 집단이라는 불신과 부정적인 이미지를 국민에게 오랫동안 주었다. 이처럼 일부에서는 군에서 인권보장 문제를 적용하고 시행하는 데 있어 크고 작은 문제가 발생할 것이며, 그 과정에서 자연스럽게 외부에 노출되고 국민에게 알려질 때 군에 대한 국민의 불신을 주는 빌미를 제공할 것이라는 시각을 가지고 있다.

2. 군 인권보장 노력과 기여도

가. 군 인권보장 활동

창군 이후 최초로 도입된 군 인권정책은 한국군을 선진 군으로 업그레이드하는 역사적인 계기를 마련했다고 평가할 수 있을 것이다. 군은 2006년 국방부에 인권업무를 담당하는 '인권팀'이 신설된 이후 현재까지 인권에 대한 일부 부정적인 시각과 열악한 환경을 극복하는 가운데 각종 제도 마련과 업무수행 시스템을 구축하고, 군 내 인권 마인드 정착을 위해 노력해 왔으며 그 주요 활동은 다음과 같다.

〈표 1〉 인권업무관련 군 주요활동

구분	주요활동
인권담당 조직 구축	○국방부 인권팀 신설(2006. 1. 1., 법무관리관실) ○각 군 인권과 신설
인권관련 법규제정	○국민고충처리위원회 군사소위원회 설치(2006. 12.) ○군 내 인권침해사건 조사 및 처리규정 제정 추진
장병 인권교육 기반조성	○인권교육규정 제정(2008. 2. 14., 국방부훈령) ○정신교육에 인권교육 반영(2008. 7.) ○군 인권전문가 혁신 연수과정 운영 ○군 지휘관 인권리더십 연수과정 운영 ○장병인권교재 개발(2007. 12., 국방부+국가인권위) ○여성고충상담책임관 연수과정 운영
인권보장 중요성 확산	○군 인권관련 각종 세미나 개최 ○국군 TV/라디오 방송 대담 ○대외 매체에 다양한 기고 활동

나. 군 인권정책이 군에 기여하고 있는 점

앞에서 제시한 바와 같이 군 인권활동은 짧은 기간이었음에도 불구하고 제도, 조직, 인력, 교육, 홍보 등 다양한 영역에서 활발하게 전개하여 유무형적인 전투력 발전은 물론 병영선진화에 긍정적으로 기여하고 있는 것으로 보인다.

1) 한국군의 인권선진화 계기 마련

군에 인권보장 정책 도입은 장병 인권보장이 선택적인 개념이 아니라 필수적으로 지켜야 할 의무와 책임이 되었다는 점에서 우리 군이 한층 더 선진화하는 계기가 되었다.

우리 군은 그동안 지나치게 경직되고 권위주의적이며, 자율성이 부족하고, 얼차려·구타 및 가혹행위 등을 군기를 유지하는 수단으로 삼아 왔고, 그 결과 인권이 침해되는 사례가 있었으며, 이는 각종 사고로 연결되어 전투력을 약화시킬 뿐 아니라 국민에게 불신받는 원인을 제공해 왔다는 사실을 부인하기 어렵다.

그러나 인권정책을 적극 도입함으로써 권위와 강압, 통제와 간섭, 구타나 가혹행위 같은 비인간적인 방법이 아니라, 존중과 배려를 바탕으로 한 인간 중심의 문화로 탈바꿈시켜 민주적이고 합리적이며 자율적인 모습을 갖춘 민주군대의 모습으로 전환하는 계기를 마련했다는 점에서 그 의미가 크다고 할 수 있다.

2) '임무 중심의 문화'에서 '인간 중심의 문화'로 전환하는 계기 조성

국방부는 2006년부터 국방개혁 차원에서 선진 병영문화를 조성하기 위한 정책을 적극 추진해왔으며, 그 중심 가치는 바로 인간 중심의 병영문화 창출이다. 국방부는 선진병영문화의 개념을 '인권 존중과 국민의 신뢰를 바탕으로 싸워서 이길 수 있는 기반이 조성된 합리적이고 민주적인 병영생활의 총체'라고 정의하고 있다. 이는 곧 인권이 선진 병영문화를 창출하는 출발점이 되는 키워드이며, 인권보장 없이는 진정한 강군 건설도, 전투력 창출도 할 수 없다는 것을 강조한 것이다.

또한 국방부가 선진 병영문화를 '꿈과 목표가 있는 가고 싶은 군대', '인간 존중의 신바람 나는 군대', '임무에 전념할 수 있는 가정 같은 군대'에 둔 기본정신도 바로 인간 중심의 병영이다.

〈그림 2〉 국방부의 선진병영문화의 패러다임 개념

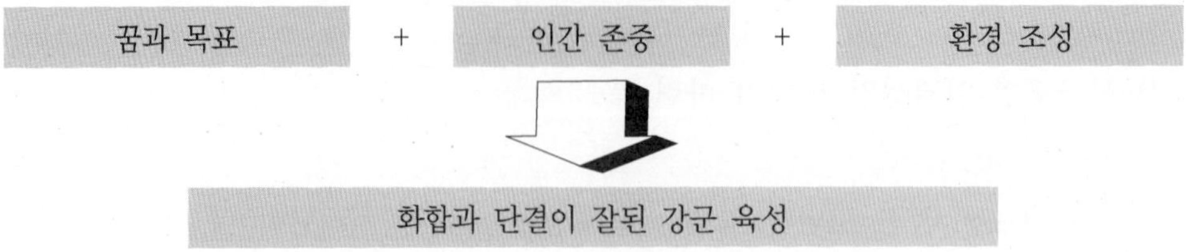

출처: 국방부,『21세기 강군육성을 위한 선진 병영문화』(2005), p.302.

이와 같은 점에서 군의 인권정책 도입과 시행은 임무수행을 위해서 인권은 다소 침해되어도 어쩔 수 없다거나 당연하다고 생각하는 풍조에서 인권은 임무수행보다 우선되는 소중한 것이며, 불가피한 경우를 제외하고는 어떤 이유에서도 장병 개개인의 인권이 침해되어서는 안 된다는 문화로 급속하게 바뀌어 가고 있다.

3) 장병 인권보장 수준을 국민 인권수준으로 끌어올린 계기

군인은 특수한 직업이지만 국민의 한 사람이며 군복을 입은 시민이다. 그러나 과거에는 군인이 인격권, 자유권, 평등권, 주거권, 행복권, 건강권, 휴가권 등이 다소 침해되어도 군인 신분이기 때문에, 또는 군의 여건이나 상황으로 봐서 어쩔 수 없지 않느냐 하는 정서가 형성되어 있었던 것도 사실이다. 이처럼 인권침해를 자연스럽게 받아들이는 정서는 군 내에서 인권침해가 근절되지 않는 직접적인 원인이 되어왔으며, 군 스스로 인권수준을 끌어 올리지 못함으로써 심지어 '군은 인권사각지대'라고 비판을 받는 원인이 되기도 하였다.

그러나 군의 인권정책 도입은 장병 인권이 군이라는 제한된 영역을 벗어나 국민이 누리는 인권보장 수준으로 격상되었고, 인권보장을 위한 군의 역할 또한 크게 확대되었다. 이제 군인도 헌법 제2장에 명시된 '국민의 권리와 의무' 조항에 대한 내용을 철저하게 준수하거나 정당하게 보호받아야 하고, '국가인권위원회법'에 의거 인권관련 업무를 협조해야 하며, '국민고충처리위원회'에 설치된 '군사소위원회'에 접수된 장병들의 고충사항을 정확하게 처리해주어야 하는 의무와 책임도 확대되었다.

이런 점에서 군의 인권정책 도입은 장병들이 군인이기 때문에 누리지 못하거나 침해당해 온 인권을 국민과 동일한 수준으로 보호받을 뿐 아니라, 군의 인권문제가 국가 및 사회 영역으로 확장되어 그 정서를 공유하고, 장병의 인권을 신장시키기 위해 사회와 네트워크를 다양하게 구축하게 된 것은 군인의 명예와 사기를 진작시키고 나아가 전투력을 증강할 수 있다는 측면에서 큰 의미를 부여할 수 있을 것이다.

4) 군 리더의 지휘관리 방식 변화 계기

군에서의 인권정책 도입은 지휘관의 리더십에도 지대한 영향을 미치고 있다. 국방부가 적극 추진해 오고 있는 선진병영문화 개선 정책의 키워드는 '인간 중심의 병영문화'이다. 여기에서 말하는 '인간 중심'이라 함은 개인의 존엄성과 가치가 보장되고 자율 속에서 합리적으로 실천하며, 상하 원활한 의사소통으로 즐거움이 넘치는 군대'라는 개념으로 정하고 있고, 그 구현 목표를 '개인의 인권이 존중되는 군대 육성'에 두고 있다.

인간 중심의 병영문화 정책 추진은 지휘관과 간부들에게 지휘관리 방식에 대한 새로운 인식전환과 선진적인 리더십을 구비하도록 요구하고 있다. 이와 같은 지휘관리 방식의 혁신은 장병의 공감대 형성과, 존중과 배려를 기반으로 하는 환경 조성에 크게 기여하고 있다.

예를 들면 입대 전에 병영생활을 스스로 설계하도록 한다든가, 17:00시부터 22:00시까지 자유시간을 대폭 확대하여 통제형에서 자율형으로 바꾸어 주고, 주거공간을 인권침해가 없는 청정지역인 그린존(Green Zone)으로 정하는가 하면, 하의상달을 위한 '대표병 제도' 등을 적극 시행하고 있다. 또한 장병 개개인의 인격과 존엄성이 적극 보호되고 인간중심의 병영문화가 정착되기 위해서는 간부의 의식전환이 우선되어야 한다는 판단 아래 양성 및 보수 교육기간에 '존중과 배려,' '인간관계', '인성교육', '커뮤니케이션', '상담' 등에 주안을 둔 리더십 교육을 강화하고 있다.

이와 같은 지휘관 및 간부의 패러다임 변화와 지휘관리 방식의 변화는 상당한 효과를 거두고 있는 것으로 평가되고 있다. 이는 2007년 국방부에서 병사를 대상으로 한 설문결과를 보면 '명령과 계급의 권위에만 의존하는 간부들이 있는가'라는 질문에 86%가 '거의 없거나 없는 편'으로 응답하고 있으며, '간부에 의해 부당한 대우를 받은 적이 있는가?' 하는 질문에도 80.6%가 거의 없거나 없는 것으로 응답하고 있다. 특히 '병사들의 기본권 보장을 위한 간부의 노력 정도'를 묻는 항목에서 병사 80%가 매우 노력하고 있거나 노력하는 편으로 응답하고 있다.[41]

위 설문결과는 과거에 비해 지휘관이나 간부들이 병사의 기본권리 보장에 대한 관심이 커졌고, 지휘관리 방식 또한 선진적이고 민주적으로 개선된 결과라는 판단을 가능하게 해 준다.

5) 장병의 성장 촉진 기여

군 인권정책 도입은 간부는 물론 병사의 정신적인 성장을 촉진해 주는 계기를 마련했다고 할 수 있다. 군대는 사회와 단절된 조직이 아니라 병역의무를 위해 잠시 통과하는 파이프라인과 같다. 따라서 군은 병사들을 성장의 연장선상에서 잘 관리해야 하며, 특히 인권침해로 인해 인격적 · 정신적 · 정서적으로 성장을 제한받거나 좌절되는 일이 없도록 해 줄 의무와 책임이 있다. 그러나 실제로 복무에 어려움을 겪고 있는 병사들은 입대 전부터 정신적 · 육체적으로 인권침해를 받을 소지가 크다고 생각하고 있으며, 국가인권위원회 실태조사 결과 군에 대해 약 73.6%가 부정적인 이미지를 가지고 있는 것으로 파악되었다.[42] 또한 복무 부적응 병사들이 겪고 있는 어려움의 원인도 선임병의 인권침해에 의한 갈등 및 강압적이고 비합리적인 군대문화로 들고 있다는 점에서 인권침해는 장병들의 성장을 저해하는 가장 직접적인 원인으로 작용할 수 있다.

이와 같은 병영환경에서 인권정책의 군 내 도입은 장병들에게 정신적 성장을 크게 촉진할 수 있는 계기가 된다. 국방부 인권담당 부서에서는 2006년 이후 지금까지 인권보장의 필요성 인식과, 모든 장병이 개인의 가치와 존엄성을 전제로 하는 존중과 배려심을 어떻게 발휘할 것인가 하는 '인권 감수성' 향상을 위해 적극 노력해 왔다. 특히 병사 상호간에 명령이나 간섭을 엄격하게 금지하고, 상호 존중하고

---

41) 국방부, 『병영문화 개선 모범사례』(2007), pp.32－33.

42) 국가인권위원회, 『군 복무 부적응자 인권상황 실태조사』(2006), pp.57－58.

배려하는 마음이 행동으로 표출될 수 있도록 하는 인권교육, 인성교육, 리더십교육 등을 다양하게 시행하고 있다.

이와 같은 간부의 인권감수성 향상활동은 결국 장병 개개인이 자신의 인권감수성 상태를 스스로 진단하고 타인의 인권 보장과 신장을 위해 어떤 마음과 행동을 해야 할 것인지를 지도함으로써 인격적, 정신적인 성장을 크게 도와주고 있다.

6) 군의 이미지와 매력 향상

끝으로 인권정책의 도입은 국민에게 군의 이미지와 매력을 향상시키는 데 기여하고 있다. 이런 점에서 군의 인권정책 시행은 내부적으로 아직은 이르다고 하는 여론도 있었지만, 인권문제를 해결하지 않고서는 선진 병영문화를 정착시키기 어렵기 때문에 이를 해결하기 위한 방안으로 인권정책을 도입한 것은 매우 적절한 것으로 보인다.

군에 자식을 보내야만 하는 부모들에게 있어 가장 큰 소망은 자식이 건강하고 몸 성하게 군 생활을 마치고 무사하게 전역하는 것이다. 이와 같은 국민의 소망은 부모로서 당연한 것이기도 하지만 그동안 군에서 발생하는 각종 인권침해사건에 의해 이루어진 일종의 학습효과도 있다는 점에서 군의 책임도 크다고 할 수 있다. 이는 '군의 신뢰회복을 위한 방안'을 묻는 질문에 국민의 51%가 '인권 침해를 조장하는 병영의 불합리한 관행의 개선과 장병들의 인권이 신장되어야 한다는 반응을 보이고 있다는 점에서 공감이 가는 부분이다.[43]

이와 같은 상황에서 군의 인권보장 정책 시행은 국민의 걱정을 크게 덜어주고, 자식의 안위를 법적, 제도적으로 보호받아 인격적으로 성장하도록 조력해 주고자 하는 군에 대해 믿음을 갖게 되고, 군의 신뢰와 매력을 상승시키는 긍정적인 요인으로 작용한다. 이는 국방부와 각급 부대에서 추진하고 있는 병영문화 개선활동에 대한 만족도를 물은 결과 병사 68%가 '매우 만족 또는 만족하고 있다'[44]고 응답하였는데, 이는 군의 인권침해와 관련한 사건사고가 대폭 감소된 것도 그 이유 중

---

43) 국방대학교, 『2007 범국민안보의식여론조사』(2007), p.142.

44) 국방부, 『병영문화 개선사례』, p.28.

의 하나라고 볼 수 있으며, 그 결과 군에 대한 이미지와 매력이 그만큼 향상되었기 때문이라는 추론이 가능할 것이다.

3. 무형전력 구성요소와 육성체계

가. 군 전력의 유형

광의의 전력을 '국력의 제 요소를 전쟁수행에 가장 효율적으로 그 기능을 발휘할 수 있도록 조직화한 응결된 힘'이라고 정의한다면, 협의의 군사 차원의 전력은 '적에 대한 무력행사를 가장 효과적으로 할 수 있도록 군사력의 제 요소를 조직화한 통합된 힘'[45]이라고 정의할 수 있다.여기에서 말하는 군사력의 제 요소는 병력, 장비, 물자 등의 유형적인 요소와 교육훈련, 전술전기, 장병의 사기, 단결, 군기, 신념체계를 말한다. 특히 무형전력은 전기숙달 등의 기술전력과 조직과 제도 등을 포함한 관리수준, 통솔력, 전략, 전술 등의 운용전력, 그리고 장병들의 신념을 바탕으로 하는 의지력인 정신전력으로 구분된다.

〈그림 2〉 군 전력의 유형

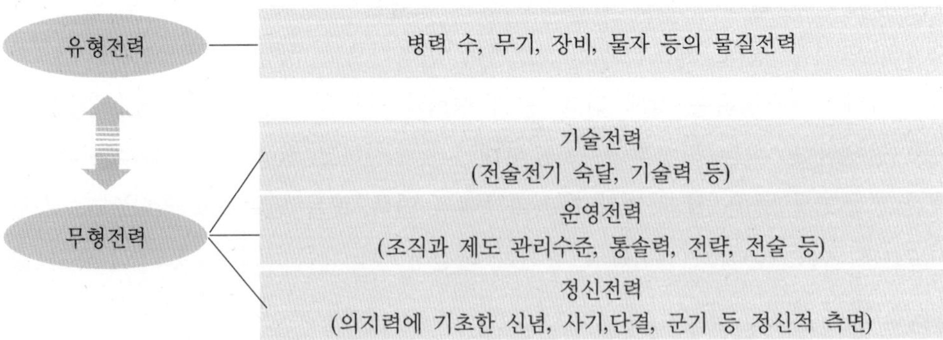

45) 국방부, 『정신전력이론과 실제』(1977), p.5.

나. 정신전력의 정의

정신전력이란 '모든 장병들이 투철한 군인정신의 바탕 위에서 지휘관을 바탕으로 굳게 뭉쳐 부여된 임무를 능동적으로 완수할 수 있는 조직화된 의지력'으로서 신념, 사기, 단결 및 군기를 핵심요소로 하고 있다. 모든 사물을 지배하는 존재는 인간이며 인간을 조종하는 것은 정신이다. 아무리 좋은 무기를 가지고 있다 하더라도 올바른 정신이 작용하지 않고서는 그 힘은 합목적으로 발휘되지 않는다. 이는 총기를 가진 병사가 사격훈련을 열심히 해서 전투에서 그 실력을 유감없이 발휘한다면 군인으로서 임무를 수행했다고 보지만, 총기를 전우나 민간인에게 잘못 사용하여 살상한다면 이는 결국 군인으로서 올바른 정신이 아니다.

다. 정신전력의 본질과 기능

정신전력은 모든 전력의 원천일 뿐 아니라 각 전력을 하나의 통합전력으로 묶어 주는 특성을 가지고 있다.

첫째, 정신전력은 조직화된 의지력이다. 이는 승리를 쟁취하고자 하는 전투의지력으로서 개개인의 전투요원이 집단의지력으로 통합되어 발현될 때 기능이 효과적으로 발휘된다.

둘째, 전쟁의 승패를 좌우하는 핵심 전력이다. 아무리 첨단과학무기로 무장된 군대라고 해도 이를 운용하는 주체는 전투원 개개인이므로 이들의 정신자세에 의해 승패가 결정된다.

셋째, 군 전투력의 강약을 좌우이다. 물질전력은 정신전력과 결합될 때 비로소 전투력으로 구현된다. 기술전력 또한 인간의 신체적 기능을 개발하고 여기에도 물질의 효과를 가미하여 전력을 발휘하는 것이기 때문에 정신전력의 영향을 절대적으로 받게 된다. 따라서 정신전력은 군 전투력의 기초이며 영향을 주는 요소이다.

라. 정신전력 구성요소

정신전력은 인간의 의지를 바탕으로 한 신념, 사기, 단결, 군기를 핵심 구성요소로 하고 있으며, 이 요소들은 상호적이며 교호적인 관계를 가지면서 영향을 미친다.

〈그림 3〉 정신전력 구성요소

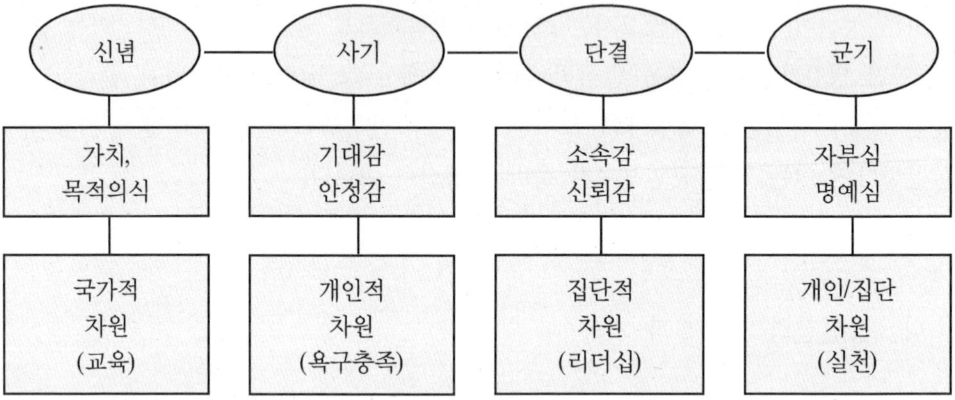

출처: 국방부,『정신전력 지도지침서』(1983), 33쪽.

1) 신념 요소

신념은 군인으로서의 본분을 올바르게 수행해 나가도록 하는 가치체계이다. 군인이 추구해야 할 근본적인 가치와 목적의식을 이해하고 이를 자기 가치관으로 받아들이는 과정이다.

신념은 타 요소를 선도하는 기초적인 요소로서 형성기간이 비교적 오래 걸리지만 일단 신념화되면 모든 역량의 발휘를 배가시킨다. 또한 신념은 개인차원에서 출발하지만 지향하는 가치는 국가와 국민이며 이는 부단한 교육을 통해서 형성된다. 장병들이 확고한 신념을 가질 때 상호간에 의사소통이 원활하게 되고 이해하게 되며, 집단의 결속력이 강화되고 부대 목표를 효과적으로 달성하게 만들어 준다.

2) 사기 요소

사기는 군 복무에 대한 장병들의 정신적 자세, 즉 적극적이고 능동적인 복무의욕이 발휘되는 상태를 말한다. 적극적이고 능동적인 복무의욕을 가진 장병은 직무수행에 대해 자신감을 가지며, 용기와 투지, 열정, 담력, 위기상황을 효과적으로 관리할 수 있다. 사기가 높은 장병은 직무를 자발적으로 수행하려고 하며 업무수행의 질 또한 높다. 특히 사기는 장병들에게 보상 등의 기대감과 안정감을 유지하게 해준다.

3) 단결 요소

단결은 지휘관을 중심으로 부대 구성원이 정신적으로 굳게 결속하고 역량을 통합 및 집중하여 부대 목표를 효과적으로 달성하는 상태를 말한다. 단결은 부대원 모두가 한마음 한 뜻으로 뭉쳐 준법정신, 희생정신, 공사의 명확한 구분, 상호 존경 및 이해를 가질 때 이루어지며, 부대목표를 달성하고, 강한 전투력을 발휘하기 위해서는 매우 중요한 요소로 작용된다.

4) 군기 요소

군기는 군대의 규율과 질서이며 생명과 같은 요소이다. 군이 지휘권을 확립하고, 상명하복하며 부하를 존중하고, 통일된 행동을 하도록 하는 것은 군기에 의해 이루어진다. 군기를 세우는 가장 중요한 수단은 명령에 대한 자발적인 복종이며, 법규를 잘 준수하려는 의지에서 군기는 자율적으로 유지된다.

마. 정신전력 4대 요소 지도육성 중점

정신전력은 다양한 영역과 요소로 구성되어 있다. 그 영역은 정신교육, 인사관리, 지휘통솔, 사기 및 복지, 교육훈련 등 매우 광범위하다. 따라서 지휘관은 이들 영역을 4대 요소로 체계화시켜 종합적으로 지도 육성할 수 있는 능력을 구비해야 한다. 지휘관이 관심을 가져야 할 정신전력 지도 중점을 도표로 제시하면 다음과 같다.

〈그림 4〉 정신전력 지도 중점

요소	지도 중점
신념 고취	○국가관 확립(국가체제, 정통성, 국난 극복, 국가 미래) ○사상무장(자유민주주의 체제 수호, 우리의 적 인식) ○군인정신(군인의 사명, 가치관, 윤리관, 도덕관)
사기 앙양	○복무의욕 고취를 위한 동기유발 －개인적 욕구 충족(휴식, 수면, 건강 등 기본권) －사회적 욕구 충족(인정감, 성취감, 친밀감, 생명존중, 소속감, 자아 존중감 등) ○능력 개발 －직무수행능력 개발(적성검사, 경력관리, 임무숙달) －병영생활 적응능력 개발(인간관계, 갈등관리 등) －사회적응 능력 개발(학업, 취업 준비 조력)
단결심 배양	○전우애 고양 －상호 이해와 존중 분위기 조성, 상하 단결 고양 －개인의 가치와 존엄성 인정 －협동정신 배양 －희생 및 봉사정신 배양 ○부대애 함양 －부대 역사와 전통에 대한 자부심 부여 －부대 상징에 대한 자부심 함양
군기 확립	○자발적인 복종심 배양 －명령의 존엄성 인식 －군기 유지의 중요성 인식 ○준법정신 함양 －군법교육 실시 －인권교육 실시 －위법행위에 대한 책임 인식

출처: 앞의 책, 57쪽.

4. 정신전력과 인권보장의 관계

이 장에서는 정신전력과 장병 인권보장은 어떤 관계가 있는지를 살펴본다. 이를 위해 국방부 인권교재와 KIDA에서 제시한 군 인권목록을 ① 존엄한 인간으로 대우받을 권리(차별, 사생활 자유, 통신비밀 자유) ② 폭력, 가혹행위, 압제로부터의 자유 ③ 의식주, 건강, 휴식 등에서 인간다운 처우를 받을 권리 ④ 징계처분의 적법절차 및 외부조력을 받을 권리 ⑤ 교양과 지식습득청구권 ⑥ 휴가, 급여, 승진, 임면에 관한 신분상의 권리 ⑦ 사회정착 위한 교육받을 권리 ⑧ 직무결정 과정에 참여할 권리 ⑨ 불법적인 명령을 거부할 권리 ⑩ 실체적, 절차적 권리를 알 권리 등 10가지로 정하고, 그 유형을 기준으로 정신전력과 관련한 제반 사항, 즉 정신전력 구성요소, 국군의 사명과 이념, 정신전력에 영향을 미치고 있는 국방부에서 추진하고 있는 선진 병영문화 개선정책 추진 목표 등과 비교하여 그 연관성을 도출해 보기로 한다.

가. 정신전력 구성요소와 군 인권보장 관계

앞에서 제기한 바와 같이 정신전력은 신념, 사기, 단결, 군기 등 4가지로 구성되어 있다. 이들 4가지의 정신전력 구성요소와 군 인권목록 10가지는 어떤 연관성이 있고 또 어떤 영향을 서로 미치고 있는지를 도표로 제시하면 다음과 같다.

〈그림 5〉 정신전력 요소와 군 인권목록과의 관계

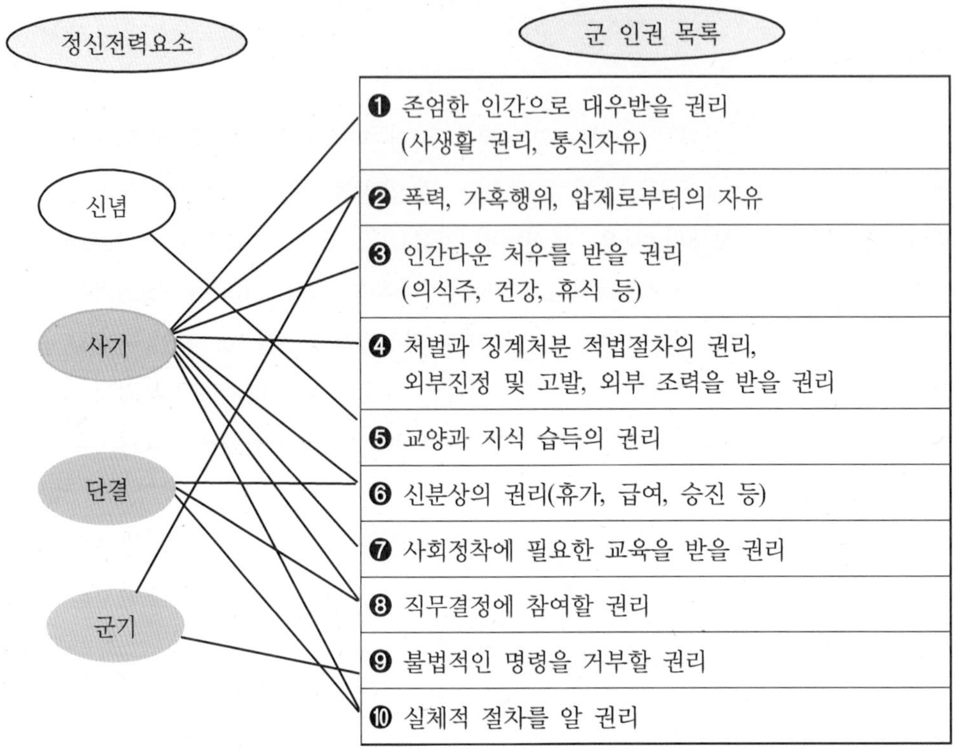

<그림 5>을 통해 정신전력 4대 요소와 군 인권보장은 밀접한 관계를 형성하고 있다는 것을 알 수 있다. 먼저 사기는 10개의 군 인권목록 중 8개 목록과 밀접한 관계를 가지고 있는 것으로 나타났다. 이어 단결은 3개의 목록과 관계를 가지고 있으며, 군기는 2개의 목록과 관계가 있다. 가장 관계성이 부족한 영역은 신념으로서 1개 목록이다.

이와 같은 관계성을 분석해 볼 때 군 인권보장 활동은 모든 정신전력 구성요소와 관계가 있고 그중에서도 사기에 미치는 영향이 크다. 특히 인권목록 중 신체의 자유와 행복 추구의 자유, 신분상의 권리는 사기에 직접적인 영향을 미치는 것으로 나타나고 있다.

나. 정신전력 지도육성 중점과 인권보장 관계

정신전력 지도 중점은 지휘관이 정신전력 4대 요소별로 어떤 부분에 중점을 두어 육성할 것인지를 제시한 것이다. 지휘관의 정신전력 지도 활동과 군 인권보장 활동은 어떤 관계가 있는지를 분석해 보면 다음과 같다.

〈그림 6〉 정신전력 지도 중점과 군 인권관계

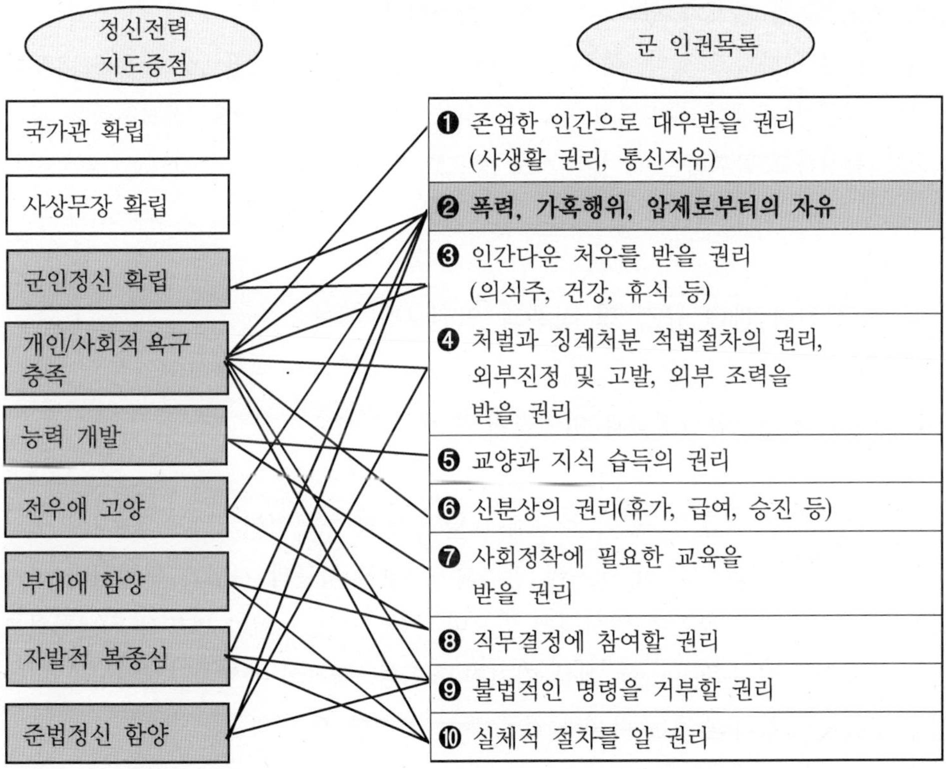

정신전력지도 중점 사항으로서 신념고취 영역은 국가관, 사상무장, 군인정신 함양에 두었고, 사기 앙양은 개인의 사회적 욕구 충족과 사회적 욕구충족을 기반으로 하는 복무의욕 고취와 동기유발 및 능력개발에 두었다. 또한 단결심 배양 영역에서는 전우애 고양과 부대애 함양에 두었으며, 군기확립은 자발적인 복종심 배양과 준법정신 함양에 두었다.

위 표를 보면 정신전력 지도중점과 군 인권보장 활동과는 매우 밀접한 관계를 가지고 있으며, 상호 영향을 미치고 있음을 알 수 있다. 인권목록이 정신전력 지도중점에 영향을 주고 있는 순위를 보면 ① 개인 및 사회적 욕구를 충족시키는 동기유발 ② 자발적 복종심과 준법정신 함양 ③ 군인정신, 능력개발, 전우애 고취, 부대애 등으로 상관성이 높다. 특히 정신전력 지도 중점의 사기앙양 부분 중 개인과 사회적 욕구 충족은 모든 인권목록과 연관이 있으며, 반대로 군 인권목록 중 폭력, 가혹행위, 압제로부터의 자유 등 정신적, 신체적인 인권침해 부분 역시 모든 정신전력 지도중점과 관계가 있다. 그러나 국가관이나 사상무장 등의 신념요소와는 무관한 것으로 나타나고 있다. 이처럼 정신전력 지도 중점과 인권보장 활동은 유무형적으로 밀접한 관계를 유지하고 있으며, 상호 교호적인 작용으로 정신전력을 통합적으로 육성하고 발휘하는 데 있어서도 중요한 역할을 하고 있는 것으로 평가된다.

다. 정신전력 관련 규정 및 정책과 인권보장 관계

1) 국군의 사명 · 군인정신과 인권가치 관계

군인복무규율은 국군장병들이 준수해야 할 정신적 행동적인 규정이 담겨져 있으며, 특히 인권보장과 관련한 내용이 망라되어 있다. 국군의 사명과 군인정신 역시 군인복무규율 제2장 강령에 명시되어 있으며, 이는 모든 군인이 반드시 신념화하고 이를 행동으로 보여주어야 할 핵심 가치인 것이다. 국군의 사명 · 군인정신과 인권이 추구하는 가치의 관계는 다음과 같은 표로 제시할 수 있다.

〈그림 7〉 국군의 사명 · 군인정신과 인권 가치 관계

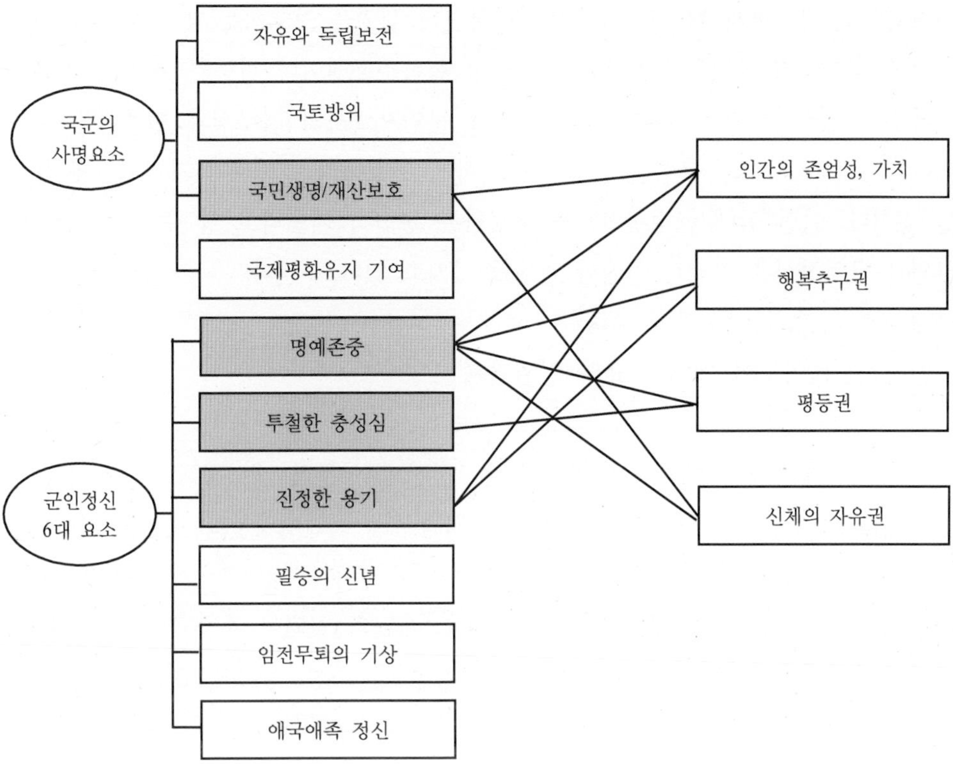

헌법은 국군의 사명에 대해 “국군은 대한민국의 자유와 독립을 보전하고 국토를 방위하며, 국민의 생명과 재산을 보호하고, 나아가 국제평화유지에 이바지함을 그 사명으로 한다”고 명시되어 있다. 한편 군인복무규율은 군인정신에 대해 “전쟁의 승패를 좌우하는 요소”이며, “군인은 명예를 존중하고 투철한 충성심, 진정한 용기, 필승의 신념, 임전무퇴의 기상과 죽음을 무릅쓰고 책임을 완수하는 숭고한 애국애족의 정신을 굳게 지녀야 한다”고 명시하고 있다.

위 표에서와 같이 인권이 추구하는 기본가치인 인간의 존엄성과 가치, 행복, 평등, 자유 등은 국군의 사명과 군인정신 6가지 요소와도 무관하지 않으며, 이 중에서도 인권가치는 국민의 생명을 지키는 것과, 명예존중, 진정한 용기를 촉진하는 데 있어서 영향을 미친다고 볼 수 있다. 예를 들면 인간의 존엄성과 가치를 인정하는 인권가치가 잘 실천되고 있는 군대에서는 자신과 타인의 생명존중은 물론, 개개

인의 가치와 능력의 차이를 인정하고 존중하는 환경을 잘 만들어 정신적, 신체적, 인격적으로 성장하게 될 것이며, 나아가 국민의 생명을 보호하는 데 있어서도 인권 가치를 훌륭하게 발휘하게 될 것이다. 또한 행복추구권이나 평등권, 신체의 자유를 지켜주는 인권가치가 온전하게 발현된다면 군인으로서의 자부심과 명예심을 느끼게 될 것이고, 나아가 부여된 임무를 충실하게 수행하려는 동기가 자연스럽게 유발될 것이다. 이런 점에서 정신전력을 생성하는 정신적 기초라고 할 수 있는 국군의 사명과 군인정신은 인권과 밀접한 관계를 가지고 있다고 본다.

2) 선진 병영문화 개선 목표와 인권관계

국방부가 국방개혁 차원에서 추진해 온 '선진 병영문화 개선정책'의 중심은 '인간 중심의 병영문화' 구현이다. 이에 따라 국방부는 선진병영문화 개선을 위해 '선간부의 의식전환과 가치관 재정립', '자기 발전을 위한 여건 조성 및 목표 부여', '적극적인 군 개방과 다양한 사회문화 수용', '개인의 인권이 존중되는 군대 육성', '군 본연의 임무에 충실할 수 있는 제반 환경 여건 조성' 등 5가지에 역점을 두고 있다.

군의 병영문화는 정신전력과 매우 밀접한 관계를 가지고 있으며, 특히 장병 개개인의 존엄성과 가치를 인정하고, 규정된 인권을 철저하게 보장하거나 타인의 인권을 지켜주려고 노력할 때 병영문화는 인간 중심으로 변화되고, 능동적이고 자율적이며, 인권침해가 발생하지 않는 선진적인 군대문화로 자리잡게 될 것이다. 이런 점에서 병영문화 정책 추진 목표와 인권과의 관계를 대비해보는 것도 의미가 있을 것이다.

〈그림 8〉 선진 병영문화 정책 추진 목표와 인권목록과의 관계

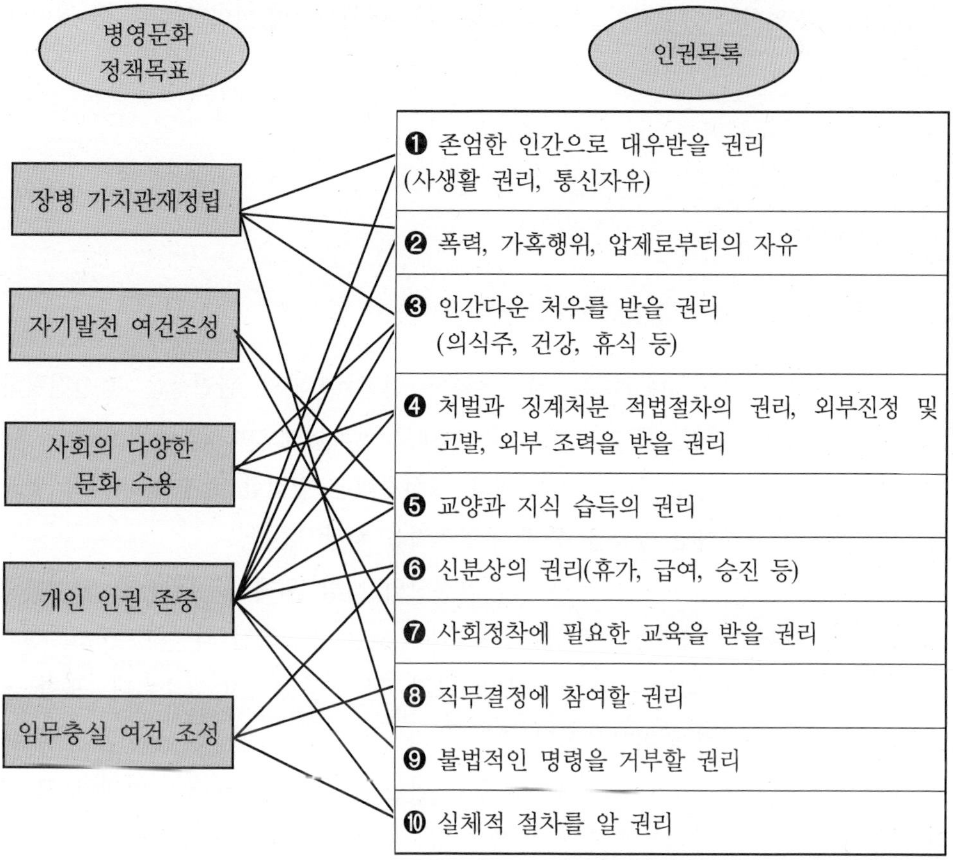

위 표는 우리 군에서의 인권보장 활동이 선진 병영문화를 조성하는 데 있어 중요한 역할을 하고 있음을 보여 준다. 먼저 인권은 군대일수록 인권이 철저하게 지켜져야 하며, 이것은 군을 더욱 선진적이고 강하게 육성하는 요체임을 지휘관을 비롯한 장병들이 분명하게 인식하지 않으면 안 된다는 점을 분명하게 알려주고 있다.

이와 함께 군 인권보장 활동은 장병들이 인권침해에서 비롯된 위기나 갈등을 겪지 않고 임무수행에 충실하도록 도와주는 역할을 하게 되며, 휴식권이나 학습권을 보장해 줌으로써 자기 발전을 촉진시켜 줄 뿐 아니라 국민에게 적용되는 수준의 인권이 장병들에게도 창의적으로 적용되어 도움을 줄 수 있도록 하는 기반을 마련해 준다.

이를 통해 국방부가 적극 추진하고 있는 인간 중심의 병영문화정책도 장병 개개인의 인권보장이 얼마나 실질적이고 효과적으로 이루어지느냐에 따라 영향이 클 것이다.

5. 맺음말

지금까지 무형전력을 대표하는 정신전력과 인권보장과의 관련성을 정신전력과 관계된 요소와 지도중점, 규정, 정책 등을 토대로 살펴보았으며, 그 결과 다음과 같은 결론을 얻을 수 있다. 첫째, **군 인권과 정신전력은 밀접한 관계를 가지고 있으며, 상호보완적 교호적인 역할을 통해 무형전력을 향상시킨다.**

정신전력은 '모든 장병들이 투철한 군인정신의 바탕 위에서 지휘관을 중심으로 굳게 뭉쳐 부여된 임무를 능동적으로 완수할 수 있는 조직화된 의지력'이라고 정의할 수 있으며, 그 핵심요소는 신념, 사기, 단결, 군기 등 4가지 요소이다. 또한 군 인권은 '장병 개개인이 인간으로서의 존엄과 가치를 가지며 행복을 추구할 권리'이다. 앞에서 규명해 본 바와 같이 정신전력과 인권은 분리적인 성격이 아니라 그 성격과 지향하는 목표에 있어 밀접한 관계가 있으며, 기능발휘 측면에서도 상호 보완적이며 교호적인 작용이 이루어진다고 할 수 있다. 이와 같은 두 영역의 연관성은 간부를 대상으로 '인권가치와 군 조직가치 간의 관계'에 대해서 질문한 결과 '상호보완적'이라는 응답이 50.9%에 달하는 것을 보아도 알 수 있다.[46]

이런 점에서 군 인권보장 활동은 정신전력의 4대 요소에 다양하게 녹아들어 무형전력 강화를 촉진한다. 특히 인권보장을 통해 장병의 존엄성과 가치를 제고하고 심리적 안정과 만족감을 주게 되면 임무수행의 효율성은 물론, 신념, 사기, 단결, 군기 등 정신전력 분야에 확대 재생산되어 무형전력을 강화시키는 선순환을 이루게 되므로 군 인권보장 활동은 정신전력을 강화하는 출발점이며 기저라고 할 수 있다.

따라서 군은 인권과 정신전력의 관계가 무형전력은 물론 유형전력에도 지대한

---

46) 한국국방연구원, "인권과 지휘권의 동반적 발전 방안" (2008), p.18.

영향을 미친다는 점을 이해하고 군 인권정책을 전투력 차원에서 보장하려는 노력을 더욱 강화해야 할 것이다.

둘째, **군 인권 혁신에 대한 간부의 선 의식전환과 실천이 필요하다**. 군 정신전력은 장병 개개인으로부터 나오며, 이는 자신의 가치와 능력을 인정받고 인격적으로 존중받아 심리적으로 안정상태를 유지할 때 발현된다. 그러나 그동안 군은 인간 내면의 심리적인 문제보다는 외형적으로 나타난 행동적 측면에서 정신전력 요소를 평가한 경우가 많았다. 특히 사기와 단결, 군기를 유지하기 위해서는 일사불란한 지휘체계 확립과 절대적인 상명하복, 그리고 권위적이고 강압적인 지휘관리가 필수적이라고 생각해왔고, 장병 개개인이 처한 심리적·환경적인 상황에는 그다지 관심을 두지 않아 온 것도 사실이다.

이와 같은 상황에서 군 인권정책의 도입과 시행은 지휘권 확립과 군기 등에 부정적인 영향을 미칠 것이라는 우려를 주기에 충분하다. 이는 KIDA에서 인권과 지휘권의 동반적 발전방안을 모색하기 위해 조사한 결과에서도 잘 나타나고 있다. 즉 '병사의 권리주장 비대'로 인해 지휘여건이 바빠졌다는 질문에 간부의 55%가 동조하고 있으며, '지휘관의 명령과 지시에 대한 장병의 수명 태도'에 대해서도 37.3%가 나빠졌고, 그중 38.4%는 '군에서 인권문제를 강조하는 분위기' 때문으로 인식하고 있다.[47] 이러한 조사결과는 군 인권보장 활동이 지휘권을 약화시키고 나아가 부대 단결과 사기, 군기를 해이시킨다는 우려를 그대로 반영한 것이다. 이런 점을 감안해 본다면 우리 군에는 지휘권 보장과 실질적인 인권보장이라는 두 가지 상황을 상호적 또는 협력적인 관계로 인식하기보다는 충돌을 유발하는 관계로 보고 있다는 것을 알 수 있으며, 이를 해결하기 위해서는 지휘관과 간부들이 인권의 참뜻을 이해하고 이를 행동으로 실천하는 노력이 선행되어야 한다는 결론에 이르게 된다.

특히 인권에 강한 군대가 진정으로 강한 전투력을 가진 군대라는 인식, 인권을 잘 존중하고 잘 지키는 것이 진정한 단결과 사기는 물론 상하 간에 신뢰를 형성하여 지휘권을 강화할 수 있다는 인식, 인권은 병영을 풍요롭고 살맛나게 해준다는 인식, 인권은 부하와 국민의 행복지수를 높여준다는 인식으로의 전환이 군 인권정책 추진의 성공여부를 결정하게 될 것이다.

---

47) 앞의 책, p.19.

참고문헌

국방부, 『정신전력지도이론과 실제』, 1977.

국방부, 『정신전력 지도지침서』, 1983.

국방부, 『정신교육 교재』, 2003.

국방부, 『병영문화 개선 사례』, 2007.

국가인권위원회, 『군 인권 교안』, 2006.

국가인권위원회, "군대 내 인권상황 실태조사 및 개선방안", 2005.

국가인권위원회, "군 복무 부적응자 인권상황 실태조사 연구", 2007.

한국국방연구원, "인권과 지휘권의 동반적 발전방안", 2008.

국방부, "21세기 선진 강군 육성 위한 선진 병영문화", 2006.

제7장 장병 복무 적응을 위한 인권친화리더십

유명덕*

1. 머리말

가. 연구의 목적

한국군은 매년 17만여 명이 입대하고 전역하는 거대한 인력교환의 파이프라인이다. 입대하는 젊은이들은 어디서 갑자기 나타난 것이 아니라, 우리 사회의 문화 속에서 호흡하고 그곳에서 나름대로의 생명력을 유지하던 사람들이다.

최근 우리 사회의 문화는 역동적이고 급진적으로 변화 발전하고 있으며, 이런 흐름은 능동적이고 적극적인 노력 없이는 적응하기 어렵다는 점을 의미하기도 한다. 마찬가지로 병영에서도 환경에 잘 적응하는 병사도 있지만, 심리적, 체력적, 문화적인 요인으로 인해 잘 적응하지 못하는 병사들이 상당수 존재할 수 있다. 보건복지부 조사에 따르면 2001년 우리 국민의 정신질환 유병률(有病率)은 28.9%로서 매우 높은 수치를 나타내고 있다. 이는 군대에 입대하는 젊은이들 중에도 각종 정신적 질환을 보유하고 있고, 그 영향에 따라 복무 부적응 증상이 나타나게 될 가능성이 매우 크기 때문에 그 대책이 절실하게 요망된다는 점을 시사하고 있다.

---

* 국방대학교 교수. 이장의 내용은 필자의 다음 원고를 보완·발전시킨 것이다: 유명덕, “병사의 복무부적응 완화를 위한 인권친화리더십 구현 방안”, 『정신전력 연구』 제38호, 국방대학교 리더십개발원, 2007, pp.253-328.

이와 같은 필요성의 현실적인 근거는 2006년 12월 국가인권위원회에서 940명의 병사를 대상으로 조사한 결과에서도 잘 나타나 있다. 조사 결과에 의하면 전체 대상자 중 45.0%가 군 복무에 어려움이 있다고 호소하였으며, 이 중 13.2%는 간이 정신검사에서 부적응을 나타내었는데 이것은 병사 10명 중 1명 이상이 부적응을 호소하고 있다는 것을 의미하기도 한다.[1)]

특히 병사들에 나타나고 있는 부적응 증상은 주로 편집증, 적대감, 신체적 증상(심리적 원인으로 인한 신체증상), 대인 민감성 등 주로 대인관계와 관련된 것이며, 부적응 이유로는 선임병과의 갈등, 비합리적인 군대문화, 고된 훈련, 부당명령 및 처벌 순으로 나타나고 있다. 아울러 간부는 신체화 증상, 강박증, 편집증, 대인민감성 등의 순으로 대인관계 측면에서 주로 부적응 증상을 나타내고 있다.

리더십은 '영향력을 행사하는 것(Leadership is Influence)'이라고 총체적으로 정의된다. 서번트 리더십의 대가로 알려진 제임스 C. 헌터는 이를 좀 더 인간중심, 인권보호 측면에서 보강하여 다음과 같이 정의하고 있다. 그는 "리더십은 사람을 사로잡는 기술이다. 리더십은 팀원들의 가슴과 정신, 영혼, 창의성, 뛰어난 능력 등이 모두를 팀을 위해 기여하도록 영향력을 행사하는 것이며, 나아가 사람들로 하여금 주어진 사명에 헌신하고 원하는 바를 성취하는 '최선의 나'를 만들어 주는 과정이다."[2)]라고 정의하면서 서번트 리더십의 키워드를 '타인의 최선(greatest good)'으로 제시하고 있다. 이는 리더십의 영향력이 인간의 존재 가치와 인격을 최선의 상태로 만들어 주고 보호해 주는 것을 지향한다는 의미이기도 하다.

이와 같은 인식과 관점의 출발에서 본 연구의 연구목적은 병사들의 부적응을 유발하게 하는 환경적 요인과 부적응 실태를 고찰하여 리더와 팔로워 상호 간에 긍정적이고 인격적인 영향력을 행사하여 '최선의 나', '타인의 최선'을 지향하는 인권친화적인 리더십을 강구함으로써 복무적응을 강화하는 데 두고 있다.

---

1) 간부의 경우는 병사보다 높은 4명 중 1명이 부적응 증세를 보이고 있으며, 이는 부대 및 부하 관리에 부정적인 영향을 미칠 수 있는 것으로 간부들의 부적응 원인은 과도한 업무, 스트레스, 상하급자들과의 인간관계에 주로 기인한 것으로 나타나고 있다.

2) 김광수,『서번트 리더십 2』, 제임스 C. 헌터, *SERVANT LEADERSHIP*(New York: The Crown Publishing Group, 2006), p.35.

나. 연구 방법

병사의 복무부적응 문제는 사회, 개인, 부대환경이라는 3가지 요소가 복합적으로 작용하여 발생하는 심리적 현상이다. 부적응 문제는 병사가 위의 세 가지 대상과 환경에 정신과 신체가 바람직하고 긍정적으로 적응하지 못하는 상태를 뜻한다. 따라서 본 연구는 이론적인 측면보다는 병사들의 복무 부적응을 유발하는 현실적인 문제들을 중점으로 그 실태와 원인을 체계적으로 규명하고 이를 인권친화적인 리더십과 연계하여 방안을 제시하고자 한다.

이를 위해 먼저 2장에서는 병사들의 부적응 실태를 최근 조사 자료들을 통해 고찰해 볼 것이며, 그중 국가인권위원회에서 2006년도에 연구 조사한 '군 복무 부적응자 인권상황 실태조사'는 유용한 기초자료가 될 것이다.

3장에서는 인권침해와 부적응이 리더십에 미치는 영향을 고찰해 볼 것이다. 인권침해는 가해자나 피해자, 그리고 군과 국민에게 부정적인 영향을 미치고, 나아가 군의 이미지와 브랜드 가치를 저하시킬 뿐 아니라 군 리더십의 신뢰성에 문제를 제기하는 가장 큰 원인으로 지적되고 있다. 따라서 3장에서는 부적응이 팔로워인 병사 자신과 리더인 지휘관을 비롯한 간부의 리더십에 어떤 영향을 미치는지를 연구하게 될 것이다.

4장에서는 복무 부적응 병사의 적응력 제고를 위한 인권친화리더십 실천방안을 제시할 것이다. 여기에는 지휘, 관리, 통솔 등 다양한 측면에서 복무부적응 유발을 사전에 예방하는 리더의 인식과 역할, 그리고 제도적인 측면에서 강구되어야 할 사항들을 주로 다루게 될 것이다.

다. 용어의 정의

1) 복무 부적응

일반적으로 부적응은 "개인이 사회적 및 물리적 환경에 대해 살아남고 유지해 가기 위한 효과적인 과정에 실패하는 현상”[3]이라고 정의되고 있다. 이와 같은 일반적인 정의를 바탕으로 군 복무 부적응자는 “군입대자 개인의 심리사회적 요인과 군대조직의 물리적, 사회문화적 요인 간의 부조화로 인하여 개인의 안녕과 군대와 일반사회의 안녕에 심각한 문제를 일으킬 수 있는 행동을 현재 나타내고 있거나 잠재적으로 지니고 있는 자”[4]로 정의할 수 있을 것이다. 위의 정의에서와 같이 병사의 부적응은 단순하게 개인적인 요인에 의해서만이 아니라 개인을 둘러싼 주변 환경에 의해서 크게 영향을 받게 되며, 특히 군대의 문화와 환경, 인간관계, 임무수행 등의 과정에서 심리적으로 충돌하거나 충격으로부터 증세가 유발되거나 악화될 수 있다.

복무 부적응 병사는 다음과 같은 문제를 안고 있다. 먼저 부적응 병사는 군 생활에 대한 크나큰 심리적 부담과 정신적, 육체적인 부담감과 스트레스를 느끼면서 병영생활을 영위하고 있다. 또한 부적응 병사들은 군에 대한 부정적이고 거부적인 심리상태를 가지게 됨으로써 공포증이나 불안, 우울, 정신증, 강박, 대인 민감성, 신체화, 적대감, 편집증과 같은 유형의 증상을 호소하기도 하며, 대인관계성 부적응은 그 대표적인 증상으로 꼽힌다. 또한 복무 부적응이 극도로 악화될 경우 자살이나 부대이탈, 항명, 자해 등 극단적인 행위를 유발하게 된다.

이와 같은 복무 부적응 병사의 문제는 군 복무를 원만하게 하는 데 지장을 줄 뿐 아니라, 개인적으로 정신적·육체적·지적으로 올바르게 성장할 수 없도록 만드는 요인이 되며, 군의 사기와 전투력 강화를 저해할 뿐 아니라, 군의 리더십이 국민에게 부정적으로 영향을 미치는 원인이 된다.

2) 인권친화리더십

리더십을 한마디로 압축하면 ‘지도력’이라고 할 수 있다. 즉 지휘자 또는 선도자 등이 신분이나 임무를 통해 지휘 통솔하는 자질, 또는 기술로 표현된다. 이런 점에서 보면 리더십은 ‘집단의 목표나 내부 구조의 유지를 위하여 구성원이 자발적으로 집단 활동에 참여하여 이를 달성하도록 유도하기 위한 기능이다’라고 정의할 수 있

3) 신응섭, 『군 복무 부적응자의 심리적 특성 분석』(서울: 육군사관학교, 1997), p.23.

4) 『군 복무 부적응자 인권상황 실태조사』(국가인권위원회: 2006)

다. 이처럼 리더십은 조직의 목표를 달성하기 위해 리더가 부하에게 영향력을 행사하고 동기를 유발하는 무형적인 측면의 능력이라고 할 수 있다.

이와 같은 리더십의 정의를 바탕으로 하여 인권친화리더십을 재정의해 본다면 '조직 구성원들이 자아와 인격 존중의식을 바탕으로 인권을 보호하고 신장시켜 주려는 자발적인 의식과 역량을 발휘하도록 함으로써 상호 긍정적인 영향력과 동기, 그리고 환경을 조성해주는 과정'[5]이라고 할 수 있을 것이다.

[그림 1] 인권친화리더십의 개념도

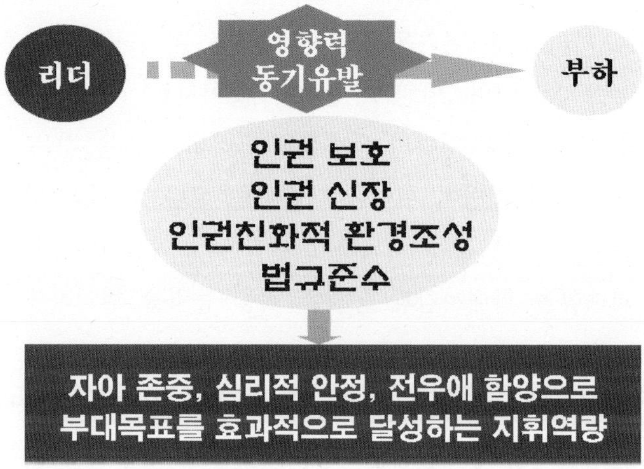

인권친화리더십은 인간중심의 리더십을 지향한다. 즉 인간을 단순한 조직 구성원으로 보고 이들에게 업무수행의 효율성과 리더가 지향하는 방향대로 일방적으로 이끌어가는 기계적인 차원이 아니라, 인격 존중과 삶의 질 향상이라는 인권주의를 기반으로 한다.

아울러 인권친화리더십은 원칙중심의 리더십(Principle Leadership)을 지향한다. 인권보호나 신장은 인간의 존엄성을 중시하고 이타적이며 사랑하는 마음이 가장 중요한 덕목이지만 인권침해는 인간의 인격과 기본권을 침해하는 문제이므로 철저하게 법과 제도, 규정 등 원칙에 따라 지켜지도록 조직을 이끌어가는 리더십이 요구되는 것이다.

---

5) 유명덕, 『육사생도를 위한 인권강의자료』(서울: 국방부, 2007), p.49.

2. 병사의 복무 부적응 실태

가. 복무 부적응을 유발하는 제반 요인

1) 사회적 환경

지식정보사회의 첨단을 걷고 있는 우리나라는 상대적으로 인간 중심의 사회를 만들어 가는 데 오히려 많은 어려움에 봉착해 있다. 우리나라의 민주화 지수는 31위(2006, WEF 발표자료)이며, 인권지수는 58위(UN자료), 부패지수는 163개국 중 42위이다. 이처럼 소프트파워 영역의 문제점을 드러내고 있는 것은 인본주의정신이 결여되고, 윤리와 도덕의 기반이 취약한 데서 비롯된다. 이처럼 비교적 낮은 인간 중심의 문화 수준은 공정한 룰을 파괴하고 인간을 소외시키며 좌절감을 안겨주어 심신의 상처와 피폐함을 확대시킴과 동시에 적응 능력을 현저하게 저하시키는 원인을 제공하기도 한다.

우리 사회에 있어서의 부적응 문제는 심각한 수준을 보이고 있다. 초등학생의 25.8%가 정신적, 정서적인 장애증세를 보이고 있으며, 초등학생 80% 이상이 폭행이나 따돌림 등의 인격침해를 경험하여 가정과 학교에서 제대로 적응하지 못하고 있다.[6] 또한 성인 25%가 사회적응을 적절하게 하지 못한 데 따른 어려움을 호소하고 있으며, 적응에 실패하거나 좌절하고 있는 부적응자들이 자살이라는 극단적인 선택을 함으로써 한국의 자살증가율은 세계에서 가장 높은 수치를 보이고 있다.

오늘날 우리 사회의 문화는 역동적으로 변화 발전하고 있으며 이런 변화의 흐름 속에서 적응하고 생존하려면 자기의 삶을 보다 능동적으로 대처하는 능력과 기술이 수반되어야 한다. 이와 같은 사회적 현상은 자연히 적응을 잘하는 계층과 잘 적응하지 못하는 계층이 과거보다 훨씬 양극화될 수 있는 원인을 제공하며, 특히 군에 입대하는 젊은이들 중 부적응자도 그만큼 증가할 수 있다는 점을 시사하고 있다.

---

6) 2006년 통계청 조사자료

2) 입대에 대한 스트레스

복무 부적응은 개인, 사회, 군이라는 환경적인 요인들이 독립적이거나 결합되어 발생한다. 앞에서 언급한 우리 사회의 병리현상은 갈수록 복잡하고 악화되는 경향을 띠고 있다. 입대하는 장정들은 사회적 병리현상과 문화에 영향을 받고, 때로는 그 피해 당사자로서 입대하게 되며, 이런 영향은 군대문화와 충돌하면서 부적응을 유발하거나 악화시키는 상승요인이 된다.

특히 위기가 "어떤 상태의 안정을 위협하는 급격한 정세변화나 중대한 일의 분수령"[7]이라고 정의된다면, 병사에게 있어 입대와 관련된 대부분의 일은 위기를 촉발하는 요인이 될 수 있다. 즉 군 복무라는 현실적인 문제나 환경 변화 문제, 그리고 심리적 충격 등은 개인적으로 큰 위기를 발생시킬 수 있다는 것이다.

먼저 병사들은 생소하고 낯선 신체검사 통지서를 받았을 때 위기를 느낀다. 그동안 남의 일로만 여겨지던 군대라는 이미지가 강렬하게 부딪치면서 신체검사를 받던 날의 긴장은 잊을 수 없는 기억으로 남을 것이다. 그리고 막상 현역입대 판정이 내려지면 그때부터 입대문제에 대한 본격적인 고민이 시작된다. 이는 일상의 삶에 군 입대라는 문제가 새로운 위기로 떠오르게 되었다는 의미이기도 하다.

신체검사에 이어 젊은이들의 위기는 입영통지서가 전달될 때 절정에 달한다. 입영통지서가 주는 위기의 위력은 대단하다. 이미 마음의 준비를 하기는 했지만 군 입대가 현실이 된 지금은 모든 상황이 정지되고 잃어버리는 것 같은 일종의 심리적 공황상태를 경험하게 된다. 여기에서 첫 번째 느끼는 위기는 자신을 사랑하고 지원해주는 삶의 중요한 부분을 차지하고 있는 사람들과 이별을 해야 한다는 상실감의 위기이다. 앞서 언급한 사례를 통해 보더라도 상실감은 가장 높은 위기를 유발시킨다. 부모와 형제, 친구, 특히 사랑하는 애인과 떨어져야만 한다는 이별의 상실감은 이들에게는 극복하기 힘든 고통이며 위기 중의 위기인 것이다.

입대 전 젊은이들이 느끼는 두 번째 위기는 군 생활을 잘해낼 수 있을까 하는 불안감이다. 이런 불안감은 여러 배경을 통해 형성된다. 평소 가지고 있는 군에 대한 좋고 나쁜 이미지는 그 기층을 형성한다. 다행스럽게 군대에 대한 긍정적인 이

---

7) 강경호, 『위기와 상담』(서울: 한사랑가족상담연구소), 2000, p.11.

미지를 가지고 있으면 좋겠지만 부정적인 이미지를 더 크게 가지고 있는 경우에는 위기감은 몇 배로 증폭된다. 여기에다 부모들의 걱정과 한숨은 위기의식을 더욱 증폭시킨다.

세 번째 느끼는 위기는 대학생활이나 직장생활 등을 중도에 그만두어야 하는 정체성 상실에 대한 위기이다. 한참 뛰어도 부족할 시기에 24개월에서 26개월 동안이라는 소중한 세월을 손해 봐야 한다는 일종의 억울함과 삶에 대한 정체성 혼란은 새로운 위기가 아닐 수 없다. 특히 대학의 문턱을 밟지 못하고 학원을 전전하고 있는 재수생에게는 군 생활 때문에 생기는 진로의 변경은 엄청난 충격이 아닐 수 없다.

3) 장병의 개인적 환경

장병들은 입대 전에 사회에서 다양한 성장환경과 경험을 하게 되며, 이런 환경과 경험이 부정적인 측면이 강한 것이라면 군 복무 간에 위기로 발전되고 이는 다시 부적응 증세로 발전할 수 있는 가능성이 매우 크다. 군 복무 간에 부적응으로 발전할 수 있는 개인적 요인을 살펴보면 다음과 같다.

(1) 이성 문제

장병들이 군 복무 간에 크게 불안스럽고 심각하게 생각하는 것이 있다면 그것은 이성과 관련한 문제이다. 장병들은 입대 전에 애인관계를 유지하거나 뜻하지 않은 임신과 결혼문제 등으로 인해 심리적으로 불안하고, 경우에 따라서 변심한 이성의 대상을 증오하고 분노를 표출하게 된다. 이런 심리상태는 매우 위험한 것이며 곧잘 사고로 연결되기 쉽기 때문에 군에서도 큰 관심을 가지게 된다. 이는 2006년도 육군의 전체 자살자 66명 중 12명이 이성문제로 자살하여 가장 높은 비율을 차지하고 있는 것으로 보아 이성문제는 위기의식을 유발하고 복무부적응으로 발전할 수 있는 요인이 될 수 있다.[8)]

8) 2007년도 국방부 통계에 의하면 군 전체의 자살자 수는 78명으로 나타났다.

(2) 가정 문제

장병들은 입대 전에 자유분방하게 생활하면서 되도록 부모의 통제나 간섭에서 벗어나려고 하지만 막상 입대 후에는 가장 그리워하는 것이 바로 따뜻한 가정이다. 그러나 입대 전에 가족관계가 악화되었거나 부모가 이혼한 상태, 그리고 경제적으로 파산되었거나 형사적 처벌을 받고 있을 때, 그 병사는 정서적으로 안정감을 갖지 못하고 전우들과 어울리지 못하는 부적응 증세를 보일 수 있다. 특히 지나치게 통제적이고 권위적인 부모의 양육을 받은 장병들도 자율적이고 창의적인 활동은 물론, 원활한 의사소통이나 협조적인 인간관계를 유지하는 데도 어려움을 겪게 될 것이며, 여기에다 개인주의 중심의 사회적 환경도 크게 영향을 주는 원인이 된다.

(3) 개인의 심신상태

군은 강한 정신력과 체력을 요구하며 엄격한 생활규율을 생명으로 한다. 그러나 입대 전 신세대 병사들은 군이 요구하는 수준의 정신적, 체력에 미치지 못하고 있으며, 특히 체력문제와 관련하여 많은 병사들이 어려움을 겪고 있다. 이와 함께 인터넷 중독, 알코올 중독, 니코틴 중독 증세를 보이거나 심한 대인기피증과 언어장애 등은 정상적인 병영생활을 영위하는 데 장애요인이 될 뿐 아니라, 각종 부적응 증세로 연계될 수 있으며, 적응 자에 비해 선임 병사나 간부로부터 인권을 침해받을 가능성이 그만큼 커지게 된다. 이는 2006년 육군 전체 자살자 중 7명이 우울증과 같은 정신질환자로 판명되었으며, 이들 역시 병영생활에 잘 적응하지 못한 것으로 나타나고 있다.

(4) 병영문화의 수용 능력 정도

군 입대 그 자체는 병사 개인에게 있어 위기 중의 위기이다. 병사들이 군에 입대하여 가장 어려워하는 것이 있다면 그것은 바로 군대문화에 대한 적응이라고 할 수 있을 것이다. 많은 병사들은 기존에 보유하고 있는 사회문화와 현재 겪고 있는 군대문화와의 충돌에서 오는 심리적 충격을 크게 받고 있다. 즉 똑같은 상황이라도 심신이 강하고 심리적으로 안정된 병사는 위기를 수월하게 극복하거나 대수롭지 않게 여기지만, 감정의 기복이 심하거나 심약한 병사들은 어려운 상황을 스스로 극복하지 못하고 좌절하여 공동체 생활에 많은 문제점을 야기하고 있다.

(5) 부정적인 군대 이미지 보유

군 의무복무는 입대하는 젊은이들에게 있어 최대의 고민거리로서 가능한 피할 수 있다면 피하고 싶은 대상임에 틀림없다. 따라서 군에 대한 인식은 부정적일 수밖에 없다. 이들은 2년 이상의 군 복무기간이 자신에게 가혹한 것이며 잃어버리는 시간으로 생각한다. 이런 젊은이들의 생각에 대해서도 어느 정도 공감이 가는 부분이 있다.

우리 병사들이 입대 전에 가졌던 군에 대한 인식은 예상대로 매우 부정적이다. 전체 병사의 72.1%가 입대 전에 가졌던 군 이미지는 부정적이었다고 응답하였으며, 특히 매우 나빴다고 반응한 병사도 16.4%였고, 그중 부적응 집단 병사들은 거의 절대적인 인원이 극도로 부정적인 생각을 가졌다고 응답하였다.[9] 이처럼 입대 전에 가진 군의 부정적인 이미지는 병사들의 생각을 부정적으로 확대시키고, 군에 대한 불안감이나 경계심, 그리고 심리적인 위축을 초래할 수 있으며 이는 곧 위기의식을 유발하고 복무 부적응을 유발하고 악화시키는 원인이 될 수 있다.

4) 병영 환경 측면

앞에서 언급한 사회나 개인적 차원의 부적응 유발요인은 입대 후에 병영 환경이 주는 여러 가지 요인과 결합되어 부정적인 상승효과를 일으킨다. 이때 직면한 위기는 커다란 스트레스로 다가오게 된다. 과도한 스트레스는 복무 부적응 증세를 악화시키는 요인이 된다. 또한 과도한 스트레스는 복무의욕을 저하시키고 자신감과 적극성을 약화시킴은 물론 어떤 상황에 처했을 때 올바른 판단이나 대처할 수 있는 능력을 현저하게 감소시킨다. 장병들에게 스트레스를 주어 복무부적응을 악화시키는 요인들을 보면 다음과 같다.

---

9) 위의 논문, pp.57－58.

(1) 비합리적인 지휘문화

군대는 지휘관 개인의 성격과 방식에 의해 지휘되는 성향이 농후하다. 흔히 '국기가 국가를 상징하듯 지휘관은 곧 그 부대의 정신을 대표한다'는 말처럼, 지휘관의 올바른 정신과 인품, 성격, 친화적 역량에 따라 부대의 정신이나 문화, 그리고 성격이 절대적으로 영향을 받는다. 예를 들면 부대 조직을 합리적이고 민주적으로 운영하며, 부하의 가치를 인정하고 존중과 배려를 할 줄 아는 인격을 갖춘 지휘관의 리더십은 구성원에게 긍정적인 영향력을 미쳐 조직 상호간에 인간 중심의 병영문화를 조성하게 된다. 이런 조직은 부적응자의 발생요인을 억제시킬 뿐 아니라 부적응 증세를 완화 또는 치료할 수 있는 긍정적인 환경을 만들어 줄 수 있다.

그러나 독선적이고 권위적이며 부하를 자신의 성공과 임무수행만을 위한 도구로 생각하는 비인격적인 지휘스타일은 인간관계를 악화시키며, 긴장과 스트레스를 주게 되고, 일과 휴식을 구분하지 못하며, 부하의 심리상태를 안정시켜 주지 못하여 부적응자를 양산할 가능성이 그만큼 높아진다.

(2) 불합리한 제도

복무 부적응 정도는 각종 제도에 의해서도 크게 영향을 받는다. 군에는 다양한 제도적 장치가 존재하며, 특히 각종 법규는 장병들의 사고와 행동을 규범화하고 제약하고 이로 인해 장병 개개인의 삶 역시 직간접적으로 영향을 받게 된다. 우리 군의 각종 제도는 구성원을 용이하게 통제하고 관리하여 임무수행을 어떻게 완수할 수 있는가에 중점을 두고 있는 성향이 크다. 이는 자칫 개개인의 권익이 무시되고 집단적 이익만이 최선이라는 생각을 갖도록 하는 오류를 범하기 쉽다.

그동안 우리 군은 전투력 강화를 위한 법규 정비나 발전에는 심혈을 기울였지만 장병들의 복무 적응력 제고를 위한 지원 측면, 특히 정신적·신체적 상태를 정밀하게 진단하는 체계와, 부적응 상태를 완화 또는 치료할 수 있는 상담이나 리더십프로그램 개발, 그리고 인권보호를 위해 해야 할 것과 하지 말아야 할 것을 명확하게 법적으로 규정하는 것을 뒷받침하지 못하는 취약성을 안고 있는 것도 사실이다.[10)]

10) 국방부에서는 2006년 12월에 '군인복무기본법'을 발의하여 2007년 10월에 국회통과를 앞두고 있다. 이는 인권보호를 위한 장병 개인과 군의 책임과 의무사항을 규정한 것이다.

이와 같은 제도적 장치의 결여는 부대 운영이나 임무수행 과정에 있어 필연적으로 발생할 수밖에 없는 인권침해가 묵인되고, 명령과 임무수행을 내세워 편의적으로 해석되고 유리하게 적용될 수 있는 취약점을 가지고 있다. 이러한 현상은 잘못된 제도에 의해 인권침해가 자연스럽게 이루어지고 나아가 부적응자가 증가할 수 있는 가능성이 있다.

(3) 원만하지 못한 인간관계

병영은 다양한 계층과 성향을 가진 인력의 집합체라고 할 수 있다. 특히 군은 철저한 계급과 상의 하달식의 명령체계를 추구하는 집단이며, 강제성과 개인의 의사표현이 제한될 수밖에 없는 특성을 지니고 있다.

이러한 군의 특성은 자연히 인간관계에 있어 의사소통 제한으로 인해 갈등과 위기감이 유발되기 마련이다. 이는 여러 가지 조사결과에서도 잘 나타나고 있다. 병사집단의 커뮤니케이션을 보면 1일 대화시간은 30분 정도라는 응답이 무려 71%를 차지하고 있고, 10분에서 5분 정도가 29%를 차지하고 있다. 또한 54%가 동료전우하고만 대화한다고 응답하여 의사소통의 편향성이 심하게 노출되고 있다. 이와 함께 병사의 50% 이상이 병영에서 의사소통이 잘 이루어지지 않는다고 응답하고 있다.[11]

이러한 커뮤니케이션의 부족은 결국 동료 또는 상하간의 인간관계와 부적응 증상을 유발 또는 악화시키는 결과를 초래하게 된다. 이는 병사 10명 중 1명이 부적응 증상을 호소하고 있으며, 그중에서도 가장 큰 원인은 선임병과의 갈등이라는 대인관계에서 초래된다는 조사결과와, 군무이탈자 중 90% 이상이 인간관계 악화에서 오는 복무부적응과 사적 제재, 처벌 우려 등으로 나타나고 있다.[12] 이와 같은 조사결과들은 병영에서 건전하고 합리적이고 수평적인 인간관계가 얼마나 중요하며, 바람직한 인간관계 여부에 따라 병사들의 인권보장은 물론 부적응 증세를 예방하고 완화시킬 수 있으며, 그 반대로 유발하거나 악화시킬 수도 있다는 것을 보여주고 있다.

---

11) 국방대학교 리더십개발원, "커뮤니케이션지수", 『국방리더십저널』(2006년 7월호), p.19.
12) 국가인권위원회, 『군 복무 부적응자의 인권상황 실태조사』, p.39.

(4) 인권침해

장병들에게 가장 스트레스를 주고 부적응 증상을 확대시킬 뿐만 아니라 사고로 이어질 확률이 가장 높은 것이 바로 인권을 침해하는 행위이다. 인권침해는 개인의 정신과 육체에 부당하게 손상을 가하는 것에서부터 당연하게 누려야 할 기본적인 권리와 혜택마저 제한받거나 박탈되는 광범위한 영역을 포함하고 있다.

최근 군은 인권보호와 신장을 위해 제도적인 조치를 강구하고 있고, 교육을 통해 인권의 중요성을 강조하여 구타나 가혹행위 등의 신체적 인권침해 부분은 크게 감소되었지만, 반대로 언어폭력은 늘고 있는 추세이고, 휴식권이나 건강 추구 권리, 기본 욕구를 충족할 권리, 지식 탐구권리 등 세심한 분야에서는 아직도 미흡한 부분이 많아 보인다. 특히 현재 많은 예산을 투입하여 개선하고 있지만 여전히 생활관, 식당, 휴게실, 체육시설, 독서실, 목욕탕 등 기본 욕구를 충분하게 해소해 줄 수 있는 시설환경이 열악하여 정신적 육체적으로 고통을 받고 있는 부분이 많다. 이와 같은 인권침해는 장병들에게 심리적 불안정과 위기의식을 조장하고 복무염증을 유발하는 요인을 제공하기도 한다.

(5) 개인의 임무수행 능력

장병들은 동일한 규복을 입고 있지만 지적, 체력적, 행동 측면에서 그 능력과 수준에서 많은 차이가 있다. 그러나 군은 일정한 전투력을 유지하기 위해 공동적으로 달성해야 할 목표와 수준을 정하고 이를 강력하게 추진할 수밖에 없는 특성을 가지고 있으며, 이 과정에서 개인의 능력이나 여건은 거의 고려되거나 배려하지 않는다. 따라서 능력이 미치지 못하여 수준에 이르지 못하는 병사들은 심리적인 위축과 질책을 받을 수밖에 없으며, 이 과정에서 극심한 스트레스와 자존감 상실이라는 위기의식을 경험하게 된다.

특히 군은 개인보다는 팀워크를 중요시하며, 그중에서도 육군의 경우는 분대나 소대 단위로 생활하고 교육훈련하기 때문에 임무수행에 대한 개인의 능력이 조직이 설정한 수준을 따라가지 못하면 질책을 받기 쉽고 이 과정에서 언어폭력, 인격비하 등의 인권침해가 발생할 수 있다. 이럴 경우 해당 병사는 집단으로부터 따돌림을 받기 쉽고, 이는 다시 자신감 상실과 대인기피 현상 등 부적응 증상이 수반될 수 있다.

나. 병사의 복무 부적응 실태

1) 군 생활에 대한 어려움 토로

대부분의 병사들은 군 복무에 대한 어려움을 토로하고 있다. 물론 군이라는 특수한 집단에서 의무복무를 하는 그 자체가 어렵고 힘든 부분이기도 하지만 지금까지 한국군 병영에서 좀처럼 사라지지 않아 온 강압과 경직, 임무 우선주의, 사회문화와의 차이, 수직적인 인간관계 등은 군 복무 적응능력을 저하시키는 요인이 되고 있다.

〈표 1 〉 복무 부적응 집단의 군 생활 어려움 인식 정도13)

척도	부적응 집단		적응 집단		전체	
	빈도	%	빈도	%	빈도	%
1. 전혀 없다	6	5.8	114	13.6	120	12.8
2. 거의 없다	2	1.9	157	18.8	159	16.9
3. 별로 없다	10	9.7	226	27.0	236	25.1
4. 약간 있다	38	36.9	261	31.2	299	31.8
5. 상당히 있다	29	28.2	63	7.5	92	9.8
6. 매우 많다	18	17.5	14	1.7	32	3.4
전체	103	100.0	835	99.8	938	99.8

<표 1>에서와 같이 조사 대상자의 45.0%는 군 생활하는 데 어려움이 있다고 토로하였으며, 그중 13.2%가 어려움이 상당히 있다고 생각하고 있다. 이는 병사 10명 중 1명이 상당한 어려움을 겪고 있는 것으로서 우리 병영에는 그동안 많은 병영생활개선을 위해 노력해 왔지만, 아직도 군 생활에 어려움을 겪고 있고, 이는 복무 부적응을 가속화하거나 악화시킬 수 있는 요인으로 발전할 수 있다는 점을 보여주고 있다.

---

13) 국가인권위원회, 『군 복무 부적응자 인권상황 실태조사』, p.40.

2) 광범위한 부적응 증상 표출

복무 부적응 병사들은 복무 간에 직면하는 상황 또는 환경에 따라 다양한 심리적 반응을 보이게 된다. 병영생활에 나타나는 복무 부적응 병사들이 호소하는 증상 유형을 보면 다음과 같다.

〈표 2〉 군 복무 부적응자가 느끼는 증상

순위	주요 증상
1 위	편집증(피해망상, 과대망상, 의심, 타인 말 불신, 열등감, 불안감)
2 위	적대감(비친근성, 미움, 불신, 회피)
3 위	신체화(두통, 소화불량, 각종 통증 등 신체적 반응)
4 위	대인민감성(민감한 반응, 부정적인 감정, 상급자에 대한 과도한 눈치
5 위	강박관념(완벽주의, 감정 표현 억제, 타인에게 불편함/불안함 느낌)
6 위	정신증(분열성 정신증, 망상 장애증 등)
7 위	우울증(우울하고 슬픈 감정, 좌절감, 죄책감, 고독감, 허무감, 절망감)
8 위	불안(긴장, 초조, 주의산만, 피곤, 수면장애, 과도한 걱정)
9 위	공포증(대인공포, 교육훈련에 대한 공포 등)

출처: 권석만, 『현대 이상심리학』(서울: 학지사, 2006), pp.198－277.

<표 2>에서와 같이 복무 부적응 병사들이 보이고 있는 증상으로서는 편집증－적대감－신체화－대인민감성－강박관념－정신증－우울증－불안－공포증 순이다. 여기에서 볼 때 신체화와 정신증 등을 제외하면 대부분이 원만치 못한 인간관계에서 오는 증상들이다. 이는 사회에 비해 군대의 인간관계는 수평적이고 자유롭기보다는 수직적이며, 경직되고 자유롭지 못하다는 특성 때문으로 판단된다.[14)]

3) 주로 일 · 이등병 계층에서 복무부적응 발생

군 복무 부적응 증세는 병사 전 계층에서 발생하지만 특히 이병과 일병 등 주로

14) 2005년 국가인권위원회에서 병사를 대상으로 조사한 결과 40.9%가 "보복이 두려워 그냥 참았다"고 응답하였다. 이는 군의 수직적이고 제한된 커뮤니케이션에 기인한 것으로 보인다.

군 복무기간이 짧은 계층에서 집중적으로 발생하고 있다.

〈표 3〉 계급별 복무부적응 조사결과

계 급	부적응집단	
	빈도	%
이 병	23(14.1%)	22.3
일 병	40(15.9%)	38.8
상 병	28(9.6%)	27.2
병 장	12(5.0%)	11.7
Total	103(11.0%)	100.0

출처: 국가인권위원회, 『군 복무 부적응자의 인권상황 실태조사』, p.42.

위 <표 3>는 군 내 복무부적응 증세를 보이고 있는 중심 계층이 주로 이병과 일병이며 그 비율도 60.1%에 달하고 있음을 잘 보여 주고 있다. 이는 군 복무기간이 짧을수록 군대 환경이나 업무절차, 인간관계 측면에서 어려움을 겪고 있기 때문으로 보인다. 따라서 이병과 일병에 대한 복무부적응 증세 유발을 예방하기 위한 다양한 대비책이 필요하다.

4) 선임병과의 갈등, 비합리적인 문화가 주원인

병사의 부적응 원인은 다양하게 나타나고 있지만 그중에서도 부적응 병사들은 선임병과의 갈등과 병영의 비합리적인 문화를 꼽고 있다(<표 4> 참조).

〈표 4〉 군 복무 부적응을 유발하는 원인

	부적응집단 (N=103)	적응집단 (N=837)	전체 (N=940)
부당명령 및 처벌	29	199	228
비합리적인 군대문화	47	290	337
열악한 근무환경	18	265	283
사생활 보장어려움	17	153	170
보직 불만족	15	60	75
고된 훈련	30	124	154
선임병과의 갈등	49	242	291
비자발적 입대	10	153	163
가정문제	12	117	129
여자친구 문제	9	154	163
제대 후 진로 부담	22	344	366
성격문제	16	166	182
많은 암기 및 교육	7	63	70
성문제	4	22	26
총계	285	2,352	2,637

출처: 위의 책, p.52.

이와 같은 원인은 선임병으로서의 기득권과 권위를 유지하기 위한 수단으로 사적 제재, 구타 및 가혹행위, 언어폭력이 음성적으로 이루어지고, 후임병의 언동이 마음에 들지 않을 때 은연중 무언의 압력을 가하 때문에 이 과정에서 상호간에 갈등이 생기며, 이는 다시 후임병들로 하여금 심리적, 신체적인 부적응 증세를 유발하게 하는 악순환이 계속되기 때문으로 보인다.

또한 강압적이고 통제적이며, 경직된 병영문화와 더불어 부당한 명령이나 인권을 침해할 수 있는 병영의 환경 또한 복무 부적응 증상을 유발하는 요인으로도 작용할 수 있음을 보여 주고 있다.

5) 부적응자가 인권침해를 더 쉽게 받는 취약성 내재

병사들은 정신적, 체력적, 성장환경, 지적 및 감수성의 차이에 따라 복무적응 정도가 다르기 마련이다. 그러나 대체적으로 복무 적응집단보다는 복무 부적응 집단이 구타나 가혹행위, 언어폭력, 따돌림 등 인권침해를 더 많이 받고 있는 것으로 조사되고 있다.

(1) '군대생활이 어려운 이유는 자신보다 군대 때문'이라는 응답이 적응자의 경우는 8.4%, 부적응자는 32.0%로 나타나고 있다.[15]

(2) '군 생활의 어려움을 느끼는 정도'는 적응집단이 55.7%인 데 비해 부적응집단은 81.6%에 달하고 있다.[16]

(3) '자신이 부당한 대우(인권침해)를 받았다고 생각하는가'에 대해, 적응집단은 48%가, 부적응집단은 77.7%가 '그렇다'고 응답하였다.[17]

(4) '자신이 인권침해를 받았을 때 미친 영향이 어느 정도인가'에 대해 적응집단은 3.7%, 부적응집단은 18.4%로 '매우 크고 심각하다'고 응답하였다.[18]

(5) '자신이 인권침해를 받은 적이 있는가'에 대해, 적응집단은 48%, 부적응집단은 77.7%가 인권침해를 받았다고 응답하였다.[19]

위와 같은 조사치를 통해서 복무 부적응집단은 적응집단에 비해 상대적으로 인권침해를 받을 수 있는 취약점을 다양하게 안고 있다는 점을 발견하게 된다.

3. 인권침해와 부적응이 리더십에 미치는 영향

앞서 분석한 바와 같이 병사들에게 가해지는 인권침해는 복무 부적응 증세를 유발하거나 악화시킬 수 있는 원인을 다양하게 제공한다. 복무 부적응 병사는 당사자에게 심리적, 육체적인 이상 증세를 수반하여 고통을 줄 뿐 아니라, 동료 전우와

15) 위의 책, p.40.
16) 위의 책, p.39.
17) 위의 책. p.45.
18) 위의 책. p.43.
19) 위의 책, p.47.

군 조직에도 부정적인 영향을 미치게 된다. 인권침해와 복무 부적응 증상이 리더십에 미치는 영향을 제시하면 다음과 같다.

가. 리더의 영향력 행사 및 동기유발 제한

리더십은 영향력이라는 말은 리더가 부하들에게 영향을 줄 수 있도록 하기 위해서는 인격(Be), 지식(Know), 행동(Do)의 3요소를 잘 구비해야 한다는 의미를 내포하고 있다. 그러나 리더십 3요소는 리더뿐 아니라 부하들도 잘 갖출 필요가 있다. 왜냐하면 리더십은 리더가 부하에게 동기를 유발하는 영향력을 행사하는 것이기도 하지만, 부하들도 리더에게 긍정적인 영향력과 동기유발을 행사할 수 있는 인격과 지식, 그리고 행동으로 실천하는 자질을 구비해야만 바람직한 상호작용과 자발적인 참여가 가능하기 때문이다. 이런 점에서 군의 인권침해 문제는 상호 동기 유발이라는 현대 리더십이 추구하는 의도에 매우 부정적인 영향을 미치게 된다.

그것은 리더가 부하에게 인권침해를 하게 된다면 부하들은 리더의 인격을 불신할 것이며, 그 어떤 명령과 지시에 대해 겉으로는 순응하는 것 같지만 자신의 가치와 존임성을 인정해 주지 않고 오직 임무수행의 도구나 수단으로 보는 리더에 대해 존경심을 가지거나 지지하지 않을 것이기 때문이다. 이럴 경우 리더는 부하에게 긍정적인 영향력을 행사하거나 동기유발을 효과적으로 할 수 없게 되며, 부적응 증세를 유발을 촉진하게 된다.

이는 병사 계층도 마찬가지이다. 간부나 선임병사들이 후임병사들에 대해 인권을 다반사로 침해하면 후임병사들은 이들에게 불만을 토로하거나 시정을 요구하지 못하고 참고 넘어가지만, 결국 불신과 분노, 그리고 자신에 대해 좌절감을 느끼게 되고, 그 결과 선임병은 후임병에 대해 그 어떤 동기유발이나 영향력, 그리고 자율적인 행동을 기대하기 힘들게 된다. 참다운 리더는 영향력과 동기유발을 추구하는 기본 바탕을 인간존중에 두는 사람들이다. 즉 영향력이나 동기 유발의 출발은 부하 개개인의 인격을 존중하고 섬세하게 배려해 주는 리더의 온화하고 수준 높은 인격이 전제되어야 한다는 것이다.

그러므로 군은 인권침해 문제를 단순하게 생각해서는 안 되며, 인권침해야말로 군 리더십의 성패에 직접적인 영향을 주고 전투력에도 심각한 영향을 미칠 뿐 아니라, 군의 사기와 단결에 치명적인 위협을 가하는 핵심요인이라는 점을 재인식해야 한다.

나. 군 복무에 대한 위기의식 초래

복무 부적응은 장병들의 위기를 촉발시킨다. 위기에 처한 병사는 위험한 상태에 처해 있다. 이런 병사는 그 이전에 사용하였던 대응방안들을 지금은 사용할 수 없는 상황에 직면해 있다. 따라서 문제의 해결책은 찾을 길이 없다는 막다른 생각을 하게 되며 그 결과 여러 가지의 신체적인 반응을 가져온다.

이러한 위기의 반응은 해당 장병은 물론 조직과 부대 전체에 부정적인 영향을 끼치게 된다. 첫째는 사람들을 놀라게 한다. 위기를 스스로 대처하지 못하는 병사는 때로는 자살이나 전우에 대한 공격적인 행동, 그리고 민간인에게 피해를 주는 등의 예측하지 못한 돌출행동으로 인해 피해 상대자나 부대 구성원들에게 놀라움과 충격을 주게 된다.

둘째, 위기는 장병들을 위축시키고 무기력하게 만든다. 대부분의 위기는 불안정하고 공격적인 성격을 띠고 있기 때문에 심리적으로 위축되고 미리부터 걱정하고 자신감을 상실하게 만드는 경향을 띠고 있다. 이는 부대 구성원의 정상적인 생각이나 활동을 불가능하게 만드는 원인이 될 수 있으며, 그 결과 이들 모두를 무기력한 상태로 만들어 버릴 수 있다.

셋째, 위기는 병사의 생각이나 감정, 행동을 왜곡시킨다. 즉 위기로 인해 발생하는 심리적 현상 때문에 전혀 다른 사람처럼 행동하게 되는데 이런 현상은 술을 많이 마시게 되거나 줄담배를 피우고, 갑자기 말을 하지 않거나 하여 본래의 행동과 전혀 다른 모습을 보이게 되고, 솔직한 감정을 표현하기보다는 이중적이고 왜곡된 감정을 드러낸다. 이와 같은 현상은 동료 병사나 상급자들에게 부담을 주고 정상적인 병영생활을 영위하는 데 어려움을 줄 수 있다.

끝으로, 위기는 신체적, 정서적인 측면에서 이상행동을 유발하기도 한다. 먼저 신체적 반응은 식욕의 변화, 두통, 복통, 성적 충동의 상실, 숨 가쁨, 근육의 경직, 메스꺼움과 설사, 비만, 불면증, 위궤양, 소화 장애, 고혈압, 심장박동이 빨라지는 증세가 동반된다. 정서적 반응은 두려움, 불안, 혼돈, 신경과민, 긴장, 피로, 적개심, 분노, 우울, 우유부단함, 공황, 죄의식, 눈물을 흘리거나 수시로 화를 내는 상태이며, 행동적 반응은 주의가 집중되지 않는 산만, 과거에 몰두함, 이야기 중 실언, 망상 혹은 환각현상, 빈번한 환각제 사용, 범죄행위, 복장을 제대로 갖추지 못하는 등의 태도로 나타나게 된다. 이와 같은 병사들의 반응들을 불안과 우울, 비탄, 자살적 행동, 남을 공격하는 등의 행동으로 표출되기도 한다.

다. 커뮤니케이션 왜곡 및 단절

인권침해는 커뮤니케이션을 왜곡하거나 단절을 초래하는 직접적인 요인이 된다. 커뮤니케이션이 잘되기 위해서는 메시지의 송신자와 수신자가 의미나 정보를 올바르게 공유해야 한다. 여기에서 메시지의 의미와 정보가 제대로 전달되었는지는 그 내용의 이해에 따라 달라진다. 그러나 메시지 수신은 통상 자신 내면에 자리잡고 있는 의식이나 경험에 의해 굴절되거나 편의적으로 이해하는 경향이 크다.

예를 들면 리더가 부하들에게 인격을 늘 침해하면 부하 개개인은 리더로부터 영향을 받은 부정적인 인식의 경험으로 인해 리더가 아무리 올바른 메시지를 주어도 자신도 모르게 부정하거나 회피하며 경우에 따라서는 전혀 다르게 인식한다는 것이다.

이와 같은 결과는 부하들이 리더의 메시지를 왜곡하거나 단절하는 결과를 초래할 수 있다. 특히 리더에 대해 심리적인 압박감과 적대감을 갖게 됨으로 인간관계를 개선하는 자기표현을 어렵게 만들고 친근감을 쉽게 가지지 못하게 하는 가장 큰 원인이 된다. 이런 점에서 “인간 관리에 있어 모든 문제의 60% 이상은 상하 동료 간에 잘못된 커뮤니케이션에 기인한다”고 한 피터 드러커의 말을 의미 있게 경청할 필요가 있다. 그렇다면 우리 병영은 커뮤니케이션이 잘 이루어지고 있는가? 대부분의 장병들은 수평, 또는 수직 간의 커뮤니케이션이 원만하게 이루어지지 않고 있는 것으로 생각하고 있다(<표 5> 참조).

〈표 5〉 병사의 커뮤니케이션 정도 조사

의사소통 상태	· 잘 안 된다(49%) · 보통이다(6%) · 잘된다(45%)
1일 대화시간	· 30분 정도(44.2%) · 10분 정도(30.0%) · 5분 정도(13.6%)
대화 대상	· 동료(45%) · 하급자(16.9%) · 상급자(11.7%)

출처: 국방리더십개발원, "국방리더십저널", 제7호(2006), p.19.

위 표에서 보는 바와 같이 병사들의 커뮤니케이션 수준은 대체적으로 활발하지 않는 것으로 나타나고 있다. 또한 커뮤니케이션 대상도 대부분 동료들과 이루어져 다양한 커뮤니케이션이 이루어지지 못하고 있으며, 하급자나 상급자와의 의사소통이 단절되고 있는 경향을 띠고 있다. 특히 1일 대화시간도 주로 30분 정도가 대부분이며 절반 이상이 하루에 10분 정도의 대화를 하고 있는 것으로 나타난다.

이와 같은 병사들의 커뮤니케이션이 잘 소통되지 않은 이유는 대화를 나눌 만한 시간적 여유가 없는 이유도 있겠지만, 그보다는 하급자는 상급자가 자신을 감시하고 통제하며 억압하고 때로는 정신적 육체적인 고통을 주는, 즉 인권침해를 가할 수 있는 대상으로 보기 때문에 상급자에 대해 친근감이나 접근의 필요성을 느끼지 않는 소위 '대화의 단절 현상'이라고 할 수 있다.

이처럼 인권침해는 장병 상하 간 및 상호간에 불신과 분노를 유발하게 하며 수치심과 자존감을 저하시키고, 커뮤니케이션의 단절이나 왜곡을 초래하는 부정적인 현상으로 발전하게 되는 것이다.

라. 자율성 및 창의성 억압으로 타율적인 문화 형성

전투를 주 임무로 하는 군 조직은 법규와 명령에 의해 움직이며 이는 필연적으로 강제와 억압, 경직성이 수반될 수밖에 없다. 따라서 이런 성격을 가진 병영에서 자율성과 창의성이 발휘되도록 한다는 것은 매우 어려운 과제일지도 모른다. 그러나 또 다른 측면에서 보면 군대만큼 자율성과 창의성이 중요하게 부각되는 곳도 없을 것이다. 왜냐하면 군은 지식정보나 과학기술이 발달할수록 임무수행 방식이나 내용은 더욱 복잡하고 적시적인 판단과 조치를 해야 하는 속성으로 인해 부하를 일일이 통제하거나 지시하여 전투를 수행하기 힘들기 때문이다.

자율과 창의성은 자신의 가치에 대한 자존감, 즉 상급자나 동료, 그리고 하급자들이 자신의 가치를 높게 평가하고 인정해 주는 것으로부터 출발한다. 아울러 자율과 창의성은 인간적인 배려와 존중이라는 인간 중심의 병영문화가 정착될 때 가능하다. 이런 점에서 인권침해는 자율성과 창의성을 가로막는 가장 근본적인 장애물이다. 인격모독, 신체적 위해, 낙후된 시설 등으로부터 정당하게 받아야 할 기본권이 침해되는 병영 환경에서 그 어떤 방법을 동원해도 부하들의 마음을 자율적이고 창의적으로 이끌기는 어렵다. 특히 부하들은 이런 환경에서 시키는 대로만 하면 손해 볼 것도 없고 불필요하게 고생하지 않으며 다치지도 않을 것이라는 타율적이고 수동적인 생각과 자세를 가지기 쉽다.

이처럼 인권침해는 부하들의 마음을 닫게 하여 자율성과 창의성 발휘를 억제하고, 리더를 존중하거나 지지하고 공감하는 따뜻한 분위기를 형성하게 해주는 것을 가로막는다. 이런 현상은 리더는 물론 군 조직의 위기로 발전할 가능성이 크다.

마. 장병 개개인과 군의 성장 저해

부적응은 장병 개개인의 성장은 물론 군 조직 전체의 성장에도 중요한 걸림돌이 된다. 우리는 흔히 '군대 가면 머리가 빈다', '군 복무기간은 잃어버린 시간', '가능하면 피하고 싶은 곳'이라는 말을 듣게 된다. 이는 그동안 군대가 장병들을 지적, 정신적, 육체적인 성장을 조력해주는 데 관심이 그만큼 부족했다는 증거이기도 하며, 설사 노력했다 하더라도 복무 당사자나 국민에게 만족할 만한 수준이 되지 못한 것을 의미한다.

병영에서의 인권침해는 장병의 정신적, 육체적, 지적, 사회적 성장을 가로막는 주범과 같다. 인권침해는 의욕을 상실하게 하고 좌절하며 자존감을 저하시킨다. 또한 인권침해는 타인을 존중하거나 배려하는 마음을 상실하게 하고, 분노를 폭발시켜 각종사고를 유발하게 함으로써 개인이나 군을 불행하게 만든다. 군 복무 간에 발생하는 자살사고와 근무이탈사고 등을 비롯한 많은 사고가 발생하고 있는 것은 개인적인 요인도 있겠지만 군이 그만큼 장병들을 다방면에서 성장시켜 주지 못하고 있다는 증거이다. 그러므로 군은 부적응자가 발생하지 않도록 환경을 개선시켜주고, 이미 발생한 부적응집단에 대해서는 다양한 지원책을 강구하여 이들이 적응집단으로 전환될 수 있도록 성장시켜 주는 노력이 필요하다.

바. 군 인권리더십에 대한 부정적인 이미지

끝으로 군 내에서 발생하는 인권침해는 군 리더십에 대한 국민의 불신을 심각하게 초래한다. 군 내에서 발생한 각종 사건사고의 원인을 분석해 보면 거기에는 대부분 인격모독, 구타, 가혹행위, 따돌림 등의 인권침해 사례가 실제로 확인되고 있다. 최근의 조사 자료를 통해 군의 인권리더십에 대한 국민과 장병들의 이미지 수용 상태를 보면 다음과 같다.

1) 국민의 군에 대한 일반인식은 긍정적

우리 국민은 군에 대해 어떤 인식은 대체적으로 긍정적으로 평가되고 있다. 최근 국내 한 여론조사기관에서 조사한 바에 의하면 군은 국민이 신뢰하는 기관과 단체 중 62.7%로 1위를 차지한 것이 그 좋은 예이다.[20] 이는 5년 전 같은 기관에서 조사한 결과(3위, 54.8%)에 비하면 매우 빠른 속도로 수직 상승한 것이다. 아울러 군은 직업윤리 차원에서도 상위 그룹에 속하여 좋은 이미지를 얻고 있는 것으로 평

20) 2007년 7월에 한국갤럽에서 '국민이 가장 신뢰하는 대상은 어떤 곳인가?'라는 질문에 군은 62.7%를 얻어 1위를 차지하였으며, 2위는 언론(60.3%), 3위는 시민단체(58.4%), 4위는 경찰(51.7%), 6위는 법원(51.3%) 순으로 나타났다.

가된다.

이런 결과는 군이 한때 정치에 개입하여 정치적 중립을 훼손하였다는 인식으로부터 현재의 군은 정치적 중립 측면에서 매우 높은 수준을 보이고 있고, 군 본연의 임무에도 충실하고 있으며, 직업의식이 투철하다는 인식이 긍정적인 이미지로 연계되고 있기 때문인 것으로 보인다. 또한 우리 국민은 국가적 재난이나 삶의 어려움을 해소하기 위해 노력하는 군의 모습에서 '국민과 함께하는 군'이라는 긍정적인 인식을 하고 있는 것으로 평가하고 있으며, 특히 부정과 비리 측면에서 자기통제 노력을 철저히 기울인 결과 직업윤리차원에서 매우 좋은 인식을 갖고 있는 것으로 평가되고 있다.

〈표 6〉 한국 직업별 직업윤리 지수

순 위	직 업 명	평균(5점 만점)
1	프로운동 선수	3.68
2	대학교수	3.64
3	의 사	3.61
4	초등학교 교사	3.58
5	법조인	3.56
6	직업군인	3.47
7	시민사회운동가	3.40
8	언론인	3.34
9	기업경영자	.3.24
10	연예인	3.15
11	고위 공무원	3.12
12	노조 간부	3.08
13	하위직 공무원	3.07
14	공장 근로자	3.04
15	택시운전기사	2.97
16	시의회 의원	2.80
17	국회의원	2.56

출처: 한국직업능력개발원, 2006. 10.

2) 국민의 군 인권 이미지는 대체적으로 부정적

군에 대한 국민의 일반적인 인식과는 대조적으로 우리 군은 적어도 인권문제에 있어서만큼은 부정적인 평가를 받고 있다. 인권침해는 인격을 손상하는 일과 기본권리를 보장해주지 않는 것을 포함한다. 우리 국민은 군이 장병 개개인의 인격과 기본권보장을 위한 노력이 부족하다는 인식을 폭넓게 가지고 있다.

그렇다고 군이 개개인의 권익을 보호하는 일에 소홀히 해 온 것은 아니다. 나름대로 가치관교육, 인성교육, 충·효·예교육, 군종교육, 군법교육 등을 적극 실시하고 있으며, 이를 행동으로 실천하게 하는 각종 법규와 제도, 시스템 등을 갖추는 노력도 강구해 왔다.

그러나 이러한 노력들은 각종 사고, 특히 인권침해로 인해 발생하는 대형사고로 인해 파묻혀버리고 군은 순식간에 인권의 사각지대로 매도당하게 되는 악순환을 반복해 온 것도 군 인권문제에 대해 부정적인 시각으로 보는 원인이 되었다. 다음의 그림들은 우리 국민들이 군의 인권분야에 대해 어떻게 인식하고 있는지를 잘 보여 주고 있다.

[그림 2] 국민의 병영 내 악습 수준 인식 정도

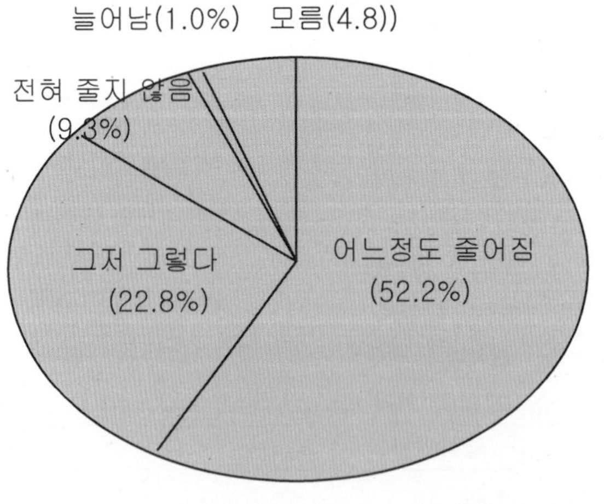

출처: 국방대학교 안보문제연구소, 『2006년도 범국민 안보의식조사』(서울: 2006), p.42.

국민의 52% 정도는 구타, 가혹행위 등 병영에서의 악습이 어느 정도 줄어지고 있다고 인식하고 있다. 그러나 아직도 29% 정도는 부정적인 반응을 보이고 있어 병영 내에 각종 악습들이 존재하고 있으며, 이는 인권침해의 원인으로 작용할 수 있음을 보여준다([그림 3] 참조).

우리 국민은 악습퇴치에 대한 군의 노력에 대해 36%가 만족하고 있다는 평가를 하였으나, 무려 64% 정도는 군이 악습퇴치 노력에 대해 미온적이거나 적극적이지 못하다고 평가하고 있다. 이는 군이 인권보호를 위해 다각적으로 노력하고 있지만 인권침해로 인한 사고가 자주 발생함에 따른 부정적 인식이 폭넓게 확산되었기 때문으로 보인다([그림 4] 참조).

[그림 3] 국민의 병영 내 악습퇴치 노력에 대한 인식

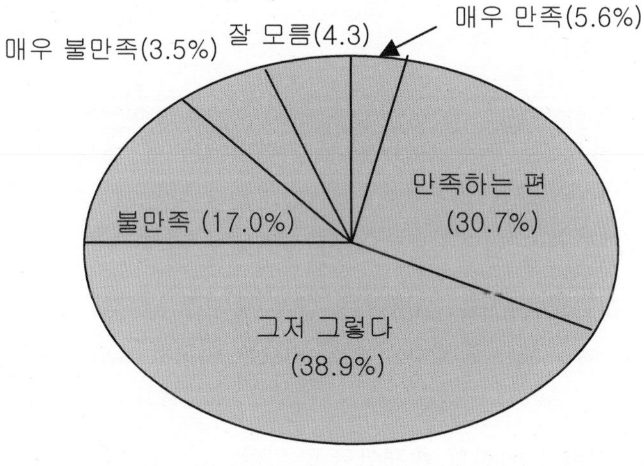

출처: 위의 책, p.43.

[그림 4] 군 관련 보도의 공정성에 대한 국민 인식

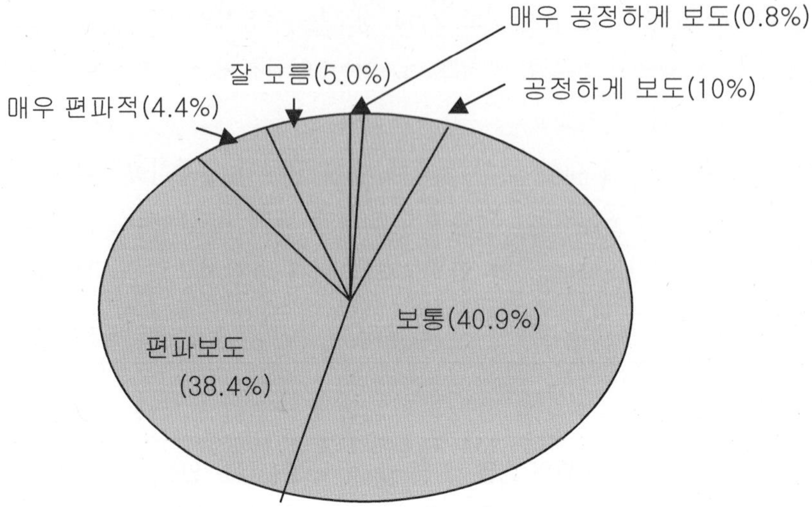

출처: 위의 책, p.45.

국민들은 군 관련 보도, 특히 사건사고와 관련된 보도에 대해 52% 정도는 공정하거나 보통이라고 생각하고 있는 반면에 48% 정도는 군에 유리하게 보도한다고 생각하고 있다. 이는 인권 관련 사건사고가 발생했을 때 최초 발표와는 달리 새로운 사실이 밝혀지고 군은 이를 해명하는 식의 행태가 반복됨으로써 국민은 군이 사실을 의도적으로 왜곡 또는 은폐하고 있는 것으로 인식하고 있기 때문으로 보인다.

3) 장병은 인권침해가 여전히 존재한다고 인식

앞에서 본 바와 같이 군 내 인권리더십에 대한 장병들은 대체적으로 부정적이며, 인권침해가 근절되지 않고 있는 것으로 인식하고 있다(<표 7> 참조).

〈표 7〉 기본권 침해 유형에 대한 장병 인식 정도

장병 인권 유형	인권침해에 대한 장병 인식
구타 · 가혹행위, 언어폭력	○ 군기를 유지하는 방법으로 인식하는 정도 감소 ○ 구타, 가혹행위 사례 발생 시 90%는 외면/침묵 ○ 18%가 자살을 생각해 본 적이 있었었다는 응답
일과 휴식권리	○ 과거보다 개선되었지만 일과 휴식 구분 모호 ○ 휴무일에도 업무 강요 ○ 자신만의 독립된 공간 구비 요구
의식주/환경권	○ 보급품 만족도 저하(40%) ○ 냉난방 부실, 사생활 미보장
의 료 권	○ 20% 이상이 아파도 눈치 보느라 말 못함 ○ 20%만이 의료서비스 만족
권리 의식	○ 50% 이상이 사회와 동일한 인권 수준 요구 ○ 60% 이상이 권리에 대해 교육받지 않음 ○ 고민, 스트레스에 대한 상담 기회 부족 ○ 사고 처리에 대한 불만족(30%)
병사인권에 대한 간부의 인식	○ 징병제와 병 간의 문제가 인권침해 원인으로 인식 ○ 인권침해 이유를 부적응과 지시 불이행으로 인식 ○ 병사 인권에 대한 노력이 오히려 사고 부추김 ○ 35%가 지휘권과 인권이 상충된다고 인식 ○ 50% 이상이 선임병사를 통해 해결한다고 응답

출처: 국가인권위원회, 『군대 내 인권상황 실태조사 및 개선방안 연구』(서울: 국가인권위원회, 2005), pp.58－136.

4) 인권침해를 위기상황으로 인식

앞의 조사 자료를 볼 때 병영에는 그동안의 많은 노력에도 불구하고 인권침해 현상이 폭넓게 존재하고 있음을 알 수 있다. 이와 같은 현실 속에서 병사들은 자신에 대한 인권침해가 병영생활을 영위하는 데 있어 하나의 위기로 생각하고 있다. 위기(crisis)는 ‘위험한 고비(crucial time)’, ‘어떤 일의 중대한 전환점(turning point)’으로 정의되며, 절정(climax)’이나 전기가 되는 시기(judgement)’ 등의 의미를 내포하고 있다.

병사들은 병영 내에서 크고 작은 인권침해 위기에 직면하고 이를 극복하면서 생활할 가능성이 크다. 병사들은 인권침해 위기에 직면하면 부적응 병사의 경우 위기에 적절하게 대처하지 못할 가능성이 크다(<표 8> 참조).

〈표 8〉 병사들이 직면하는 위기인식 유형

순위	인식하는 위기유형	응답인원	비율(%)
1	부모님의 곁을 떠날 때	25	12.5
2	상관에게 질책당할 때	22	11
3	인격(인권)이 무시당할 때	21	10.5
4	시설 환경이 열악할 때	18	9
5	여자친구와 이별할 때	16	8
6	군 생활에 염증이 생길 때	15	7.5
7	학업진로가 걱정될 때	14	7
8	복잡한 가정사정이 생길 때	12	6
9	고민을 말할 수 없을 때	11	5.5
10	전우에게 따돌림받을 때	10	5
11	아플 때	10	5
12	학업이 중단될 때	8	4.5
13	취업이 걱정될 때	8	4.5
14	상급병이 스트레스를 줄 때	7	4
15	임무수행을 잘하지 못할 때	4	3
16	직장을 그만둘 때	1	0.5
계		200	

출처: 유명덕, 『한국군 위기인식 유형과 관리방안』(서울: 한국군사학회, 2006년 여름호), p.179.

위 표를 보면 병사들이 위기를 느끼는 범위가 비교적 광범위한 것으로 나타나고 있다. 이는 계층별로 복무환경이 조금씩 다르기는 하지만 어느 특정한 부분에서만 위기를 느끼고 있는 것이 아니라 개인문제, 가정문제, 학업이나 진로문제, 병영생활에서의 인간관계와 임무수행 등 다양한 영역에서 위기를 인식하고 있는 것을 보여주고 있다. 이 중 인권침해로 인해 느끼는 위기의식에 대한 항목을 보면 다음과 같다.

(1) 상관에게 질책을 당할 때 느끼는 위기감

상관으로부터 받는 질책이나 인격모독 등은 자신이 인정을 받고 있지 못하고 있고, 스스로의 능력에 대한 자신감 상실에서 오는 위기의 유형이다.

(2) 상급자나 동료로부터 인격을 무시당할 때 느끼는 위기감

병사들이 겪는 인격모독 행위는 병영생활 간에 수시로 발생할 수 있는 평범한 것이지만 정작 인격모독을 당한 당사자는 큰 충격과 정신적인 갈등을 일으키게 된다. 구타, 가혹행위, 폭언, 욕설, 따돌림, 일을 시키지 않는 행위 등은 자신의 존재가치를 평가절하하고 무시하며, 같은 조직의 일원이 될 수 없다고 인식하게 되어 높은 수준의 위기를 발생하게 된다는 점을 보여준다.

(3) 시설환경이 열악했을 때 오는 위기감

시설환경이란 병사들이 주거하는 생활관과 화장실, 식당, 체육시설, 독서실 등을 말한다. 시설이 좋은 경우 심리적으로 안정감을 갖고 개인적인 욕구도 실현할 수 있어 복무의욕을 증진할 수 있지만 시설이 낙후된 경우에는 오히려 스트레스를 받게 되고, 이런 스트레스는 전우 간의 인간관계에도 부정적인 영향을 미치게 되어 결국 크고 작은 위기로 진전될 수 있다.

(4) 상급 병사가 스트레스를 줄 때 느끼는 위기감

이 문항의 순위에 대해서는 다소 의외의 결과로 평가된다. 그것은 병사들 간에도 위계질서가 존재하며, 하급 병사는 상급 병사에 의해 간섭과 통제를 받고 있는 분위기가 여전히 존재하고 이런 분위기 속에서 병사 간의 갈등이 종종 노출되어 왔기 때문이다. 이와 같은 낮은 반응이 나타난 것은 최근 각 군이 따뜻한 병영문화를 정착하기 위해 생활관이나 식당, 휴게소, 목욕탕, 체육실, 훈련장에서 폭언, 구타, 가혹행위, 인격모독, 부당한 간섭 등을 금지하고 존중, 배려, 대화, 미소 등 인간중심의 병영문화를 창출하려는 '그린 존(Green Zone)'과 같은 운동을 다양하게 추진해 온 노력의 결과가 반영된 것으로 보인다.

(5) 자신의 어려움이나 고민을 말할 수 없을 때 느끼는 위기감

이 문항에서는 응답자의 절반이 상병과 병장이 차지하였다. 이는 이 두 계층이 분대장이나 선임병사 등의 공식적인 임무를 수행하는 과정에서 상 · 하급 병사들과의 관계, 자신의 리더십 역량에 대한 의구심 등을 인식할 때 발생하는 스트레스가 많게 되고, 전역이 가까워 옴에 따라 진로문제, 가정문제 등 복잡한 상황이 발생하고 있기 때문으로 보인다. 아울러 이런 고민거리를 상담해 줄 분위기가 조성되어 있지 않거나, 상담소 운영 등 제도적인 뒷받침이 잘 되어 있지 않고 있는 점도 영향을 주었다고 생각된다.

(6) 전우들에게 따돌림을 받았을 때 느끼는 위기감

따돌림 현상은 지금 우리나라에서도 사회적인 문제로 부각된 지 이미 오래이다. 특히 학교에서의 따돌림 현상은 인성을 자극하고 좌절시키는 주범이 되기도 한다. 설문조사를 보면 군에는 아직도 따돌림 현상이 남아 있으며 이는 주로 일병이나 상병 계층에서 다양하게 경험하고 있는 것으로 나타나고 있다.

4. 인권친화리더십 핵심가치와 역량

가. 인권친화리더십 핵심가치와 덕목

인권친화리더십은 최근 한국군에서도 생소한 용어처럼 비쳐지고 있다. 지금까지 이런 용어를 사용해본 사례가 없었고, 주로 인간중심의 리더십으로 호칭되어 왔다. 그러나 필자는 현재 한국군이 혁신해 나가야 할 병영문화정책의 중심에는 인권이 서 있어야 하고, 이를 구현하기 위해 첫 번째로 다루어져야 할 당면과제는 바로 인권친화적인 리더십을 통해 인격침해와 기본권 침해를 과감하게 혁심해야 한다고 보았기 때문에 이 용어를 군 최초로 사용하게 되었다(이 용어는 국가인권위원회와 국방부 인권 팀에서 개발한 인권교재 및 지휘관, 교관, 사관생도 교육에 최초로 사용되었다).

인권친화리더십의 최고 핵심가치는 '존중(Respect)'이다. 철학적 의미의 존중은 '타인의 권리를 침해하지 않는 의무'[21]라고 정의되고 있다. 존중은 크게 두 가지의 의미에서 해석된다. 첫째는 개인의 능력이나 인격이 탁월하여 타인으로부터 받는 경외심이다. 다른 하나는 모든 사람은 공통의 인간성으로 인해 평등하기 때문에 자동적으로 어떤 지위를 받았기 때문에 대인관계에서 상대를 존중해야 한다는 의무감이 존재하며, 이로 인해 자신이 지위를 남용하지 않고, 자신의 의지를 강요하지 않으며, 상대방을 간섭하지 않아야 한다는 뜻을 내포하고 있다.

미 육군 소장인 보이드(Morris Boyd) 장군은 군에서의 존중 개념을 "진정한 의미의 존중은 상호 헌신과, 나누고자 하는 마음으로 상호간의 능력을 향상시켜 주기 위해 전념하는 마음이다"[22]라고 강조하여 존중을 이타심에 비중을 두었다. 이렇게 볼 때 인권친화적인 리더십을 구현하는 핵심가치는 존중이며, 존중의 가치를 구현하는 덕목은 많지만, 그중에서도 관심, 배려, 공감, 공평, 겸손은 존중의 핵심가치를 실현할 수 있는 리더십덕목으로 제시할 수 있을 것이다.

[그림 5] 인권친화적리더십 핵심가치와 덕목

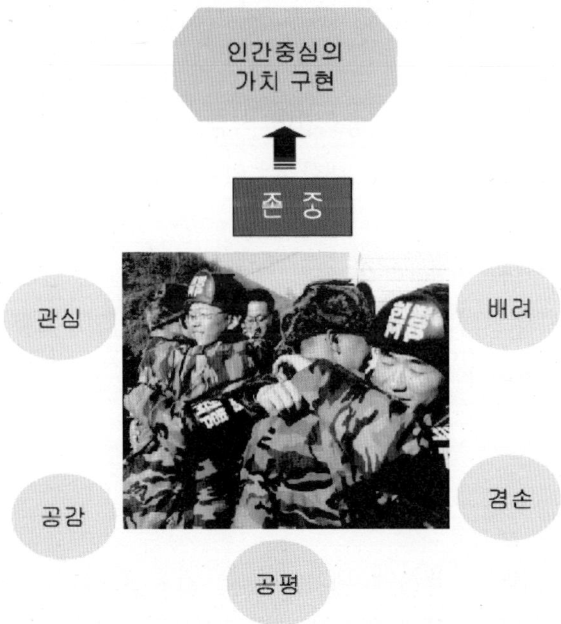

21) 김광수, 『서번트 리더십 1』, 제임스 C. 헌터, *SERVANT LEADERSHIP*(New York: The Crown Publishing Group, 2006), p.42.

22) 육군교육사령부, 『리더십에서의 존중에 관한 고찰』(대전: 육군교육사령부, 2001), p.3.

1) 관심(Attention)

군 리더는 부하의 인권에 부단한 관심을 가져야만 한다. 이를 위해서는 부하들이 자신의 지휘권을 행사하거나 달성하는 도구가 아니라는 인식을 가지고 이들이 공평하고 정당하게 존중을 받고 있는지 항상 주의 깊은 관심을 경주해야만 한다.

아울러 군 리더는 부하를 존중하는 차원에서 그들의 견해, 판단, 결정, 평가 등을 이해하고 인정하며 양성하는 노력을 기울여야 한다. 이것은 부하들이 인권과 관련하여 스스로 올바른 방향으로 나아가게 하는 자율적인 결심(Decision Making)능력을 인정하고 양성하는 지름길이 되기 때문이다.

여기에서 부하들에게 관심을 주기 위한 군 리더의 또 다른 역할이 있다. 그것은 바로 리더 자신들의 관심은 물론 부하들의 관심을 상호존중이라는 가치로 올바르게 인도하고 행사하는 노력이 지속적으로 수반해야 한다는 것이다. 이렇게 될 때 전우 간에 깊은 애정과 이해심, 그리고 단결심이 생기며 이것은 결국 평상시나 전투 시에 조직원을 위해 헌신하고 희생하는 정신이 발휘될 수 있게 된다.

또한 군 리더는 인권과 관련한 조직구성원들의 생각과 애로사항들에 대해 더욱 관심을 가져야 한다. 이것은 부하 상호간에 적절한 관심과 지원을 아끼지 않음으로써 부하들이 깊은 존중으로 서로를 대할 수 있는 환경을 만들어 주는 일을 가능하게 한다.

결론적으로 인권친화적인 리더가 되기 위해서는 자신이 먼저 인권문제에 높은 관심을 가지고 부하를 지휘 통솔해야 하며, 부하들의 인권문제를 주의와 경청으로 집중하는 지혜를 발휘하지 않으면 안 된다는 것이다.

2) 배려(Care)

군 리더, 특히 지휘관의 병사에 대한 사랑은 가족 간의 사랑과는 거리가 멀다. 그것은 지휘관의 역할은 부모의 역할과는 근본적으로 다를 수밖에 없기 때문이다. 그러나 군 지휘관은 부하들을 위험한 인권상황에 노출시키거나 방치해서는 안 된다. 이렇게 함으로써 부하들은 자신을 존중해 주는 리더를 더욱 존경하게 된다.

아울러 군 리더는 부하들이 자신이 존중받고 배려받을 수 있도록 하는 데 필요한 인권친화적인 지식과 기술, 그리고 인간관계 기술까지도 배양하는 데 조력해 주어야 한다. 이런 뜻에서 토마스 슈워츠(Thomas A. Schwartz) 장군은 "지휘관의 배려는 광범위해야 한다. 한 명의 병사는 가족, 교회, 그리고 동호회 및 사조직의 소중한 구성원이다. 병사들이 생활의 균형을 유지하기 위해선 앞에서 언급한 조직들에 적극 참여해야 한다. 지휘관들이 병사들의 시간을 관리할 수 있는 독점적 권리를 소유하고 있다고 한다면 그것은 큰 오산이다. 우리는 병사들이 항상 삶의 질, 훈련, 교리, 그리고 리더십의 균형을 유지하기 위해 노력해야 함을 망각해서는 안된다"[23]라고 강조한 것은 배려의 의미를 매우 적절하게 표현한 것이라고 하겠다.

특히 슈워츠 장군은 지휘관이 부하의 심리적 안정에 대한 광범위한 책임이 있으며, 병사들과의 대화를 통해 그들의 삶을 예측 가능하게 만들고, 애로사항에 민감하게 반응하며, 정보를 적시에 제공해야 한다고 주장하면서 병사의 성공은 그 병사뿐 아니라 육군 전체의 성공에도 영향을 준다고 하였다.

이처럼 군 리더는 부하를 배려하고, 부하들도 리더를 배려하는 상호 배려의 원칙을 잘 발휘해야 한다. 이를 위해서는 리더가 '권한을 남용하지 않은 리더십(Power Down Leadership)'을 발휘해야만 한다. 이런 인권친화리더십은 간부들이 병사를 존중할 수 있게 하고, 병사들이 자신을 위해 신속하고 향상된 반응을 할 수 있도록 돕게 한다. 아울러 부하들이 조직구성원으로서의 자부심과 자신감을 형성하게 하며 단결력과 상호 의존성을 높여 주게 된다. 물론 이를 위해서 리더는 부하의 외곽에 있는 것이나 군림하는 것이 아니라 병사들의 중심에 들어가는 핵심 멤버가 되는 것이 중요하다.

3) 공감(Empathy)

공감은 상대의 경험, 느낌, 생각을 공유하고 지지할 수 있는 능력을 말한다. 또한 공감은 부하들의 환경을 공유함으로써 상대방을 동일시하는 방법이며, 리더 자신과 부하들의 관심을 합당하고 바른 목표로 이끌거나 집중하게 할 뿐 아니라, 부

23) 앞의 책, pp.13－14.

하들의 말을 경청하고, 관리를 용이하게 해 준다.

공감은 인권친화적인 리더십을 발휘하는 데 있어서 매우 중요한 요소가 되고 있지만 막상 리더가 이를 성취하기란 그리 쉬운 일이 아니다. 그 이유 중 가장 큰 것은 리더 자신이 먼저 부하에 대해 공감을 할 수 있는 준비가 되어 있지 않기 때문이다. 미국의 울머(Walter Ulmer) 장군은 "리더는 존중(Respect), 신뢰(Trust), 배려(Care)는 자기기만과 밀접하게 관계되어 있다. 많은 리더가 존경과 신뢰, 그리고 배려를 원하고 실제 자신이 이런 능력을 가지고 있다고 믿지만 실제로는 그렇지 못하며, 그 결과 조직을 제대로 이해하지 못하여 인간관계에서 실패한 사례가 많다. 리더의 이기심(Self-Centeredness)과 오만(Arrogance)이 공감을 무너뜨리는 가장 큰 원인이 된다"[24]고 주장하고 있다.

울머 장군의 말을 좀 더 인권친화적인 리더십 차원으로 재해석해 본다면 군 리더나 일반 간부들은 인권 측면에서 내 부하들이 나를 둘러싼 일반국민이나 상급리더, 그리고 다른 부대로부터 존경을 받고 있는지에 대해서 부단한 관심을 가져야 하며, 이들로부터 리더와 간부들이 존경받게 될지 여부는 부하 존중을 바탕으로 한 직무수행능력과 공감능력에 달려 있다는 것이다.

존경은 통제에 의해 얻어지는 것이 아니라 자신을 존중해 주고, 자신의 생각과 느낌, 경험, 지식을 공감하고 유대감을 줄 때 존경하게 된다. 따라서 군 리더는 일반적인 직무수행능력은 물론 자신이 인권차원에서 부하들로부터 존경을 받고 있는지 수시로 자문자답하고 병사들의 경험, 생각, 감정을 잘 파악하는 노력을 강화하지 않으면 안 된다. 만약 군 리더의 이런 노력이나 능력이 부족하면 자신의 존경상태나 공감상태를 확인할 수 없고, 조직이 추구하는 올바른 인권가치관을 확립하거나 강화시키지 못할 뿐 아니라, 오히려 상하 간에 오해와 불신을 초래할 수도 있다.

아울러 군 리더는 부하의 인권문제에 더 많은 관심을 가져야 한다. 부하 인권문제에 관심을 더 많이 가질수록 부하들은 리더에 대해 존경과 공감, 그리고 의존도를 그만큼 높여주게 된다. 이는 리더나 일반 간부들이 부하의 인권 상황을 철저하게 이해하는 데서부터 시작되어야 함을 강조하는 것이다. 또한 군 리더는 부하의 인권을 존중하고 공감하는 노력도 병행해야 한다. 리더에 대한 병사들의 공감은 저

---

24) 위의 책, p.15.

절로 이루어지는 것이 아니라, 부하들과 공감하려는 리더의 끊임없는 진실한 노력이 있을 때 가능하다.

4) 공평(Fairness)

군의 모든 리더는 부하 장병들에게 인권 차원에서 공평할 의무와 책임을 가져야 한다. 여기에서 말하는 1차적인 공평의 개념은 모든 부하들이 법과 규정, 제도와 방침에 따라 임무수행, 보직배분, 교육훈련, 평가, 복지 등 전반에 걸쳐 차별을 해서는 안 된다는 것을 의미한다.

그러나 공평은 이보다 더 심오한 뜻을 가지고 있어야 한다. 그것은 바로 부하 장병들이 자신의 능력을 최대한 발휘하여 전문가가 될 수 있도록 성장시켜 주는 것이며, 이때 그들은 최소한의 존중을 받아야만 한다는 것이다. 이것은 인권측면에서 매우 중요한 문제이다.

특히 병사들에게 임무와 복지 등에 있어 균등한 분배로서의 공평이 아니라 적어도 한 종류 이상의 존중을 받을 만한 자격이 있다는 점을 인정하고, 이들의 능력과 심신의 상태를 고려하여 기회를 균등하게 주어야 한다는 것이다. 이는 자유민주주의 정신에 부합되는 인권차원의 공평이기도 하다.

군 리더는 이를 통해 모든 병사들이 최선을 다해 노력하는 전문가로서 존중을 받을 만한 가치가 있도록 적극 조력해 주어야 한다. 즉 여군과 남군, 고학력자와 저학력자를 차별대우했다는 차원의 문제가 아니라, 이들을 직업군인 또는 의무복무를 수행하는 병사들의 존엄성과 가치를 얼마나 존중하고 이들에게 존중받을 수 있도록 배려하고 기회를 부여했느냐는 삶의 질적 차원의 공평성을 의미하는 것이다.

공평은 인권측면에서 볼 때 매우 중요한 사안이다. 이 문제에 대해 현재 우리 군의 공평문제는 1차적인 수준에 머물고 있다는 평가를 받고 있다. 여군과 남군, 출신별, 부사관과 장교 간, 전방지역과 후방지역에 근무하는 장병들이 임무수행, 보직, 진급, 평가, 복지, 인권 등에서 공평하려고 노력하지만, 정작 이들에게 인권을 신장시켜 주고, 전문가로서 성공할 가능성에 대한 관대함을 그다지 중요하게 생각해 오지 않았다는 점이다.

따라서 군 리더는 부하 장병들이 전부는 성공할 확률이 부족하지만, 그래도 모든 부하에게 존엄성과 자존감을 바탕으로 한 가치와 능력을 최대한 발휘할 수 있도록 동등한 기회와 자격을 주는 공평의 리더십을 적극 발휘해야만 한다.

5) 겸손(Humility)

리더십 차원에서 겸손은 진실하고 가식이 없거나 거만함이나 뽐내지 않는 상태로서 자연스러운 상태에서 영향력 행사나 동기유발을 하는 과정이라고 정의할 수 있을 것이다.

제임스 C.헌터는 겸손을 "자신의 한계를 정확히 아는 것이다. 스스로를 진정으로 아는 자만이 진정으로 겸손한 자이다. 겸손이란 타인과의 진실한 관계를 형성하는 것이며, 거짓된 가면을 버리는 것이다"[25]고 말한다.

헌터의 정의는 인권친화리더십에도 그대로 적용할 수 있다. 먼저 군 리더는 자신에 대해 겸손해야만 한다. 이것은 인권친화리더십을 발휘하는 출발점이기도 하다. 겸손한 군 리더는 자신이 스스로 겸손을 배양하는 노력을 경주하며, 그 출발은 자신의 능력과 한계를 알고 주위의 자원들에 대해 관심을 기울이며, 다른 이들의 노력에 관대한 자세를 견지하여 거만함과 유순함 사이의 적당한 균형을 유지한다.

다음으로 겸손한 리더는 부하들에게 겸손한 마음과 행동으로 대해야 한다. 혹자는 군 리더십에서는 리더가 부하들에게 복종하는 것이 아니라, 지휘하는 것이기 때문에 군대에서의 겸손은 존재하지 않는다고 주장하기도 한다. 이는 너무 지나친 겸손이 리더십을 손상시키고 조직을 유약하게 만들 우려가 있다는 점에서 타당성은 있어 보이지만 윤리, 도덕적으로나 능력 면에서 탁월하여 부하로부터 존중을 받고 신뢰를 받는 상태에서 발휘되는 리더의 겸손은 매우 유용하게 작용될 수 있다. 특히 자신의 능력과 성과를 지나치게 내세우지 않고 이를 부하들에게 돌리는 리더의 겸손은 부하들을 감동시키고 진심으로 존중하게 만든다.

---

25) 김광수, 『서번트 리더십 1』, 제임스 C. 헌터, *SERVANT LEADERSHIP*(New York: The Crown Publishing Group, 2006), p.74.

나. 인권친화리더십 역량 구성 요소

군 리더와 중간 간부, 그리고 병사들은 나름대로 인권친화적인 리더십 역량을 구비하고 이를 행동으로 실천해야 한다. 여기에서 언급한 리더십역량은 리더가 인권친화적인 리더십을 발휘함에 있어 구비해야 할 특성을 의미한다([그림 6] 참조).

[그림 6] 인권친화리더십 핵심역량 구성 요소

위 그림은 인권친화리더십 역량을 발휘하기 위한 구비요소를 제시한 것이다. 먼저 인격과 성품, 성격 차원의 특성을 말하는 Be요소는 확고한 직업윤리, 인권에 대한 임무의 핵심파악, 인권친화리더십을 구현하는 확고한 태도, 인권의 다양한 가치우위에 대한 기본적인 인식과 확신, 인권침해에 대한 위기인식 및 관리와 포용 능력 등이 요소가 된다. 이는 인권에 대한 가치와 덕목의 구비와 함께 이를 구현하는 신체적, 정신적, 정서적 자질의 함양이라고 할 수 있다.

지식과 역량요소인 Know는 부하의 인권문제에 대한 통합적인 사고와, 조직 구성원 상호간의 인권친화적인 대인관계를 원활하게 하는 대인관계 기술, 인권관련 업무와 문제를 해결하는 직무능력, 부하의 인권을 신장시키는 잠재역량 등이 포함된다.

끝으로 인권친화적 리더십을 실천으로 행동하는 능력인 Do는 인권업무와 활동을 포함한 제반사항을 표상적인 행동으로 실천하는 전문가적 능력과 솔선수범적인 행동 등이 포함된다. 아울러 인권임무수행 체계나 시스템 운영 효율성 평가, 인권업무 현장의 효율적인 감독 증력 등이 포함된다.

이상과 같이 인권친화리더십을 성공적으로 발휘하기 위해서 설정한 체계인 Be-Know-Do는 계층별 리더에게 적용하는 데 있어 각각 구분되거나 단절되는 개념이 아니라 밀접하게 연계되고 상호 보완관계에 있는 연속과정으로 이해되어야 한다.

다. 계층별 인권친화적리더십 핵심역량

'핵심역량(核心力量)'은 심리학자인 맥클랜드(David McClelland)가 말한 '특정 조직이나 환경에서 반드시 필요로 하는 것을 이룰 수 있는 능력으로 정의할 수 있다. 통상 조직은 조직구조 설계자, 인적 자원 관리자, 조직문화 관리자, 조직 혁신가 등으로 구성된다. 이들 계층들은 자신의 영역에서 조직이 요구하는 목표를 달성하기 위해 제시된 역량을 설정하고 이를 달성하기 위해 계층별로 노력해야 한다([그림 7] 참조).

[그림 7] 요구되는 계층별 인권친화적리더십 역량

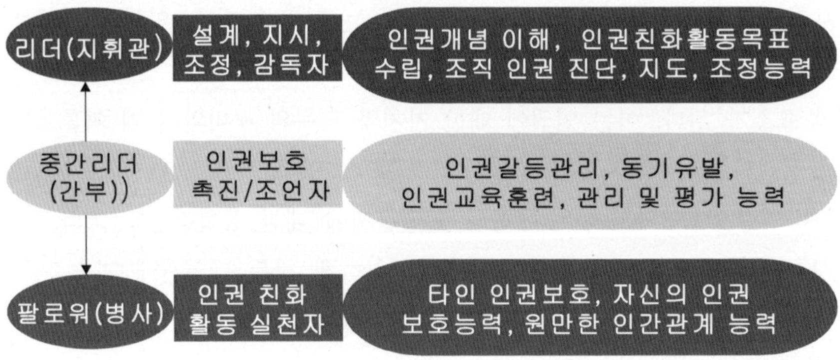

1) 리더(지휘관)

지휘관은 인권친화적인 리더십을 발휘하는 주체이며 촉진자이고 감독자이다. 특히 인권에 대한 지휘관의 기본인식과 임무수행에 대한 접근방식, 그리고 그 성과 여부에 따라 부대의 인권친화적 활동은 크게 영향을 받는다.

지휘관은 인권업무활동영역을 설계하고 지시, 조정, 감독자로서의 역할을 수행해야 하는 신분이다. 이와 같은 임무를 수행하기 위해서는 다음과 같은 인권친화적리더십의 핵심역량이 요구된다.

(1) 인권의 중요성에 대한 명확한 이해
(2) 부대인권업무 목표 설정능력
(3) 조직의 인권상태 진단, 지도 능력
(4) 인권침해방지 위한 지원능력
(5) 인권친화적인 문화 환경 조성
(6) 인권친화적 리더십 솔선수범

2) 중간 리더(간부)

중간 리더는 장교와 부사관을 망라한 계층으로 병사와 직접, 또는 간접적으로 대면하는 초급제대의 간부계층을 말한다. 중간 관리자들은 주로 인권을 보호하고 신장시키며 촉진시키는 임무를 관리현장에서 수행한다. 이러한 임무를 수행하기 위해서 중간 리더는 다음과 같은 인권친화적 핵심역량을 구비해야 한다.

(1) 타인 인권보호의 중요성 인지능력
(2) 인권보호 솔선수범 능력
(3) 인권 동기유발 능력
(4) 인권교육 및 지도 능력
(5) 인권침해 구조 능력
(6) 인권 갈등 조정 능력
(7) 인권 수준 관리 및 평가

3) 팔로워(병사)

병사는 지휘관이나 간부는 아니지만 인권측면에서 보호받아야 할 대상임과 동시에 간부에 비해 상대적으로 인권침해를 받을 가능성이나 취약성이 가장 큰 계층이다. 병사들은 간부나 지휘관, 그리고 병사들끼리의 직접적인 대면활동을 통해 각종 인권문제에 봉착하기도 하고 때로는 인권침해를 받을 수 있는 여건이 항상 존재하게 된다.

이런 점에서 병사는 인권친화적 활동을 직접 실천하지 않으면 안 되는 상황에 놓여 있다. 따라서 병사들이 인권친화적인 행동을 할 수 있도록 지도하고 관리하며 촉진하는 리더의 역할이 매우 중요하며, 요구되는 능력은 다음과 같다.

(1) 인권보호의 중요성 인지 능력
(2) 인권침해 금지사항 실천 능력
(3) 타인 존중 및 인권보호 능력
(4) 좋은 인간관계 유지 능력
(5) 인권침해 구조 능력

5. 인권친화적리더십 실천 방안

가. 인권 인식의 패러다임 전환

1) 인권에 강한 군대가 진정으로 강한 군대라는 인식

우리 헌법에는 '국군은 국가를 방위하고 국민의 생명과 재산을 보호해야 한다'고 명시되어 있다. 여기에서 국민의 생명을 보호해야 한다는 개념은 국민은 물론 모든 군인들도 그 범주에 속하는 것이다. 이는 장병 개개인의 생명이 존중되고 지켜질 때 국민의 생명도 지킬 수 있다는 것을 의미하기도 한다.

그동안 군은 나름대로 인권을 보호하는 일에 노력해 왔으며 특히 최근에는 국방개혁 차원에서 인권문제를 주요 정책과제로 다루고 이를 담당하는 조직 편성과 장병들의 기본권을 철저하게 보장하기 위한 제도적인 장치를 강구하는가 하면, 인권 문제와 관련한 장병들의 기본권을 보다 실질적으로 보장하기 위해 국민고충처리 위원회에 '군사소위원회'를 설치하여 시행하고 있는 등 많은 진전이 있었다.

국방부가 이처럼 인권보호문제를 주요 정책으로 다루는 것은 장병 인권은 군을 유지하는 근간이며 인권문제를 완전하게 해소하지 않고서는 병영문화를 혁신시킬 수 없고, 나아가 21세기 선진강군을 추구할 수 없다고 진단했기 때문이다. 이런 차원에서 보면 군 인권문제는 강한 군대가 되기 위한 출발점이라고 할 수 있을 것이다. 특히 우리 국민은 군이 보다 인권보호에 충실해 줄 것을 요구하고 있으며 인원문제를 소홀히 하고 있다는 비판적 시각을 상당 부분 가지고 있다. 그리고 인권보호를 교육훈련이나 대민지원활동에 우선해야 한다고 생각하고 있다. 군 리더는 인권문제를 새로운 시각으로 바라보아야 한다. 그것은 인권에 철저한 군대가 가장 강한 군대라는 인식을 새롭게 정립하는 것에서부터 출발하는 것일 것이다.

2) 인권은 군 리더십을 성공으로 이끈다는 인식

다음으로 군 리더는 인권이 리더십을 성공으로 이끄는 핵심요소가 된다는 점을 새롭게 인식하는 것이 중요하다. 각계각층의 군 리더는 누구나 성공적인 리더십이 발휘되기를 원하고 있다. 군 리더의 리더십은 다양한 요인에 의해 시험당하기 마련이다.

그러나 이 중에서 장병의 인권이 침해되어 발생하는 인명사고는 군 리더십에 가장 치명적인 손상을 가하고 있으며, 리더 개개인의 신상에도 결정적인 영향을 끼치게 된다.

인권침해는 이처럼 군 전체는 물론 장병 개개인의 신뢰에 결정적인 영향을 미친다. 인권을 중요시하고 인권보호와 신장을 위해 노력하는 군대는 리더와 부하 관계, 그리고 전우 간에 따뜻함이 흐르고 존경과 신뢰가 싹튼다. 또한 인권에 강한 리더는 부하로부터 존경과 신뢰를 받으며 리더가 추구하는 지휘목표와 임무수행에 공감과 지지를 보낸다. 이런 리더는 리더십을 성공으로 이끌 확률이 매우 높으며 적어도 부하들로 인해 실패할 확률 또한 그만큼 적어진다.

3) 인권은 병영을 풍요롭고 살맛나게 한다는 인식

군대는 강제적이고 계급적인 권위가 수반될 수밖에 없는 조직에 속한다. 이런 조직의 특성은 병영문화는 매우 경직되고 인간적인 관계가 소원하게 된다. 그러나 군 리더가 조직 구성원 개개인의 존재가치를 인정하고 존중하며 동시에 개인의 권익을 적극적으로 보장하는 데 관심을 경주하면 병영생활은 살맛나는 곳으로 변화된다. 또한 이런 병영은 조직 구성원 상호간에 존중과 배려가 넘치고 자유로운 의사소통이 활성화되며 내적으로 지휘관을 중심으로 단결하고, 임무수행을 자발적으로 수행하는 긍정적인 에너지를 폭발시킨다.

우리 국민이나 장병 개개인은 인권이 철저하게 존중되고 신장되는 병영을 강력하게 희망하고 있다. '골육지정의 병영', '살맛나고 보람찬 군대생활'은 법규와 제도로 달성되기도 하지만, 그보다는 조직 구성원들의 마음을 움직이는 존중과 배려의 기본정신인 인권을 세심하게 보장하는 것으로부터 시작된다는 점에서 군 리더의 인식 전환이 그 어느 때보다 필요하다.

4) 인권은 국민의 행복지수를 높여준다는 인식

우리 군은 국민을 행복하게 만들어 줄 의무와 책임이 있다. 국민을 행복하게 하기 위한 군의 역할은 국가를 빈틈없이 방위한다든가 국방정책을 국민이 원하는 방향으로 발전시키고 달성하는 것을 통해 부응하는 점도 있겠지만, 그 이전에 국민이 군에 맡겨준 자녀를 인격적으로 대하고, 가치를 인정함으로써 자존감을 높여 성장시켜 정신적 육체적으로 성장시켜 부모의 품으로 돌아가게 하는 것이다.

이런 점에서 군 리더는 국민의 행복을 충족시켜야 할 매우 중요한 임무를 띠고 있다고 할 것이다. 군에서의 인권은 군 내부의 치부를 드러내고 군의 위상을 저하시켜 국민에게 불안감을 주는 측면도 있지만, 이를 두려워해서는 안 되며, 오히려 이를 계기로 인권 취약부분을 제도적으로 개선하고, 생활 현장에서 이를 구체적으로 실천하는 노력을 기울인다면 국민은 군을 더욱 신뢰하게 될 것이다.

나. 복무적응 강화를 위한 제도적 지원활동

1) 장병 인권리더십 교육체계 구축

부적응 현상은 어느 조직이나 존재하기 마련이다. 특히 군 조직에 있어서의 복무부적응은 타 조직에 비해 더 많이 발생할 수 있고, 전투력에 심각한 영향을 미칠 수 있으며, 부적응의 원인 중 많은 부분이 인권침해와 관련되어 있다는 측면에서 국방교육정책으로 중요하게 다루어져야 할 사안이다.

(1) 국방부 차원의 인권교육훈령 제정

군 인권교육은 육·해·공군 장병에게 의무적이고 통일되게 시행되어야 한다. 특히 군 인권교육은 헌법과 군인복무기본법을 준수하고 그 정신을 신념화하여 행동으로 실천하도록 하는 데 목적을 두어야 한다.

이를 구현하기 위해서는 인권교육을 국방부장관의 교육훈령으로 제정하여 이를 각 군이 의무적으로 교육하도록 하는 제도적 장치를 마련하는 것이 바람직할 것이다. 예를 들면 국군 정신교육은 국방부장관 훈령으로 제정되었고, 국방부는 이를 근거로 매년마다 정신교육지침을 작성하여 전군에 하달하고 있고, 효과적인 교육을 위해 기본교재와 영상교재 등을 다양하게 제공하고 있다.

따라서 훈령은 장관의 고유 권한이므로 조기에 국방부가 주관이 되어 제정할 필요가 있고, 이를 근거로 국방부에서 구체적인 교육지침을 만들어 각 군에 하달하는 형식으로 제도화되어야 할 것이다.

(2) 양성 및 보수교육 인권 리더십 교육 확대

인권교육훈령에 근거하여 군 교육기관에 인권교육과목과 시간 확대배정을 제도화하는 일도 시급하게 이루어져야 한다. 현재 인권교육은 법규교육, 각종 규정교육, 정신교육, 인성교육, 리더십 등 다양한 영역에서 산발적으로 시행하고 있다. 이런 점에서 볼 때 현 교육은 인권교육이 그 내용 면이나 교육체계로 보아 종합적인 성격을 띠지 못하고 산만한 실정으로 인권의 중요성을 심각하게 인식하거나 이를 행동으로 어떻게 구체적으로 실천해야 할 것인가 하는 점에 대해서는 개선할 부분이 많다.

따라서 국방부 차원에서 사관학교와 부사관학교, 훈련소, 신병교육대 등 양성기관에 인권리더십교육과목을 정규 과목화하여 체계적으로 교육하는 정책이 반드시 필요하다. 아울러 각 군의 보수교육기관에도 인권리더십 과목을 신설하는 것은 물론 실무부대 장병들에게도 정기적으로 교육할 수 있도록 각 군의 부대훈련지시에 반영하는 조치도 필요할 것이다.

(3) 인권리더십교육 교재 및 프로그램 개발

국방부 인권교육훈령 제정과 양성 및 보수교육기관, 실무부대의 인권교육과목 신설과 더불어 국방부가 추진해야 할 중요한 임무는 인권교육 교재와 프로그램을 개발해 주는 일일 것이다.[26)]

인권교육 교재나 프로그램 개발은 가능한 국방부에서 주관함이 타당할 것이다. 그 이유는 인권보호와 신장에 대한 법적 해석과 시행에 대한 구체적인 내용을 국방부에서 명확히 하여 각급 부대에서 자의적이거나 편의적으로 해석하고 적용하는 데서 오는 혼선의 부작용을 예방하고, 각 군의 부담을 경감시켜 주기 위해서이다.

인권교육 교재와 프로그램 개발은 기존의 인권관련 교육 자료와 프로그램(예: 법규교육 프로그램, 인성교육 프로그램, 사고예방 프로그램, 상담 프로그램 등)과의 연계성이나 통합의 필요성 여부를 판단하고 이를 통합적으로 망라하는 차원의 교재를 개발해야 할 것이다(<표 9> 참조).

---

26) 국가인권위원회는 2007년 8월에 장병인권기본교재를 제작하기 위해 관련 전문가를 집필위원으로 추천하여 9월부터 공동 집필을 시작하였으며, 2008년부터는 이 교재를 사용할 수 있도록 할 예정이다.

〈표 9〉 인권의식 함양 위한 단계별 교육

단계별 교육영역	교육내용
1단계: 인권법규 교육 (이론으로 무장하기)	○인권관련 헌법조항 ○군인복무기본법 ○군법/장병 기본권 지침서 ○군인복무규율/규정 ○국가 인권위원회법
2단계: 인권 신념화 교육 (체험하고 느끼기)	○커뮤니케이션 강화교육 ○인성교육 ○개인 및 집단상담 ○봉사활동 ○토의 및 발표
3단계: 인권 생활화 교육 (행동으로 실천하기)	○교육훈련에 적용 ○병영 생활 전반에 반영 ○개인 및 부대 평가에 반영

2) '비전캠프' 프로그램 전군 확대시행

군은 장병들의 인성함양과 복무적응력을 제고하기 위한 다양한 교육 프로그램을 개발하여 적용하고 있으며 그중에서도 육군이 적용하고 있는 비전캠프(Vision Camp)는 대표적인 프로그램이다. 비전캠프는 육군이 부적응병사의 사고예방 방지, 특히 자살 우려자의 예방을 위해 만든 단기교육 프로그램이다.

비전캠프는 부적응자를 위한 사단 단위의 비전캠프 Ⅰ형과, 자살 우려자를 대상으로 한 군단 단위의 비전캠프 Ⅱ형이 있다. 아래 표에서와 같이 육군의 경우 비전캠프에는 2006년에 총 417회가 운영되었으며 8,609명이 입소되었다.[27] 이는 391회 7,700명이었던 2005년보다 26회 909명이 증가한 수치로서 그만큼 복무 부적응 병사가 늘어가고 있다는 점을 의미하기도 하다. 특히 계급별로 볼 때 이병과 일병이 76.5%를 차지하고 있으며, 전년도 대비 376명이나 증가한 것은 그만큼 군 복무 초기에 있는 이등병들이 병영 환경에 적응하는 데 어려움을 겪고 있다는 점을 의미한다.

27) 2006년 국방부 비전캠프 운영실태 자료

〈표 10〉 2006년도 육군 비전캠프 입소현황

이 병	일 병	상 병	병 장	기 타	계
4,114명	2,434명	1,345명	690명	26명	8,609명

출처: 2006년 국방부 비전캠프 운영실태 자료

이와 함께 입소인원의 성향을 보면 관심병사가 가장 많은 67%를 차지하며, 자살 우려 병사가 929명으로서 10.8%를 차지하고 있다. 이와 같은 수치는 매우 염려되고 관심을 기울이지 않으면 안 되는 측면이다. 특히 자살 우려자가 전년도 대비 218명이 증가된 것은 눈여겨 볼 대목이다.

〈표 11〉 2006년도 입소인원 분류

관 심 병 사	자살 우려자	모 범 병 사
5,770명(67%)	929명(10.8%)	1,910명(22.2%)

2006년도 비전캠프 운영은 큰 성과가 있는 것으로 나타나고 있다. 육군본부에서 분석한 결과에 의하면 2006년에 비전캠프에 입소한 6,611명 중 55.5%인 3,689명이 입소사유였던 부적응이나 자살 우려 증세가 완전하게 해소되거나 현저하게 감소하였으며, 반대로 부대에서 지속적으로 관리할 필요가 있는 병사는 30.3%, 입소 전과 동일한 상태가 11.3%, 부적격 처리가 필요한 병사가 2.5%였다. 이와 같은 수치로 볼 때 육군의 비전캠프 운영은 부적응 증상을 크게 해소해 줌으로써 각종사고를 감소시키고 병영을 활기차게 하는 데 기여하고 있는 것으로 평가된다.

이는 2006년도 자살자 66명 중 64명이 비전캠프를 수료하지 않은 병사로 판명된 것을 보면 비전캠프의 운영의 필요성을 절감하게 된다. 특히 비전캠프를 수료한 후에 보다 자살 우려자 등 심층 깊은 관리가 필요한 인원에 대해서는 군단 단위의 비전캠프를 운영하고, 여기에서도 개선 여지가 없는 병사에 대해서는 전역 등 지휘조치를 할 수 있도록 하고 있는 것은 진단과 교육을 통해 부적응을 완화하거나 치료하는 체계를 구축했다는 점에서 매우 긍정적이라고 하겠다. 아울러 비전캠프를 수료한 이후에도 실무부대에서 종교활동을 중심으로 하는 포스트 비전캠프(Post

Vision Camp)를 별도로 설치 운영하여 부적응 병사들을 지속적으로 관리하는 것도 눈여겨 볼만하다.

이러한 비전캠프 운영의 효과를 감안하여 이를 전군 차원으로 확대하는 것이 바람직할 것이다. 이를 위해서는 국방부 차원에서 교육제도와 인력, 예산, 교육 인프라 구축, 각종 심리검사개발 등의 여건을 마련해 주고, 육군은 사단 단위, 해군은 함대사령부 단위, 공군은 비행단 단위로 비전캠프 운영을 추진하는 것이 바람직할 것이다. 아울러 비전캠프 운영기간에 민간 심리상담사를 초청하여 개인 또는 집단 상담을 실시하는 것도 효과적일 것이다. 이는 대대 급 단위에 전문 상담관이 부족한 군의 현실을 효과적으로 상쇄할 수 있을 것이다.

그러나 현재 개선사항으로 제기되고 있는 비전캠프 운영목적의 홍보 부족으로 인한 부정적인 인식제고 문제라든가, 무차별 입소현상 문제, 프로그램 보완의 필요성, 전문 인력(상담사, 심리치료사 등)과 예산 부족, 병무청이나 신병에 대한 심리검사지 보완문제 등은 적극 개선해야 할 필요가 있다.

3) 군 인권상담정책 개선 및 보완

부적응을 조장하는 사회적 요인과 더불어 군 입대에 따른 급격한 환경변화는 병사들의 부적응을 더욱 증폭시키는 결과를 초래하게 된다. 따라서 군 상담의 필요성은 더욱 커지고 있으며, 군도 그 필요성을 인정하여 전문상담사 확보 추진, 민간기관과 제휴하여 간부의 상담능력을 제고하기 위한 지원방안 등을 적극 추진하여 소기의 성과를 거두고 있다.

그러나 우리 군의 상담 역량은 전문 인력, 조직, 예산, 상담효과 등을 고려할 때 아직은 면담수준의 초보적인 단계라고 할 수 있다. 따라서 선진형 인권상담정책을 구현하기 위해서는 다음과 같은 몇 가지 제도적인 장치가 도입되어야 할 것이다.

(1) 사단급 기본권 상담업무를 법무장교가 담당

현재 각급부대에서의 상담은 일반적으로 군종이나 인사 분야에서 담당하고 있다. 이는 상담을 주로 심리적인 부적응 측면을 고려한 것이다. 그러나 인권침해로 인한 상담 소요는 심리적인 측면과 더불어 제도 운영이나 법규차원에서도 발생하기 때문에 인권침해 관련 상담은 법무에서 담당하는 것이 바람직하다. 이렇게 될 경우 법률적 차원에서 상담을 용이하게 할 수 있고, 나아가 국민고충처리위원회나 국가인권위원회와의 유기적인 협조를 통해 보다 고충을 효과적으로 해결해 줄 수 있는 이점이 있다. 이를 위해 인사 분야에서 상담업무를 총괄하되 심리상담은 군종이, 인권침해 관련상담은 법무에서 담당하도록 구분하는 것이 효과적일 것이다.

(2) 기본권 전문상담사 배치 확대

전문상담사의 부족은 군 상담을 효과적으로 하는 데 있어 가장 큰 제한점이 되고 있다. 2007년 4월 현재 육군에서 운영하고 있는 전문상담사는 총 16명(2006년 4명 선발, 2007년 12명 선발)으로서 주로 전방사단 단위의 연대 급 부대에 주로 운용하고 있다. 이와 같은 숫자는 소요 대 배치 측면에서 절대적으로 부족한 것으로서 큰 실효를 거두지 못하고 있다. 향후 육군은 전문상담사를 국방중기계획에 반영하여 2008년 40명을 시작으로 2011년까지 400명의 전문 상담사를 배치할 계획이다.

육군의 이 같은 정책은 매우 바람직한 것으로서 가능하면 배치 시기를 앞당길 필요가 있고, 해군이나 공군에도 확대하여 추진할 필요가 있다. 특히 해군의 경우에는 적어도 구축함 단위로 1명 정도 배치하고, 공군의 경우에도 비행단급부대에 2명 정도의 상담사 배치가 적절할 것이다.

(3) 장교양성교육에 상담과목 신설/자격증 부여 제도 추진

앞에서 언급한 전문상담사가 대대 급 부대에 완전하게 충원되더라도 약 500여 명의 인원을 한 사람이 담당하기에는 어려울 것이다. 따라서 가장 바람직한 군 상담은 소대장이나 중대장 등 장교에 의해서 직접적이고 실시간대로 상담이 이루어지는 것이라고 할 수 있을 것이다.

이를 구현하기 위해서 사관학교 생도교육과정에 상담과목을 필수과목으로 채택하고 전문적 지식을 갖추는 데 필요한 적정 교육시간 확보와 프로그램을 개발하여 이를 수료하고 임관하는 초급장교에게 군 상담사 자격증을 부여하는 제도를 강구하는 방안도 고려되어야 할 것이다.

(4) 대대 급 부대에 상담실 설치

상담은 적절한 공간과 분위기 조성을 위한 환경이 잘 갖추어져야 한다. 그러나 실무부대의 상담은 대부분 지휘관 사무실에서 면담형식으로 이루어져 상담분위기를 잘 조성하지 못하고 있다. 따라서 대대 급 단위에 적정 규모(10평 정도)의 상담실이 반드시 설치되어야 하며, 상담실에는 상담에 필요한 환경을 갖추어 주는 것이 매우 중요하다.

이를 위해 상담실을 병영시설 표준화 규격에 포함시켜 중장기적으로 병영현대화 시설공사에 반영하고, 기존 병영시설은 가능한 10평 정도의 상담실을 설치해야 한다(예: 대대 급 병영도서관 설치규격 참조).

(5) 가정-군을 연계한 상담 협력체제 구축

앞에서 언급한 바와 같이 부적응 병사의 상당수는 개인문제와 가정문제와도 연관되어 있다. 이는 개인 및 가정 문제가 병사들의 부적응화를 증폭시키는 주요 원인이 된다는 점을 말해 준다.

통상 우리 국민은 자식들이 군에 입대하게 되면 그 순간부터 모든 책임을 군에 부과하고 자식이 어떤 고민을 하게 되는지 관심을 두지 않으려고 하는 성향이 크며, 군 역시 입대한 병사에 대해서 자체적으로 해결하는 방안을 모색하려고 한다. 그러나 이와 같은 성향은 바람직하지 않다. 병사의 부적응 문제는 단순히 군에만 영향을 미치는 것이 아니라, 병사 개인과 부모, 가정 전체에 영향을 미치게 된다.

이런 측면에서 부적응자의 상담을 위해서 무모-지휘관(인권/심리상담전문가)-병사(내담자)를 연계한 상담지원체계를 구축하는 것이 매우 중요하다. 부모를 부적응 병사의 상담 파트너로 삼는 것은 부적응 병사들의 심리적 안정과 치료에도 커다란 도움이 될 것이다. 이를 위해서는 부모들이 현장을 방문하여 직접 참여하는 방법과 이메일과 화상 상담을 이용하면 효과적일 것이다.

4) 복무 적응 강화를 위한 글로벌 네트워크 구축

군 복무 부적응 문제는 해당 장병에게 직면한 문제가 아니라 군의 사기와 전투력을 저해하는 요인이 된다. 또한 부적응자 문제는 가깝게는 부모 등 가족에게 미치는 영향은 물론, 이들이 전역 후에도 생활에 적응하지 못하는 등의 사회적 문제로도 발전하게 된다. 그러므로 장병들의 복무 부적응은 군만의 문제가 아니라 가정적, 사회적, 국가적 차원에서 예방하고 관리해야 할 중요한 사안인 것이다. 따라서 군은 복무 부적응 문제를 다룸에 있어 주체적인 역할을 하되 지역사회의 유관 기관이나 단체와 연계하여 부적응 병사 발생을 예방하고 진단하며, 치료하고 관리할 수 있는 상담인프라를 구축, 즉 글로벌 네트워크를 적극 추진해야 한다.

군이 복무 부적응문제에 효과적으로 대응하기 위한 글로벌 네트워킹은 여러 면에서 효과를 거둘 수 있을 것이다. 먼저 사회 전문가의 도움을 적절하게 받을 수 있을 것이다. 복무 부적응 증상은 정신적, 육체적, 환경적인 요인들이 복합되어 있는 만큼 군과 사회의 전문가, 그리고 정부의 관련기관 등과 인프라를 구축하여 전문적인 조언과 교육, 그리고 진단과 평가를 하여 문제를 매우 용이하게 해결할 수 있을 것이다. 예를 들면 독일군은 복무부적응 증세 등 상담 소요가 발생할 경우에 군 상담사와 지역에서 활동 중인 상담사, 장병의 부모, 목사 등을 연계하여 통합적이고 체계적이며, 전문적으로 진단하고 치료 및 관리하는 시스템을 갖추고 있는 것은 눈여겨 볼만하다.

글로벌 네트워킹의 또 다른 이점은 군의 진단이나 평가의 오류를 최대한 감소시킬 수 있다는 점이다. 아직까지 우리 군에는 부적응 문제를 다루는 전문가들이 매우 부족하며, 이를 보완하기 위해 지휘관이나 군종장교, 부사관 등에 의해 면담 위주로 이루어져 왔고, 자칫 관리를 잘못하여 부적응 증세가 악화될 경우 치료과정을 포기하고 전역 조치하는 사례가 많았다([그림 8] 참조).

[그림 8] 복무 부적응자를 위한 글로벌네트워크 구축

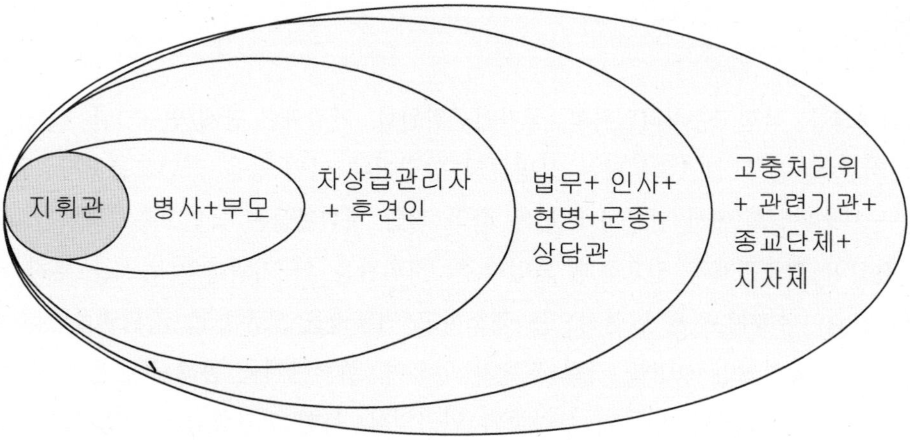

(1) 1그룹: **병사와 부모(가정)**

이 그룹은 인권을 보호받거나 침해당할 수 있는 직접적인 당사자라고 할 수 있는 병사와 부모를 연계하는 형태이다. 지휘관에게 있어 병사는 직접 생활을 같이하면서 인권문제와 관련하여 관찰이나 통해 병사에게 직면한 문제를 파악할 수 있으며, 병사의 부모는 자식의 성장 환경이나 안고 있는 문제를 잘 알고 있기 때문에 이를 잘 연계하면 유용할 것이다.

(2) 2그룹: **병사의 차상급 관리자와 후견인**

병사의 차상급 관리자(분대장, 소대장)는 병사들과 24시간을 함께하는 사람들로서 병사들의 심리상태와 태도 등을 잘 아는 위치에 있다. 또한 신병의 조기적응을 위해 임명된 후견인은 동거 동락하는 가장 밀접한 위치에 있다. 지휘관은 이들을 통해 병사들의 인권침해에 관한 정보를 얻거나 조언을 적절하게 받을 수 있다.

(3) 3그룹: **법무, 인사, 헌병, 군종, 상담관**

이 그룹은 지휘관의 참모로 구성되거나 지원받을 수 있는 인권관련 부서들이다. 지휘관은 이들 관계자로부터 인권보호에 관한 정보나 법률적, 제도적인 부분에 대한 도움을 적시적으로 받을 수 있다. 또한 지휘관은 인권관련 부서의 업무를 매트

릭스 형식으로 만들어 종합적이고 체계적으로 추진하는 방법도 고려되어야 할 것이다.

(4) 4그룹: 국민고충처리위원회, 국가인권위원회, 인권관련 단체/연구기관

먼저 2006년 11월 1일부터는 장병들의 인권이나 민원 등을 국민고충처리위원회의 '군사소위원회'에서 담당하게 됨에 따라 각급 지휘관들은 국민고충처리위원회와의 긴밀한 협조관계가 필요하게 되었다.[28] 지휘관은 이 기관과의 관계를 부하 장병의 인권이나 기본권을 발전적으로 해소하고 전투력을 보존하고, 지휘권을 강화할 수 있다는 긍정적인 사고를 가질 필요가 있으며, 협력관계를 통해 도움을 받을 수 있는 노력이 필요하다. 아울러 부하들의 인권의식, 특히 인간중심의 병영문화를 조성하기 위해 병영 내에서의 다양한 활동도 중요하지만 지방자치단체나 지역사회에서 이루어지는 각종 문화 활동이나 봉사활동 등에 참여시켜 인권의 중요성을 체험할 수 있도록 하는 방법도 고려되어야 할 것이다.

다. 인권 법치문화 환경 조성

국민의 인권보호 문제는 기본적으로 헌법에 의해 엄격하게 보장된다. 오늘날 우리 사회는 민주화가 급속하게 진행되고 있으며, 그 중심에는 인권이 존재하고 있다. 이제 인권문제는 우리 사회에서 가장 중요한 부분으로 부각되고 있으며, 이는 국민의 삶의 질 측면에서도 큰 영향을 미치고 있다. 이에 따라 인권문제도 헌법이나 정부 차원에서 국민의 인권욕구를 능동적으로 충족시키고 국가 경쟁력을 강화하는 노력을 경주하고 있다. 이러한 노력은 군에도 영향을 미쳐 군 인권문화를 새롭게 정립하는 계기가 되고 있다.

군 법규 체계의 최상위 개념은 헌법이다. 군인은 군복 입은 시민과 같은 존재로서 헌법을 상위 개념으로 한 군법과 각종 규정 및 방침을 적용받고 있다. 따라서

28) 군인복무 기본법 제24조에는 군인은 고충의 심사를 청구할 수 있으며, 이를 위하여 국방부 및 장관급 장교가 지휘하는 부대에 군인 고충심사위원회를 두도록 명시하고 있다.

국방부와 각 군은 '군인복무기본법'의 정신과 내용을 근거로 하여 하위규범체계 정비를 서둘러야 한다. 여기에서 말하고자 하는 하위법규체계는 먼저 국방부에서 제정하는 군인복무규율과 군 교육(양성 및 보수교육기관, 일반부대의 인권교육 및 정신교육, 군법교육 관련) 과목과 내용에 대한 규정을 뜻한다.

이와 함께 각 군에서 제정하여 적용하고 있는 각종 규정, 방침 등도 헌법정신과 '군인복무기본법' 정신이 정확하게 반영되도록 하고, 실제 인권정책이 현장에서 실천되는 각급 야전부대에서 적용할 규정이나 방침도 인권 의무와 금기사항을 명확하고 세부적으로 반영하여 철저하게 실천되도록 해야 한다.

이처럼 하위 법규체계를 정비 또는 보완해야 할 필요가 있는 것은 인권을 인치가 아닌 법치로 실천하는 문화를 정착시키기 위함이며, 동시에 상하 규범체계의 통일성을 추구하여 적용하고 판단하며 해석하는 데 있어 혼선을 피하기 위함이다.

아울러 이러한 규범체계에 인권보호의 정신과 필요성을 보완할 경우에는 선진국 군의 규범내용을 한국군에 맞게 적용 발전시키는 것도 좋을 것이다.

예를 들면 독일군의 '정신교육 지침서'[29]는 '독일 기본법의 정신을 구현하기 위한 하위 교육 규범으로서, 인간의 존엄성, 인권, 기본권, 자유, 평등을 교육 목표로 정하고 있으며, 부하에 대한 지휘통솔 목표 또한 '군사적 의무 사이에 유발되는 긴장과 갈등을 완화시키고, 스스로 이겨 나갈 수 있도록 도와주는 것'이라고 규정(독일군 정신교육지침서 2장 201항)하고 있어 인간의 존엄성과 법질서가 임무수행보다 우선되어야 한다는 점을 분명하게 적시하고 있다.

이와 함께 '모든 장병들은 상대방의 감정을 해치지 않는 세심한 배려를 해야 한다(동 지침 217항)', '상호간의 예절 준수(동 지침 307항)', '인력관리는 군인 개개인의 성장을 조력해 주는 데 있다(동 지침 317항)'는 조항을 두고 있는데 이는 독일군의 인권보호와 신장을 통해 복무적응을 강화하고 정신적, 육체적으로 성장하도록 제도적으로 보장하는 것으로서 우리 군에도 참고할 만한 자료가 될 수 있을 것이다.

29) 독일군 정신교육지침은 '독일기본법'에 기초하여 작성되었으며, 일종의 복무규정으로서 모든 장병들의 행위에 대한 일반적인 요구와 상급자에 대한 특별요구가 명시되어 있다.

라. 인권침해 사슬을 찾아 과감하게 단절

1) 지휘관에 의한 인권침해

부하에 대한 지휘관의 인권침해는 인격모독과 같은 직접적인 침해는 감소되고 있는 반면에 임무수행 과정에서 지휘관의 질책, 과도한 통제, 기본여건 미 보장, 권한 미 위임, 불신 등 간접적인 침해로 인해 간부로서의 자부심과 명예심, 그리고 자존감 상실을 호소하고 있다.

부하들은 지휘관이 자신을 리더로서 인정하고 그들의 역량을 제고하기보다는 이들을 지휘통제수단, 또는 임무를 수행하는 도구로 생각하기 때문에 아무런 생각 없이 언어나 태도 면에서 인권을 대수롭지 않게 침해하는 사례가 자주 발생한다는 견해를 가지고 있다. 또한 부하에 대한 지휘관의 인권침해도 직접적인 침해보다는 정당하지 못한 임무부여, 일과 휴식의 혼재, 임무수행을 이유로 한 휴가 등 기본권 제한, 의료권 등이 부대 업무나 개인임무와 관련하여 일부 제한을 받게 되는 경우가 허다하다.

초급간부를 비롯한 부하 간부들의 입장에서도 자신들의 인권을 침해하는 핵심인물은 바로 상급 지휘관이라는 의식을 강하게 가지고 있는 측면이 있다. 이것은 지휘관이 인권을 보호하고 신장해야 할 책임을 가지고 있으면서도 그 스스로 인권을 앞장서서 침해하고 있다는 평가를 부하로부터도 받을 수 있다는 사실을 깨닫게 해준다.

2) 선임병사에 의한 인권침해

선임병사들은 단지 군 생활을 오래했다는 이유 하나만으로 하급 병사들의 인권을 스스럼없이 침해한다. 선임병사에 의해 이루어지는 인권침해 현상은 군에서 가장 심각한 수준이며 그 결과 또한 불행한 결과를 초래할 수 있는 가능성이 매우 크다. 특히 선임병사에 의해 이루어지는 구타, 가혹행위, 언어폭력, 공포분위기 조성, 따돌림, 수치심 유발 등은 지휘관이나 간부들의 통제권 밖에서 은밀하게 이루어지기 때문에 세심한 감독과 지도가 없으면 이를 예방하기 어려운 특성을 가지고 있다.

3) 각종 환경에 의한 인권침해

병영에서 환경적 측면의 인권침해는 다양하다. 먼저 제도적인 측면에서 장병들은 일반 국민에 비해 권익을 보호받는 데 있어 불리한 점을 안고 있다. 즉 일반 국민들이 향유하는 인간 존엄과 행복 추구권이나 사적 제재를 받지 않을 권리, 평등권이나 청구권, 사회권 등이 군인의 경우에는 군법을 적용함에 따라 불리하게 적용되는 점들이 많다. 또한 병영에서 임무수행의 편의를 고려하여 장병 개개인이 인권이 침해당하는 경우도 허다하다. 예를 들면 선임병사에게 후임병사들의 교육훈련수준이나 감독의 책임을 부여하는 일로서 이는 임무수행을 원활하게 하는 측면이 있겠지만 같은 병사 신분인 선임병사가 후임병사에게 정신적, 육체적인 고통과 부담을 줄 수 있는 것이다.

이상과 같은 인권침해 유형들은 대체적으로 반복되는 성격을 가지고 있으며 그 결과 병영에서 인권침해가 수시로 발생하고 어떤 경우는 군의 특성을 들어 이를 묵인하거나 외면하는 현상도 보게 된다. 군 리더는 이와 같이 인권침해가 반복해서 발생하게 하는 원인을 정확하게 찾아 그 연결 사슬을 과감하게 끊어버리는 결단력과 용기가 필요하다(<표 12> 참조).

〈표 12〉 인권을 침해하는 사슬 유형과 단절 노력

	주요내용
지휘관 자신	ㅇ 신체적 폭력행위 ㅇ 인격모독, 과도한 질책성 언어폭력 ㅇ 부하 불신 ㅇ 권한을 독점하며 위임하지 않음 ㅇ 일과 휴식을 구분하지 못함 ㅇ 부당한 지시와 요구 ㅇ 공과 사를 구분하지 못함 ㅇ 부하의 의식주와 건강에 신경을 쓰지 않음 ㅇ 처벌 위주의 문제 해결
병사자신	ㅇ 후임병사에 대한 선임병사의 인권침해 ㅇ 선임병사의 부당한 지시 ㅇ 후임병에 대한 불필요한 간섭과 통제 ㅇ 부당한 인권침해 시 묵인하거나 참는 행위
환 경	ㅇ 법규를 준수하지 않는 풍토 ㅇ 법규 외 관행적, 임의적으로 사용하는 부대관리 체계 ㅇ 의·식·주 및 건강권을 위협하는 시설, 운영체계

마. 인권친화적인 커뮤니케이션

말은 커뮤니케이션을 여는 출발점이며 종결점이다. 말은 감동과 기쁨과 신뢰와 존경을 주지만 때로는 상처와 좌절과 분노를 주기도 한다. 군대 역시 지휘관의 말은 부하의 사기와 정서에 결정적인 영향을 미치게 된다. 지휘관의 말 한마디에 부대의 분위기는 하루에도 몇 번씩 변할 정도로 지휘관의 말은 막대한 영향력을 행사한다.

품성이 훌륭한 지휘관은 인권친화적인 말을 좋아하고 이를 부하들에게 즐겨 사용한다. 이런 지휘관은 다음과 같은 몇 가지 대화기술을 적절하게 활용하여 목표를 달성하고 부하들에게 즐거움을 준다.

1) 부하의 장점에 초점을 맞추어 대화

리더는 부하들이 모두 장점을 가지고 있는데도 대부분 장점보다는 단점을 말하며 질책하는 경우가 많다. 이것은 리더가 부하의 장점을 찾고 긍정적으로 대화하는 훈련을 많이 경험하지 못했기 때문이다. 장점에 대화의 포커스를 잘 맞추면 부하는 자신의 재능을 무한대로 발전시키고 자존감을 높이게 된다. 특히 인격, 품성, 자질, 태도 등에 대한 장점을 발견하여 칭찬하고 대화하면 부하 자신도 모르게 생각과 태도가 바뀌게 되고, 리더처럼 자신의 동료나 하급자에게도 인권친화적인 대화를 하게 되어 인간미가 풍부한 조직으로 발전시킬 수 있다.

2) 인정, 칭찬, 지지

인간은 누구나 칭찬받고 인정받고 싶어 한다. 장병도 마찬가지이다. "칭찬은 고래도 춤추게 한다"는 말도 있듯이 인정과 칭찬은 부하들에게 생기를 불러 넣어주는 신선한 산소와 같다. 특히 리더가 부하를 인정하고 지지하는 것은 부하의 인격에 대한 자각을 진실하게 표현하는 것이다. 그러므로 리더는 부하들의 인격을 인정하고 그 인격의 훌륭함과 태도 등을 구체적으로 제시하여 칭찬하고 적극 지지해주는 노력이 필요하다. 리더의 이런 노력은 부하들의 경직된 마음을 온화하게 해주고 자존감을 느끼게 해 주며, 타인을 배려하는 여유를 갖게 해 준다. 이와 함께 칭찬하고 격려하며 지지해준다는 메시지를 전하는 표정이나 몸짓도 부하들의 감성을 크게 업그레이드 해준다.

3) 온화한 말 사용

지휘관의 온화한 말은 부하들이 가장 원하는 것일지도 모른다. 사실 지휘관이 자주 화를 내거나 짜증스럽고 차가운 말은 부하들에게 가장 스트레스가 되고 근심과 걱정을 주는 요인이 되기도 한다. 특히 온화하지 못한 리더의 말에서 부하들은 인격적인 모독감이나 수치심을 느낀다. 그러나 온화한 말을 사용하는 리더는 부하의 인격을 존중하고 그들에게 자존감을 고양해준다. 또한 온화한 리더의 말에서 용기와 자신감을 회복하고 리더를 존경하는 마음이 생성된다.

4) 적절한 코칭으로 부하 인격 성장

지휘관 대화는 부하를 인격적으로 성장시키는 목적을 가져야 한다. 즉 부하와의 대화가 인권친화적이면서도 자아실현을 도와주는 역할과, 부하가 지닌 인격적 역량이 긍정적으로 발전되도록 지원하는 역할을 동시에 해 주어야 한다는 것이다. 이는 단순히 대화의 선을 넘은 라이프 코칭(life coaching)의 개념을 뜻한다. 코칭은 모든 사람에게 무한한 가능성이 있고, 그 해답은 본인이 가지고 있으며, 해답을 보다 정확하게 찾기 위해서 파트너가 필요하다는 세 가지의 철학을 담고 있다. 여기에서 리더는 해답을 스스로 찾게 해주는 파트너, 또는 코치라고 할 수 있다.

이런 개념을 군에 적용해 보면 군 리더는 부하 개개인의 인격적인 역량을 스스로 발견하고 이를 성장하도록 코치 역할을 적극적으로 해야 한다. 직업군인들은 통상 대화를 직선적인 단답형 질문과 필요한 답변만을 요구하는 경향이 있어 부하들의 창의적인 사고를 가로막고 있다는 평가를 듣는다. 부하 코칭에 능한 군 리더는 대화를 통해 늘 감성을 풍부하게 만들고 스스로 문제 해결을 위한 창의적인 답변을 유도하는 효과적인 질문을 만들어 낸다(<표 13> 참조).

〈표 13〉 코칭에 입각한 효과적인 질문 기술

변명을 하게 하는 질문	문제해결을 위한 질문
○ 왜 그렇게 늦었나? ○ 왜 사전에 보고하지 않았나? ○ 어떻게 약속을 못 지키나? ○ 왜 이렇게 엉망으로 진행되나?	○ 어디서 문제가 발생하나? ○ 어떻게 하면 해결할 수 있는가? ○ 우리의 잘못은 무엇인가? ○ 또 다른 좋은 대안은 없는가?
수치감을 느끼게 하는 질문	**정보를 구하는 질문**
○ 지금 제정신인가? ○ 이 정도밖에 못하는가? ○ 왜 이렇게 망쳐 놓았나? ○ 어떻게 그런 일을 할 수 있는가?	○ 이런 제안을 어떻게 생각하나? ○ 이 방법의 장점은 무엇인가? ○ 이것과 저것의 차이는 무엇인가? ○ 누가 이 일과 관련이 있는가?

바. 인권친화리더십 동기의 지속적 유발

1) 인권사명서를 지속적으로 상기

앞에서 제시한 인권사명서는 리더와 부하가 각자의 위치와 임무수행과정에서 인권의 소중함과 자신은 물론 타인의 인권을 배려하기 위한 행동지침을 구체화한 것이다. 리더는 인권 사명서를 유용하게 활용하여 부하들의 인권의식을 지속적으로 일깨우고 행동으로 실천하도록 하는 것이 바람직하다. 이를 위해 점호 시나 국기게양식 등 부대행사 시에 전 장병이 제창하도록 하고, 사명서 내용을 생활관이나 훈련장, 식당, 휴게실 등 병영생활공간에 부착하여 실천분위기를 조성하는 것도 좋을 것이다.

2) 인권보호를 지휘중점의 핵심으로 선정

인권은 모든 법규에 가장 우선적으로 지켜져야 할 핵심적인 문제이다. 인권은 침해받아서도 안 되며 침해해서도 안 되는 것으로서, 이를 위해서는 관련 법규를 철저하게 준수하도록 하는 풍토를 조성해주어야 한다. 이를 위해서 리더의 지휘중점에 인권에 관한 사항을 포함하여 지휘의지를 분명하고도 확고하게 표출하는 것이 유용할 것이다.

리더는 이를 기초로 부하를 교육하고 이를 행동으로 실천하도록 강력하게 지도감독함으로써 전 부대원들이 인권에 대한 공동적인 관심과 책임의식을 가지도록 하는 조준정렬 노력을 경주해야 한다.

3) 부하 인권의식의 전환을 지속적으로 시도

지휘관이 아무리 인권보호와 신장을 위해 노력해도 병사들을 직접 관리하는 간부나 하급병사에게 영향을 미치는 선임병사들의 의식전환과 태도 변화가 없다면 허사가 될 것이다. 따라서 리더는 부하들에 대해 인권의 참뜻과 인권이 적극적으로 보호되고 신장될 때 내 자신과 부대에 어떤 발전과 유익함이 있는지를 지속적으로 인식시키는 노력이 중요하다.

4) 공정하고 엄격한 상벌

인권침해문제는 인간성을 파괴하고 조직의 질서와 체계를 무너뜨리는 직접적인 요인이 되는 중요한 문제이다. 이런 점에서 보면 인권침해에 대해서는 법규를 엄격하게 적용하고 다스려야 한다. 군에서는 인권침해 문제에 대해서 조직의 특성이나 상황을 고려하여 온정적으로 처리하는 경향이 있다. 그러나 이러한 현상은 결국 목적을 달성하기 위해서는 인권침해라는 수단을 사용해도 된다는 오해를 낳기 쉬우며 이런 일들이 축적되면 더 큰 인권침해가 발생할 수 있다. 지휘관은 인권침해 문제에 관한 한 냉정해질 필요가 있으며 원칙에 따라 조치하는 것이 결국에는 지휘관 자신은 물론 부하들을 위하고 나아가 전투력을 보존하는 것임을 알아야 한다.

아울러 지휘관은 인권보호를 위해 모범적으로 노력한 부하에 대해서는 그 사실을 부대에 알리고 신상에 구체적으로 도움을 줄 수 있는 상을 주어야 한다. 이런 지휘관의 균형적인 노력은 부하들의 인권의식을 매우 효과적으로 제고시켜 줄 수 있는 방법이 될 것이다.

5) 다양한 인권문화행사 추진

인권의식은 구성원 상호간에 필요성을 이해하고 공감할 때 강화된다. 문화행사는 구성원 전체가 함께 모여 전우와 상급자, 그리고 지휘관이 각각의 위치에서 얼마나 소중한 존재인지를 깨닫게 하고 닫혔던 마음을 열어주는 매개체가 된다. 인권문화행사는 다양한 소재를 활용할 수 있다. 인간의 소중함을 다룬 감동적인 영화 시청이나, 연극, 웅변대회, 역할극, 그림그리기, 가요제, 양로원 및 고아원 봉사활동 등 부대 여건을 고려하여 다양하게 시행할 수 있다. 흔히 군은 인권의식함양을 교육이나 법규의 적용으로 달성하려고 하며, 문화적으로 해소하려는 노력을 중요시하지 않는 경향이 있다. 그러나 인권의식 함양은 다양한 문화예술활동을 통해 더욱 효과를 거둘 수 있다.

사. 인권친화적인 지휘문화 조성

세계 어느 나라 군도 인권에 자유롭지 못한 측면이 있다. 그것은 군은 전쟁에서의 승리를 위해 존재하며, 이를 구현하기 위해 엄격한 규율로 통제되고 강한 교육훈련, 개인보다는 집단의 목표와 이익 추구라는 현실적인 문제를 매우 중요하게 취급해 온 특성이 있기 때문이다.

인권이 가장 잘 지켜지고 있다는 평가를 받고 있는 미국도 월남전이나 이라크에서의 작전 활동 간에 장병 상호간 또는 민간인에 대한 인권침해 사건으로 인해 세계인으로부터 비판을 받고 있고, 그 결과 미군의 위상도 심각하게 훼손된 사례를 자주 보게 된다.

우리 군도 마찬가지이다. 그동안 발생했던 인권관련 사고들을 분석해 보면 대부분 임무수행을 잘하기 위해 수단과 방법이 과도한 것으로 조사되기도 하지만, 이는 심각한 인권침해 결과로 이어져 임무수행의 명분은 사라지고 결국 군과 당사자의 불명예만 부각되는 결과를 초래하게 되는 사례를 많이 경험하였다. 이런 사례를 통해 군사목적을 위한 명분도 중요하지만 비상식적으로 인권이 심각하게 유린된다면 이는 그 어떤 명분도 합리화될 수 없고 결국 그 국가나 군, 그리고 당사자들에게는 치명적인 손상이 될 수 있다는 교훈을 얻게 된다.

따라서 군을 운용하고 관리하는 지휘관과 모든 간부들은 임무수행을 위해서는 인권이 침해되어도 문제될 것이 없다는 생각을 근본적으로 버려야 한다. 즉 인권이 모든 임무에 우선한다는 원칙을 확고하게 견지해야만 한다는 점이다. 지휘관과 간부들이 이와 같은 원칙을 확고하게 견지하는 일은 매우 중요하다. 왜냐하면 병영내의 인권 문제는 주로 부대를 운영하고 장병을 관리하는 지휘관과 간부의 지시 및 지휘방식에 있어서 인권을 고려하는 데는 비교적 소홀한 반면에 임무수행 목표와 결과만을 지나치게 강조하는 경향이 있기 때문에 본의 아니게 부하들의 인권이 광범위하게 침해당할 수 있는 가능성이 존재하기 마련이다.

그러므로 지휘관과 간부는 임무를 계획하고 추진하는 과정에서 인권문제가 침해당할 수 있는 부분이 어떤 것인지를 세심하게 고려하고 배려하는 지휘문화가 크게 요구된다. 특히 인격권을 포함하여 휴식의 권리, 건강권 등의 기본권이 최대한 보장되는 가운데 임무를 효과적으로 수행하는 방안을 강구하는 것을 생활화하는 인권문화를 조기에 정착시켜야 할 것이다.

아. 인권사명 선언서 작성 및 신념화

리더십은 영향력을 행사하는 과정이다. 여기에서 말하는 영향력은 상호적이다. 즉 리더는 부하에게, 부하는 리더에게 긍정적이고 발전적으로 상호 영향력을 행사하는 형태가 가장 이상적인 리더십 과정이라고 할 수 있다. 또한 상호작용은 조직의 공동적인 가치와 목표가 분명하고 명쾌하게 제시될 때 효과적으로 이루어진다.

이런 점에서 인권사명서는 조직 구성원이 나름대로 인권문제에 대한 중요성을 인식하고 신념화하며, 타인에 대한 인권보호를 적극 배려하게 해주게 된다. 미국의 리더십학자이자 '성공을 이끄는 7가지 습관'이라는 저자로 유명한 스티븐 코비는 리더 자신은 물론, 자신의 부하들에게도 사명선언서 작성을 적극 권유한다. 코비의 말에 의하면 사명선언서는 추구하는 가치를 명쾌하고 분명하며 실천 가능하고 비전을 제시한 것이어야 한다는 점을 강조하고 있다.

사명서는 우리나라의 많은 기업에서도 도입되어 적극 활용되고 있으며, 이를 기업 가치를 높이고 비전을 구현하는 도구로 할용하고 있다. 조직의 공유된 사명서는 "그냥 액자 속에 넣어져 있는 의미 없는 문구"처럼 보일 수 있다. 그러나 이러한 문구는 팀과 개인은 물론 조직 전체의 사명과 연결하는 훌륭한 파이프라인이다 이런 식으로 개인은 조직의 방향을 볼 수 있고, 자신이 하는 일이 조직의 사명을 달성하는 데 어떻게 직접 영향을 주는지 알 수 있다.

이와 같은 사명서는 군에서도 유용하게 적용할 수 있다. 인권문제와 관련한 사명서는 군 리더로 하여금 인권문제가 자신이 부하들의 권익과 성장을 책임지고 있다는 사명감과 신념을 새롭게 가져다 줄 뿐 아니라 자신의 리더십을 성공으로 이끌어 주는 안내서가 될 수 있다. 이러한 인권사명서는 군 리더뿐 아니라 부하 개개인에게도 적용할 수 있다. 인권사명서는 조직이 공동적으로 추구해야 할 가치와 달성해야 할 목표를 매우 구체적이고 분명하게 제시하여 구성원이 한 방향으로 역량을 집중하도록 작성되어야 하며, 지휘관과 부하 개개인이 동시에 작성하는 것이 효과적이다. 다음은 '도이치은행 한국지점'의 사명서예이다.

> 우리 도이치은행 한국지점은 글로벌 네트워크를 통하여 한국 기업 및 다국적 기업의 상호진출을 적극적으로 도와줌으로써 한국 경제개발에 기여한다. 아울러 차별화된 상품과 서비스를 제공하여 고객가치 증대에 기여한다. 우리는 2007년까지 외국계 한국은행 중 TOP에 진입한다.

이어서 군부대의 인권사명서 예이다.

> 우리 3대대는 존중과 배려를 바탕으로 한 병영문화를 조성하여 단결과 전우애로 최강의 전투력을 창출한다. 3대대는 동료전우들의 인권을 존중하고 정신적, 육체적인 고통을 주지 않으며 자신의 기본권을 정당하게 행사한다. 이를 통해 3대대는 인권침해를 과감하게 추방하고 2006년 12월까지 야전군에서 가장 모범적인 인권우수부대가 된다.

자. 군의 인권보호 노력 적극 홍보

지휘관은 누구나 부하의 인권이 보호되고 침해되지 않도록 최선을 다한다. 비록 불가항력적이거나 부하 개개인의 문제로 인해 인권사고가 종종 발생하기는 하지만 그렇다고 지휘관이 투입한 숭고한 노력들을 부정하거나 매도해서는 안 된다. 언론이나 국민도 군의 노력을 이해하려고 하지만 막상 사건사고가 발생하면 어느새 집중적으로 성토하는 경향을 띤다. 또한 국민은 군이 나름대로 인권이 침해되지 않도록 하는 노력을 잘 알지 못하여 막연하게 군대는 인권 사각 지대라는 부정적인 이미지를 가지고 있다.

이와 같은 1차적인 책임은 군과 리더들에게 있다. 즉 군 내에서 인권침해 사건사고가 자주 발생하는 데 대한 책임이나, 인권문제에 대해 가능한 노출시키기를 꺼려하고 군 인권문제를 군 내부에서만 해결하려는 측면이 강하였기 때문이다. 이와 같은 결과는 국민에게 인권관련 사고가 발생할 때마다 의혹을 제기하고 군의 발표를 불신하게 하는 요인이 되고 있다.

이제 군은 이러한 인권 악순환 사이클에서 과감하게 탈피하여 인권 선순환 사이클을 추구해야 한다. 이를 위해서는 내면적으로 인권보호 및 신장을 위한 매우 구체적이고 실질적인 노력을 해야 한다. 먼저 군은 인권침해 문제를 과감하게 드러내놓고 국민과 국가사회와 이 문제를 공동적으로 해결도 모색하는 용기가 필요하다.

특히 군이 장병 개개인의 인권보호를 위해서 법적, 제도적, 실천적인 노력을 어떻게 하고 있으며, 구체적인 성과가 무엇인지를 수시로 장병의 가족을 비롯한 국민에게 적극 홍보해야 하며, 특히 그동안 소원한 관계를 가졌던 인권 관련 사회단체나 언론과도 군 인권보호를 위한 상호 협력관계를 강화해야 한다.

이와 함께 군이 해결하기 어려운 근본적인 문제, 즉 입대 전 장병들의 인성문제, 인권침해 문제, 가정문제 등을 가정과 학교와 사회도 분담하고 군과의 교류협력도 적극적으로 추진해야 한다는 점을 정당하게 요구하고 이를 공동으로 개선시켜 나가는 열린 인권의식을 갖는 것이 매우 중요하다.

6. 맺음말

장병들의 군 복무 부적응은 '사회문화와 군대 문화의 충돌에서 오는 심리적, 신체적 부조화 현상'이라는 점에서 심각하게 다루어져야 할 문제이다. 복무부적응 집단이 클수록 군의 건강상태는 좋지 않으며 온전한 사기와 전투력 향상을 기대할 수 없다. 특히 복무 부적응 문제를 근본적으로 해결하지 않으면 장병 개개인의 성장과 군의 리더십을 선진화하는 데 있어 제한을 받을 것이다.

장병 복무 부적응을 유발하거나 악화시키는 가장 큰 원인은 인권침해이다. 그러므로 군은 장병의 인권보호와 신장을 위해 정책적인 관심을 기울여야 하며, 그중에서도 병영 환경을 인권친화적 문화와 인권 법치 문화로 과감하게 혁신할 필요가 있다.

아울러 지휘관이나 간부 자신이 인권 패러다임을 선진적으로 전환하고 자신이 인권친화적인 지휘문화를 만드는 데 솔선수범해야 한다. 이는 인권친화적인 병영문화를 정착하는 핵심요인이 된다. 또한 군과 정부기관, 민이 군 복무 부적응 문제를 해결하기 위해 공동으로 노력하는 글로벌 네트워킹을 구축하는 것도 유용한 방법이다.

이와 같은 방안의 적극적인 시행은 국군의 인권문화를 선진화하고 전투력을 강화시키며, 경쟁력을 크게 높이는 기반이 될 뿐 아니라, 국군의 리더십을 선진화하는 토양을 제공하는 가치 있는 일이 될 것이다.

참고문헌

김완일, 『군 상담의 이론과 실제』, 학지사, 2006.

국방부, 『21세기 강군육성을 위한 선진 병영문화』, 2005.

국가인권위원회, 『군대 내 인권상황 실태조사 및 개선방안 연구』, 2005.

국가인권위원회, 『군 복무 부적응자 인권상황 실태조사』, 2006.

한국국방연구원, 『국방 주요정책에 대한 고객만족도 조사』, 2006.

국방대학교, 『2006년 범국민 안보의식 여론조사』, 2006.

국방부, 『2006 국방백서』, 2006.

국방부, 『장병 기본권 지침서』, 2007.

국방부, 『군 지휘관 인권리더십 과정 교재』, 2007.

육군본부, 『군대와 기본권』, 2007.

김광식, 『장병 기본권 확립방안 연구』, 2004.

국가인권위원회, 『인권 길라잡이』, 2004.

권석만, 『현대 이상심리학』, 학지사, 2006.

강경호, 『위기와 상담』, 한사랑 가족상담연구소, 2000.

이창덕, 『삶과 화법』, 2004.

유명덕 외, 『선진국 군 정신교육 사례연구를 통한 장병정신교육 발전방안 연구』, 국방대학교, 2006.

한국상담전문가연합회, 『군 상담 특별 심화교육 교재』, 2006.

부록: 병영문화관련 주요 법령(안)

1. 병역법
2. 군인복지기본법
3. 국방개혁에관한법률
4. 군인복무규율
5. 군인복무기본법(안)

* 상기법령(안)은 국방부 홈페이지를 참조함.

부록 1

병역법

[일부개정 2008. 2. 29. 법률 제8852호, 2009. 1. 1. 시행]

제1장 총칙

제1조 (목적) 이 법은 대한민국 국민의 병역의무(병역의무)에 관하여 규정함을 목적으로 한다.

제2조 (정의) ① 이 법에서 사용되는 용어의 정의는 다음과 같다. <개정 1994. 12. 31., 1997. 1. 13., 1999. 2. 5., 2000. 12. 26., 2001. 8. 14., 2006. 3. 24., 2006. 10. 4., 2007. 7. 27.>

1. "징집(징집)"이라 함은 국가가 병역의무자에 대하여 현역(현역)에 복무할 의무를 부과하는 것을 말한다.
2. "소집(소집)"이라 함은 국가가 병역의무자 중 예비역(예비역)·보충역(보충역) 또는 제2국민역(제2국민역)에 대하여 현역복무 외의 군 복무(군 복무)의무 또는 공익분야에서의 복무의무를 부과하는 것을 말한다.
3. "입영(입영)"이라 함은 병역의무자가 징집·소집 또는 지원(지원)에 의하여 군부대에 들어가는 것을 말한다.
4. "무관후보생(무관후보생)"이라 함은 현역의 사관생도(사관생도)·사관후보생(사관후보생)·준사관후보생(준사관후보생) 및 부사관후보생(부사관후보생)과 제1

국민역(제1국민역)의 사관후보생 및 부사관후보생을 말한다.

5. “고용주(고용주)”라 함은 병역의무자를 고용하는 『근로기준법』의 적용을 받는 공·사기업체나 공·사단체의 장을 말한다.
6. “징병검사전문의사”라 함은 의사 또는 치과의사의 자격을 가진 사람으로서 『국가공무원법』에 따라 대통령령이 정하는 일반직 또는 계약직 공무원으로 채용되어 신체검사업무 등에 종사하는 사람을 말한다.
7. “전환복무(전환복무)”라 함은 현역병으로 복무 중인 사람을 교정시설경비교도(교정시설경비교도)·전투경찰대원(전투경찰대원) 또는 의무소방원(의무소방원)의 임무에 종사하도록 그의 군인으로서의 신분을 다른 신분으로 전환(전환)하는 것을 말한다.
8. “상근예비역(상근예비역)”이라 함은 징집에 의하여 현역병으로 입영한 사람이 일정기간을 현역병으로 복무하고 예비역에 편입된 후 향토방위(향토방위)와 이와 관련된 업무를 지원하기 위하여 소집되어 실역에 복무하는 사람을 말한다.

   8의2. “승선근무예비역”이란 『선박직원법』 제4조제2항제1호 및 제2호에 따른 항해사 또는 기관사로서 『비상대비자원관리법』 또는 『국제선박등록법』에 따라 전시·사변 또는 이에 준하는 비상시에 국민경제에 긴요한 물자와 군수물자를 수송하기 위한 업무 또는 이와 관련된 업무의 지원을 위하여 소집되어 승선근무하는 사람을 말한다.
9. “공익근무요원(공익근무요원)”이라 함은 국가기관(국가기관)·지방자치단체(지방자치단체)·공공단체(공공단체) 또는 『사회복지사업법』 제34조의 규정에 의하여 설치된 사회복지시설(사회복지시설. 이하 “사회복지시설”이라 한다)의 공익목적수행(공익목적수행)에 필요한 경비·감시·보호·봉사 또는 행정업무 등의 지원과 예술·체육의 육성 또는 국제협력을 위하여 소집되어 공익분야에 복무하는 사람을 말한다.
10. “공중보건의사(공중보건의사)”라 함은 의사(의사)·치과의사(치과의사) 또는 한의사(한의사)의 자격을 가진 사람으로서 『농어촌등보건의료를위한특별조치법』이 정하는 바에 따라 공중보건업무에 종사하는 사람을 말한다.
11. “국제협력의사(국제협력의사)”라 함은 의사·치과의사 또는 한의사의 자격을

가진 사람으로서 『국제협력요원에관한법률』이 정하는 바에 따라 국제협력업무에 종사하는 사람을 말한다.

11의2. "공익법무관(공익법무관)"이라 함은 변호사의 자격을 가진 사람으로서 『공익법무관에관한법률』이 정하는 바에 따라 법률구조업무 또는 국가·지방자치단체의 공공목적의 업무수행에 필요한 법률사무에 종사하는 사람을 말한다.

11의3. "징병검사전담의사(징병검사전담의사 이하 "징병전담의사"라 한다)"라 함은 의사 또는 치과의사의 자격을 가진 사람으로서 제34조의 규정에 의하여 징병전담의사로 편입되어 신체검사업무 등에 종사하는 사람을 말한다.

11의4. "공익수의사"라 함은 수의사의 자격을 가진 사람으로서 『공익수의사에관한법률』이 정하는 바에 따라 가축방역업무에 종사하는 사람을 말한다.

12. "전문연구요원(전문연구요원)"이라 함은 학문과 기술의 연구를 위하여 제36조의 규정에 의하여 전문연구요원으로 편입되어 해당 전문분야의 연구업무에 종사하는 사람을 말한다.
13. "산업기능요원(산업기능요원)"이라 함은 산업을 육성·지원하기 위하여 제36조의 규정에 의하여 산업기능요원으로 편입되어 해당분야에 종사하는 사람을 말한다.
14. "지정업체(지정업체)"라 함은 제36조의 규정에 의하여 병무청장이 선정한 연구기관·기간산업체·방위산업체와 『농업·농촌기본법』 제16조의 규정에 의한 농업회사법인(이하 "농업회사법인"이라 한다), 『농업기계화촉진법』 제11조제2항의 규정에 의한 농업기계의 사후봉사업체(이하 "사후봉사업체"라 한다)를 말한다.
15. "공공단체(공공단체)"라 함은 공익목적을 수행하기 위하여 법률에 의하여 설치된 법인 또는 단체로서 대통령령으로 정하는 법인 또는 단체를 말한다.

② 이 법에서 병역의무의 이행시기(이행시기)를 연령으로 표시한 경우 "○○세부터"라 함은 그 연령이 되는 해의 1월 1일부터를, "○○세까지"라 함은 그 연령이 되는 해의 12월 31일까지를 말한다.

제2조 (정의) ① 이 법에서 사용되는 용어의 정의는 다음과 같다. <개정 1994. 12. 31., 1997. 1. 13., 1999. 2. 5., 2000. 12. 26., 2001. 8. 14., 2006. 3. 24., 2006. 10. 4., 2007. 7. 27., 2007. 12. 21.>

1. “징집(징집)”이라 함은 국가가 병역의무자에 대하여 현역(현역)에 복무할 의무를 부과하는 것을 말한다.
2. “소집(소집)”이라 함은 국가가 병역의무자 중 예비역(예비역) · 보충역(보충역) 또는 제2국민역(제2국민역)에 대하여 현역복무 외의 군 복무(군 복무)의무 또는 공익분야에서의 복무의무를 부과하는 것을 말한다.
3. “입영(입영)”이라 함은 병역의무자가 징집 · 소집 또는 지원(지원)에 의하여 군부대에 들어가는 것을 말한다.
4. “무관후보생(무관후보생)”이라 함은 현역의 사관생도(사관생도) · 사관후보생(사관후보생) · 준사관후보생(준사관후보생) 및 부사관후보생(부사관후보생)과 제1국민역(제1국민역)의 사관후보생 및 부사관후보생을 말한다.
5. “고용주(고용주)”라 함은 병역의무자를 고용하는 『근로기준법』의 적용을 받는 공 · 사기업체나 공 · 사단체의 장을 말한다.
6. “징병검사전문의사”라 함은 의사 또는 치과의사의 자격을 가진 사람으로서 『국가공무원법』에 따라 대통령령이 정하는 일반직 또는 계약직 공무원으로 채용되어 신체검사업무 등에 종사하는 사람을 말한다.
7. “전환복무(전환복무)”라 함은 현역병으로 복무 중인 사람을 교정시설경비교도(교정시설경비교도) · 전투경찰대원(전투경찰대원) 또는 의무소방원(의무소방원)의 임무에 종사하도록 그의 군인으로서의 신분을 다른 신분으로 전환(전환)하는 것을 말한다.
8. “상근예비역(상근예비역)”이라 함은 징집에 의하여 현역병으로 입영한 사람이 일정기간을 현역병으로 복무하고 예비역에 편입된 후 향토방위(향토방위)와 이와 관련된 업무를 지원하기 위하여 소집되어 실역에 복무하는 사람을 말한다.

   8의2. “승선근무예비역”이란 『선박직원법』 제4조제2항제1호 및 제2호에 따른 항해사 또는 기관사로서 『비상대비자원관리법』 또는 『국제선박등록법』에 따라 전시 · 사변 또는 이에 준하는 비상시에 국민경제에 긴요한 물자와 군수물자를 수송하기 위한 업무 또는 이와 관련된 업무의 지원을 위하여 소집되어 승선근무하는 사람을 말한다.

9. "공익근무요원(공익근무요원)"이라 함은 국가기관(국가기관)·지방자치단체(지방자치단체)·공공단체(공공단체) 또는 『사회복지사업법』 제34조의 규정에 의하여 설치된 사회복지시설(사회복지시설. 이하 "사회복지시설"이라 한다)의 공익목적수행(공익목적수행)에 필요한 경비·감시·보호·봉사 또는 행정업무 등의 지원과 예술·체육의 육성 또는 국제협력을 위하여 소집되어 공익분야에 복무하는 사람을 말한다.

10. "공중보건의사(공중보건의사)"라 함은 의사(의사)·치과의사(치과의사) 또는 한의사(한의사)의 자격을 가진 사람으로서 『농어촌등보건의료를위한특별조치법』이 정하는 바에 따라 공중보건업무에 종사하는 사람을 말한다.

11. "국제협력의사(국제협력의사)"라 함은 의사·치과의사 또는 한의사의 자격을 가진 사람으로서 『국제협력요원에관한법률』이 정하는 바에 따라 국제협력업무에 종사하는 사람을 말한다.

11의2. "공익법무관(공익법무관)"이라 함은 변호사의 자격을 가진 사람으로서 『공익법무관에관한법률』이 정하는 바에 따라 법률구조업무 또는 국가·지방자치단체의 공공목적의 업무수행에 필요한 법률사무에 종사하는 사람을 말한다.

11의3. "징병검사전담의사(징병검사전담의사 이하 "징병전담의사"라 한다)"라 함은 의사 또는 치과의사의 자격을 가진 사람으로서 제34조의 규정에 의하여 징병전담의사로 편입되어 신체검사업무 등에 종사하는 사람을 말한다.

11의4. "공익수의사"라 함은 수의사의 자격을 가진 사람으로서 『공익수의사에관한법률』이 정하는 바에 따라 가축방역업무에 종사하는 사람을 말한다.

12. "전문연구요원(전문연구요원)"이라 함은 학문과 기술의 연구를 위하여 제36조의 규정에 의하여 전문연구요원으로 편입되어 해당 전문분야의 연구업무에 종사하는 사람을 말한다.

13. "산업기능요원(산업기능요원)"이라 함은 산업을 육성·지원하기 위하여 제36조의 규정에 의하여 산업기능요원으로 편입되어 해당분야에 종사하는 사람

을 말한다.

14. “지정업체(지정업체)”라 함은 제36조의 규정에 의하여 병무청장이 선정한 연구기관·기간산업체·방위산업체와 『농업·농촌및식품산업기본법』 제29조에 따른 농업회사법인(이하 “농업회사법인”이라 한다), 『농업기계화촉진법』 제11조제2항의 규정에 의한 농업기계의 사후봉사업체(이하 “사후봉사업체”라 한다)를 말한다.

15. “공공단체(공공단체)”라 함은 공익목적을 수행하기 위하여 법률에 의하여 설치된 법인 또는 단체로서 대통령령으로 정하는 법인 또는 단체를 말한다.

② 이 법에서 병역의무의 이행시기(이행시기)를 연령으로 표시한 경우 “○○세부터”라 함은 그 연령이 되는 해의 1월 1일부터를 “○○세까지”라 함은 그 연령이 되는 해의 12월 31일까지를 말한다.

제3조 (병역의무) ① 대한민국 국민인 남자는 헌법과 이 법이 정하는 바에 따라 병역의무를 성실히 수행하여야 한다. 여자는 지원에 의하여 현역에 한하여 복무할 수 있다.

② 이 법에 의하지 아니하고는 병역의무에 대한 특례(특례)를 규정할 수 없다.

③ 제1항에 따른 병역의무 및 지원은 인종·피부색 등을 이유로 차별하여서는 아니 된다. <신설 2007. 12. 31.>

④ 병역의무자로서 6년 이상의 징역(징역) 또는 금고(금고)의 형을 선고받은 사람은 병역에 복무할 수 없으며 병적(병적)에서 제적된다. <개정 2007. 12. 31.>

제4조 (군인사법과의 관계) 징집 또는 소집되거나 지원에 의하여 입영한 사람의 복무 등에 관하여 이 법에 규정된 것을 제외하고는『군인사법』을 적용한다. <개정 2006. 3. 24.>

제5조 (병역의 종류) ① 병역은 다음 각 호와 같이 현역·예비역·보충역·제1국민역 및 제2국민역으로 구분한다. <개정 1994. 12. 31., 1997. 1. 13., 1999. 2. 5., 2000. 12. 26., 2006. 3. 24.>

1. 현역: 징집 또는 지원에 의하여 입영한 병(병)과 이 법 또는『군인사법』에 의

하여 현역으로 임용된 장교(장교)·준사관(준사관)·부사관(부사관) 및 무관후보생

2. 예비역: 현역을 마친 사람 기타 이 법에 의하여 예비역에 편입된 사람
3. 보충역: 징병검사(징병검사)를 받아 현역복무를 할 수 있다고 판정된 사람 중에서 병력수급(병력수급)사정에 의하여 현역병입영대상자(현역병입영대상자)로 결정되지 아니한 사람과 공익근무요원·공중보건의사·징병전담의사·국제협력의사·공익법무관·공익수의사·전문연구요원·산업기능요원으로 복무 또는 의무종사하고 있거나 그 복무 또는 의무종사를 마친 사람 기타 이 법에 의하여 보충역에 편입된 사람
4. 제1국민역: 병역의무자로서 현역·예비역·보충역 또는 제2국민역이 아닌 사람
5. 제2국민역: 징병검사 또는 신체검사(신체검사)결과 현역 또는 보충역복무는 할 수 없으나 전시근로소집(전시근로소집)에 의한 군사지원업무(군사지원업무)는 감당할 수 있다고 결정된 사람 기타 이 법에 의하여 제2국민역에 편입된 사람

② 예비역에 편입된 사람은 예비역의 장교·준사관·부사관 또는 병으로, 보충역에 편입된 사람은 보충역의 장교·준사관·부사관 또는 병으로, 제2국민역에 편입된 사람은 제2국민역의 부사관 또는 병으로 구분한다. <개정 1994. 12. 31., 2000. 12. 26.>

③ 병역의무자는 각각 그 병역의 병적에 편입되며, 병적 관리(병적 관리)에 관하여 필요한 사항은 대통령령으로 정한다.

제6조 (병역의무부과통지서의 송달) ① 병역의무를 부과하는 통지서는 그 병역의무자에게 이를 송달하여야 한다.

② 병역의무자가 없는 때에는 세대주(세대주), 가족 중 성년자(성년자), 고용주 또는 본인이 선정한 통지서수령인(통지서수령인)에게 송달하여야 하며, 이를 받은 사람은 지체 없이 병역의무자에게 전달하여야 한다. 이 경우 병역의무부과통지서는 전단에 규정된 사람에게 송달된 때에 병역의무자에게 송달된 것으로 본다.

③ 제1항 또는 제2항의 규정에 의하여 병역의무를 부과하는 통지서를 송달함에

있어서 특히 필요하다고 인정되어 병무청장이 정하는 통지서 및 반송된 통지서의 경우에는 『민사소송법』 중 송달에 관한 규정을 준용하여 우편법령에 의한 특별한 송달의 방법으로 이를 송달할 수 있다. <신설 2002. 12. 5., 2006. 3. 24.>

제7조 (병역증 · 전역증) ① 거주지지방병무청장(이하 "지방병무청장"이라 한다)은 병역의무자로서 징병검사를 받은 사람에게 병역증을 교부하고, 소속부대장은 전역하는 사람에게 전역증을 교부한다. <개정 1999. 12. 28.>

② 삭제 <2007. 5. 17.>

③ 병역증 또는 전역증의 교부시기 · 교부절차 기타 필요한 사항은 대통령령으로 정한다.

제2장 제1국민역편입

제8조 (제1국민역에의 편입〈개정 1999. 2. 5.〉) ① 대한민국 국민인 남자는 18세부터 제1국민역에 편입된다.

② 삭제 <1999. 2. 5.>

제9조 (제1국민역편입자의 조사) ① 행정안전부장관은 매년 18세가 되는 남자에 대하여 제1국민역 편입자의 조사에 필요한 주민등록 전산자료를 병무청장에게 통보하여야 한다. <개정 1999. 2. 5., 2008. 2. 29.>

② 병무청장은 주민등록이 되어 있지 아니한 사람 등에 대한 제1국민역 편입자 조사를 위하여 매년 18세가 되는 남자의 가족관계등록 전산자료를 법원행정처장에게 요청할 수 있다. <신설 2004. 12. 31., 2007. 5. 17.>

③ 제1항의 규정에 의한 전산자료 통보의 범위 및 절차 등에 관하여 필요한 사항과 제1국민역 편입자로서 국외출생(국외출생) 등의 사유로 주민등록이 되어 있지 아니한 사람의 조사 등에 관하여 필요한 사항은 대통령령으로 정한다. <개정 1999. 2. 5.>

④ 제1항의 규정에 의한 제1국민역 편입자의 조사에 관하여 필요한 사항은 병무청장이 정한다. <개정 1997. 1. 13.>

제3장 징병검사

제10조 (징병검사대상자의 조사) ① 지방병무청장은 매년 다음해에 제11조의 규정에 의한 징병검사를 받아야 할 사람을 조사하고, 전산으로 된 병적 파일을 작성하여 징병검사를 받게 하여야 한다. 명백한 주민등록기재의 착오가 있는 사람 또는 주민등록이 정정된 사람으로서 징병검사를 받아야 할 사람에 대하여도 또한 같다. <개정 1999. 2. 5., 2004. 12. 31.>

② 제1항의 규정에 의한 징병검사대상자의 조사 및 전산으로 된 병적 파일의 작성·관리에 관하여 필요한 사항은 병무청장이 정한다. <개정 1999. 2. 5., 2004. 12. 31.>

제11조 (징병검사) ① 병역의무자는 19세가 되는 해에 병역을 감당할 수 있는지의 여부를 판정받기 위하여 지방병무청장이 지정하는 일시 및 장소에서 징병검사를 받아야 한다. 다만, 군소요와 병역자원의 수급 등을 고려하여 19세가 되는 사람의 일부를 20세가 되는 해에 징병검사를 받게 할 수 있다. <개정 1999. 2. 5., 2000. 12. 26.>

② 징병검사를 받아야 할 사람이 이를 받지 아니하거나 징병검사가 연기(연기)된 사람으로서 그 연기사유가 소멸되는 사람은 그 해 또는 그 다음해에 징병검사를 받아야 한다.

③ 징병검사는 신체검사 및 심리검사로 구분한다. <개정 2006. 10. 4.>

④ 제3항의 규정에 의한 신체검사는 외과·내과 등 신체의 모든 부위(부위)를 검사하여야 하며, 필요한 경우에는 임상병리검사(임상병리검사)·방사선촬영(방사선촬영) 등을 할 수 있다. 이 경우 질병 또는 심신장애의 정도를 확인하기 곤란한 때에는 대통령령으로 정하는 바에 따라 『의료법』에 따른 의료기관에 검사를 위탁할

수 있다. <개정 1999. 2. 5., 2007. 5. 17.>

⑤ 징병검사를 받지 아니한 사람이 제20조제1항의 규정에 의하여 병무청장이 실시하는 현역병지원 신체검사(이하 "현역병지원 신체검사"라 한다)를 받은 경우에는 제1항의 규정에 의한 징병검사를 받은 것으로 본다. 다만, 18세인 사람의 경우에는 제12조제1항의 규정에 의한 신체등위의 판정결과가 5급 또는 6급인 경우에 한한다. <신설 2003. 9. 3., 2004. 12. 31.>

제11조의2 (자료의 제출 요구 등) ① 지방병무청장은 징병검사와 관련하여 징병전담의사·징병검사전문의사 또는 제12조의2의 규정에 따라 신체검사를 위하여 파견된 군의관 등이 질병 또는 심신장애의 확인을 위하여 필요하다고 인정하는 경우 『의료법』에 따른 의료기관의 장, 『국민건강보험법』에 따른 국민건강보험공단의 장, 『초·중등교육법』에 따른 학교의 장 등에 대하여 징병검사대상자의 진료기록·치료 관련 기록내역·학교생활기록부 등의 제출을 요구할 수 있다. 이 경우 자료의 제출을 요구받은 사람은 특별한 사유가 없는 한 이에 응하여야 한다.

② 누구든지 제1항의 규정에 따라 취득한 징병검사대상자에 대한 정보·자료를 공개 또는 누설하거나 타인에게 제공하는 등 징병검사 외의 목적으로 사용하여서는 아니 된다.

[본조신설 2006. 10. 4.]

제12조 (신체등위의 판정) ① 신체검사(현역병지원 신체검사를 포함한다)를 한 징병전담의사·징병검사전문의사 또는 제12조의2의 규정에 의한 군의관(군의관)은 다음 각 호와 같이 신체등위를 판정한다. <개정 1999. 2. 5., 2003. 9. 3., 2006. 10. 4.>

1. 신체 및 심리상태가 건강하여 현역 또는 보충역복무를 할 수 있는 사람은 그 신체 및 심리상태의 정도에 따라 1급·2급·3급 또는 4급
2. 현역 또는 보충역복무는 할 수 없으나 제2국민역복무는 할 수 있는 사람은 5급
3. 질병 또는 심신장애로 병역을 감당할 수 없는 사람은 6급
4. 질병 또는 심신장애로 제1호 내지 제3호의 판정이 어려운 사람은 7급

② 제1항의 규정에 의한 신체등위판정의 정확성을 심의하기 위하여 병무청·지방병무청과 신체등위판정사무를 담당하는 병무청 소속 기관에 신체등위판정심의위원회(신체등위판정심의위원회)를 둘 수 있다. <신설 1999. 2. 5., 2007. 5. 17.>

③ 지방병무청장은 제1항제4호의 규정에 의하여 7급판정을 받은 사람(현역병지원 신체검사를 받은 18세인 사람을 제외한다)에 대하여는 치유기간을 감안하여 다시 신체검사를 받게 하여야 한다. 이 경우 다시 신체검사를 받게 할 수 있는 기간은 신체검사결과 7급판정을 받은 날부터 1년을 초과할 수 없다. <개정 2003. 9. 3., 2004. 12. 31.>

④ 제1항의 규정에 의한 신체등위의 판정기준은 국방부령으로 정한다.

⑤ 제2항의 규정에 의한 신체등위판정심의위원회의 구성·운영 등에 관하여 필요한 사항은 병무청장이 정한다. <신설 1999. 2. 5.>

제12조의2 (군의관 등의 파견 및 임용) ① 병무청장은 징병전담의사·징병검사전문의사만으로 신체검사업무 등을 수행하기 어렵다고 인정하는 경우 신체검사업무 등에 필요한 군의관 및 의무예비역장교(종전의 법률 제4157호 병역의무의특례규제에관한법률 부칙 제9조의 규정이 적용되는 사람을 말한다)의 파견 또는 임용을 국방부장관에게 요청할 수 있다. <개정 2006. 10. 4.>

② 제1항의 규정에 의한 군의관 및 의무예비역장교 등의 파견 및 임용절차 등에 관하여 필요한 사항은 대통령령으로 정한다.

[본조신설 1999. 2. 5.]

제13조 (적성의 분류·결정 등) ① 지방병무청장은 신체검사(현역병지원 신체검사를 포함한다)의 결과 신체등위가 1급 내지 4급으로 판정된 사람에 대하여는 자격·면허·전공분야 등을 고려하여 군 복무에 필요한 적성을 분류·결정하고, 각군참모총장은 적성에 적합한 병종(병종)을 부여한다. <개정 2003. 9. 3.>

② 제1항의 규정에 의한 적성의 분류·결정 등에 관하여 필요한 사항은 대통령령으로 정한다.

제14조 (병역처분) ① 지방병무청장은 징병검사를 받은 사람(군병원에서 신체검사를 받은 사람을 포함한다) 또는 현역병지원 신체검사를 받은 사람에 대하여 다음 각 호와 같이 병역처분을 한다. 이 경우 현역병지원 신체검사를 받은 18세인 사람에 대하여는 신체등위 5급 또는 6급의 판정을 받은 경우에 한하여 병역처분을 한다. <개정 2003. 9. 3., 2004. 12. 31.>

1. 신체등위가 1급 내지 4급인 사람은 학력 · 연령 등 자질을 감안하여 현역병입영대상자 · 보충역 또는 제2국민역
2. 신체등위가 5급인 사람은 제2국민역
3. 신체등위가 6급인 사람은 병역면제(병역면제)
4. 신체등위가 7급인 사람은 재신체검사(재신체검사)

② 제1항제4호의 규정에 의하여 재신체검사의 처분을 받은 사람으로서 제12조제3항의 규정에 의하여 다시 신체검사를 받아도 신체등위가 7급으로 판정된 사람은 대통령령이 정하는 바에 따라 제2국민역으로 처분한다. 다만, 제65조제1항제3호의 제2국민역편입에 해당하는 사람의 경우에는 다시 신체검사를 하지 아니하고 제2국민역에 편입할 수 있다. <개정 1997. 1. 13., 1999. 12. 28.>

③ 제1항제1호에 규정된 사람 중 현역병입영대상자 또는 보충역처분의 기준은 병무청장이 정한다.

④ 병무청장은 병역자원(병역자원)의 수급(수급), 입영계획(입영계획)의 변경 등에 따라 필요한 경우에는 제1항제1호의 규정에 의하여 처분된 사람 중 현역병입영대상자를 보충역으로 병역처분을 변경할 수 있다.

제14조의2 (재징병검사) ① 지방병무청장은 현역병입영대상자 또는 보충역으로 병역처분을 받은 사람이 그 처분을 받은 다음 해로부터 4년이 되는 해의 12월 31일까지 징집 또는 소집되지 아니한 경우에는 5년이 되는 해에 그에 대한 재징병검사를 실시한다.

② 재징병검사 제외대상, 재징병검사 시기 등에 관하여 필요한 사항은 대통령령으로 정한다.

③ 재징병검사의 절차와 방법은 제10조 내지 제14조의 규정을 준용한다.

④ 재징병검사 결과 현역병입영대상자 또는 보충역으로 병역처분을 받은 사람이 제60조제2항 또는 제61조제1항에 해당하는 경우에는 징집·소집연기 또는 기일연기가 계속된 것으로 본다.
[본조신설 2007. 1. 19.]

제4장 현역병 등의 복무

제1절 현역병입영

제15조 (현역병징집순서의 결정) ① 지방병무청장은 징병검사결과 현역병입영대상자로 처분된 사람에 대하여 시(구가 설치되지 아니한 시를 말한다. 이하 같다)·군·구별로 징집순서를 정한다. <개정 2001. 12. 29.>
② 제1항의 규정에 의한 징집순서결정의 기준은 신체등위·학력·연령 등 자질을 감안하여 병무청장이 정한다.

제16조 (현역병입영) ① 지방병무청장은 현역병징집순서가 결정된 사람에 대하여는 징병검사를 받은 해 또는 그 다음 해에 입영하게 하되, 입영시기를 정함에 있어서는 군(군)별·적성(적성)별로 입영할 사람 간에 자질의 균형이 유지되도록 하여야 한다.
② 병무청장은 현역병입영이 연기된 사람으로서 그 사유가 소멸되는 사람 등 대통령령이 정하는 사람에 대하여는 제1항의 규정에 불구하고 지방병무청장으로 하여금 따로 입영하게 할 수 있다.
③ 현역병입영대상자로 처분된 사람으로서 징집순서가 결정된 사람이 다른 시·군·구로 거주지를 이동한 경우에도 징병검사 당시의 거주지인 시·군·구에서 입영하게 한다. 다만, 제60조제2항의 규정에 의하여 입영이 연기된 사람의 경우에는 그러하지 아니하다.

제17조 (현역병입영신체검사 및 귀가) ① 입영부대(입영부대)의 장은 현역병입영대상자가 입영한 때에는 입영한 날부터 5일 이내에 신체검사를 하여야 한다.

② 입영부대의 장은 제1항의 규정에 의한 신체검사의 결과 질병 또는 심신장애로 인하여 현역복무에 적합하지 아니하거나 15일 이상의 치유기간이 필요하다고 인정되는 사람에 대하여는 그 질병 또는 심신장애의 정도와 치유기간(치유기간을 알 수 있는 경우에 한한다)을 명시하여 귀가시켜야 한다.

③ 지방병무청장은 제2항의 규정에 의하여 귀가한 사람에 대하여는 대통령령이 정하는 바에 의하여 재신체검사를 한 후 그 신체등위에 따라 병역처분을 변경하거나 다시 입영시켜야 한다. 다만, 치유기간이 3월 미만으로 명시되어 귀가한 사람에 대하여는 재신체검사를 하지 아니하고 다시 입영시킬 수 있다.

④ 입영부대의 장은 제3항 본문의 규정에 의하여 재신체검사를 받고 다시 입영한 사람에 대하여 같은 질병 또는 심신장애를 이유로 귀가시켜서는 아니 된다. 다만, 재신체검사를 받은 날부터 6월이 경과된 사람에 대하여는 그러하지 아니하다.

[전문개정 2003. 9. 3.]

제18조 (현역의 복무) ① 현역은 입영한 날부터 군부대에서 복무한다. 다만, 국방부장관이 허가한 사람은 군부대 밖에서 거주할 수 있다. <개정 1999. 2. 5.>

② 현역병(지원에 의하지 아니하고 임용된 하사를 포함한다. 이하 같다)의 복무기간은 다음과 같다. <개정 2003. 9. 3.>

1. 육군(육군)은 2년
2. 해군(해군)은 2년 2월. 다만, 해병(해병)은 2년으로 한다.
3. 공군(공군)은 2년 4월

③ 현역병이 징역·금고·구류의 형이나 영창처분을 받은 경우 또는 복무를 이탈한 경우에는 그 형의 집행일수, 영창일수 또는 복무이탈일수는 현역복무기간에 산입하지 아니한다. <개정 1997. 1. 13.>

④ 현역병이 형사사건으로 구속 중에 복무기간이 만료되는 경우에는 불기소처분 또는 재판 등으로 석방된 후 전역조치에 필요한 때까지 전역을 보류할 수 있다. <신설 1997. 1. 13.>

第19조 (현역복무기간의 조정) ① 국방부장관은 현역의 복무기간을 다음 각 호와 같이 조정할 수 있다. 이 경우 제1호 및 제3호의 경우에는 미리 국무회의의 심의를 거쳐 대통령의 승인을 얻어야 한다. <개정 2003. 9. 3., 2004. 12. 31., 2006. 3. 24.>

1. 전시·사변에 준하는 사태, 『재난및안전관리기본법』 제60조제1항에 의하여 특별재난지역이 선포된 경우, 군부대의 증편·창설의 경우 또는 병역자원의 부족으로 병력충원이 곤란할 경우 6월의 기간 이내에서의 연장
2. 항해(항해) 중이거나 외국에서 복무 중인 경우 또는 중요한 작전이나 연습 중인 경우 3월의 기간 이내에서의 연장
3. 정원(정원)조정의 경우 또는 병 지원율 저하로 복무기간의 조정이 필요한 경우 6월의 기간 이내에서의 단축

② 국방부장관은 제1항제2호의 규정에 의하여 복무기간을 연장하고자 할 때에는 그 기간과 사유를 본인에게 통지하여야 하며, 연장사유가 해소된 때에는 즉시 복무기간 연장조치를 해제하여야 한다. <신설 1997. 1. 13.>

③ 국방부장관은 제2항의 규정에 의한 복무기간의 연장 및 해제에 관한 권한을 각군참모총장에게 위임할 수 있다. <신설 1997. 1. 13.>

第20조 (현역병의 모집〈개정 1999. 2. 5.〉) ① 병무청장 또는 각군참모총장은 18세 이상인 사람으로서 군에 복무할 것을 지원한 사람에 대하여 대통령령이 정하는 바에 의하여 병무청장 또는 각군참모총장이 실시하는 신체검사를 거쳐 육군·해군 또는 공군의 현역병으로 선발할 수 있다. <개정 1999. 2. 5., 2003. 9. 3., 2004. 12. 31.>

② 병무청장 또는 각군참모총장은 제1항의 규정에 의하여 현역병으로 선발한 사람에 대하여는 기일(기일)을 정하여 입영하게 한다. 이 경우 현역병으로 선발된 사람이 입영 전에 그 선발의 취소를 원하는 때에는 대통령령으로 정하는 사유가 있는 경우에 한하여 이를 허가할 수 있다. <개정 1999. 2. 5.>

第20조의2 (유급지원병제의 운영) ① 병무청장 또는 각군참모총장은 우수한 숙련병을 확보하기 위하여 필요하다고 인정하는 경우에는 본인의 지원에 의하여 1년 6

개월의 범위에서 제18조에 따른 복무기간(제19조에 따라 복무기간이 조정되는 경우에는 그 조정된 기간을 말한다. 이하 이 조에서 "복무기간"이라 한다)을 연장하여 복무하게 할 사람(이하 "유급지원병"이라 한다)을 선발할 수 있다.

② 유급지원병은 다음 각 호의 어느 하나에 해당하는 사람 중에서 선발한다.

1. 제1국민역에 편입된 사람
2. 현역병으로 복무 중인 사람

③ 제2항에 따라 유급지원병으로 선발된 사람에 대하여는 대통령령으로 정하는 바에 따라 보수를 지급한다.

④ 제2항제1호에 따라 유급지원병으로 선발된 사람의 입영 및 그 선발취소에 관하여는 제20조제2항을 준용한다.

⑤ 각군참모총장은 제1항에 따라 연장복무 중인 유급지원병이 그 복무의 중단을 원하는 경우에는 질병・심신장애 등 대통령령으로 정하는 사유로 현역복무에 적합하지 아니하다고 인정되는 경우에 한하여 이를 허가할 수 있다.

⑥ 유급지원병의 선발 및 복무 등에 관하여 필요한 사항은 대통령령으로 정한다.
[본조신설 2007. 7. 27.]

제2절 상근예비역소집대상자의 입영・소집 및 승선근무예비역의 편입・복무〈개정 2007. 7. 27.〉

제21조 (상근예비역소집의 대상 및 선발) ① 상근예비역의 소집은 징집에 의하여 상근예비역의 소집대상으로 입영하여 1년의 기간 내에서 대통령령이 정하는 현역복무기간을 마치고 예비역에 편입된 사람에 대하여 실시한다. <개정 1997. 1. 13.>

② 지방병무청장은 현역병으로 입영할 사람 중에서 징집에 의하여 상근예비역소집대상자를 거주지별로 선발한다. <개정 1997. 1. 13.>

③ 제2항의 규정에 의한 상근예비역의 소집대상자선발기준은 거주지와 신체등위・학력・연령 등 자질을 감안하여 병무청장이 정한다.

④ 지방병무청장은 제2항의 규정에 의하여 상근예비역소집대상자로 선발된 사람 중 신상변동 등으로 당초 선발된 지역에서 상근예비역으로 근무할 수 없는 사람에

대하여는 상근예비역소집대상자의 선발을 취소할 수 있다. 다만, 제2항의 규정에 의하여 상근예비역소집대상자로 선발된 사람이 현역병으로 입영한 후에는 그 선발의 취소는 각군참모총장이 한다. <신설 1994. 12. 31.>

⑤ 제4항 본문의 규정에 의한 취소의 요건 및 절차 등에 관하여 필요한 사항은 병무청장이 정한다. 다만, 제4항 단서의 경우에는 각군참모총장이 정한다. <신설 1999. 2. 5.>

제21조의2 (승선근무예비역의 편입) ① 다음 각 호의 어느 하나에 해당하는 사람으로서 『선박직원법』 제4조제2항제1호 및 제2호에 따른 항해사·기관사의 면허가 있는 사람은 원에 의하여 승선근무예비역에 편입할 수 있다. <개정 2008. 2. 29.>

1. 제57조제2항에 따른 학군무관후보생 과정(해군에 한한다)을 마치고 현역의 장교 또는 부사관의 병적에 편입되지 아니한 사람
2. 『선박직원법』의 관련 규정에 따라 국토해양부장관이 지정하는 교육기관에서 정규교육과정을 마친 사람

② 제1항에 따른 승선근무예비역의 편입 기준 및 절차 등에 관하여 필요한 사항은 대통령령으로 정한다.

[본조신설 2007. 7. 27.]

제22조 (상근예비역소집대상자의 입영 및 소집) ① 지방병무청장은 상근예비역으로 소집될 사람에 대하여 거주지별 소요(소요)에 따라 현역병으로 입영하게 한다.

② 각군참모총장은 제1항의 규정에 의하여 입영한 사람이 제21조제1항에서 정한 현역복무기간을 마친 날에 예비역에 편입시켜야 하며, 이와 동시에 상근예비역으로 소집하여야 한다.

제23조 (상근예비역의 복무) ① 상근예비역으로 소집된 사람의 복무기간은 2년 6월 이내로 하되, 제21조제1항의 규정에 의한 현역복무기간은 상근예비역의 복무기간에 이를 산입한다. <개정 1999. 2. 5.>

② 상근예비역으로 소집된 사람이 제1항의 규정에 의한 복무기간을 마친 때에는

징집에 의하여 입영한 현역병의 복무기간을 마친 것으로 본다.

③ 상근예비역의 복무에 관하여는 이 법 또는 『군인사법』에 의한 현역병의 복무에 관한 규정을 준용한다. <개정 2006. 3. 24.>

④ 각군참모총장은 상근예비역으로 소집된 사람에 대하여 향토방위업무를 수행하는 군부대 또는 이를 지원하는 기관에 파견하여 근무하게 한다.

⑤ 국방부장관은 상근예비역으로 소집된 사람에 대하여 군부대 밖에서 거주하게 할 수 있으며, 예산의 범위 안에서 급식 또는 실비지급 등을 할 수 있다. <개정 1999. 2. 5.>

⑥ 상근예비역으로 소집된 사람이 징역·금고·구류의 형이나 영창처분을 받은 경우 또는 복무를 이탈한 경우에는 그 형의 집행일수, 영창일수 또는 복무이탈일수는 복무기간에 산입하지 아니한다. <개정 1997. 1. 13.>

⑦ 제18조제4항의 규정은 상근예비역의 경우에 이를 준용한다. <신설 1997. 1. 13.>

⑧ 제1항의 규정에 의한 상근예비역의 복무기간과 소집해제 등에 관하여 필요한 사항은 대통령령으로 정한다. <신설 1999. 2. 5.>

제23조의2 (승선근무예비역의 복무) ① 제21조의2에 따라 승선근무예비역에 편입된 사람은 대통령령으로 정하는 바에 따라 항해사·기관사로서 3년간 승선근무하여야 하며, 그 기간을 마친 경우에는 승선근무예비역의 복무를 마친 것으로 본다.

② 제21조의2제1항제2호에 해당하는 사람으로서 승선근무예비역에 편입된 사람에 대하여는 제55조에 따른 교육소집을 실시하되, 그 교육소집 기간은 제1항에 따른 승선근무기간에 산입한다.

③ 승선근무예비역의 소집, 신상이동, 승선근무기간의 계산, 편입취소, 그 밖에 복무에 관하여 필요한 사항은 대통령령으로 정한다.

[본조신설 2007. 7. 27.]

제3절 전환복무 〈개정 2001. 8. 14.〉

제24조 (배정에 의한 전환복무) ① 법무부장관·경찰청장 또는 해양경찰청장은 다음 각 호의 구분에 따라 전환복무를 위하여 필요한 소요인원의 배정을 국방부장관에게 요청할 수 있다. <개정 2006. 3. 24.>

1. 법무부장관의 경우에는 『교정시설경비교도대 설치법』 제3조의 규정에 의한 경비교도의 임용예정 소요인원
2. 경찰청장 또는 해양경찰청장의 경우에는 『전투경찰대설치법』 제3조제1항의 규정에 의하여 대간첩작전의 수행을 임무로 하는 전투경찰순경의 임용예정 소요인원

② 국방부장관은 제1항의 규정에 의한 소요인원 배정의 요청을 받은 때에는 현역병으로 입영하여 소정의 군사교육을 마친 사람 중에서 소요인원을 전환복무시킬 수 있다.

③ 제2항의 규정에 의하여 전환복무된 사람은 입영한 날부터 기산하여 현역병의 복무기간과 같은 기간 동안 복무를 하여야 한다. 이 경우 전환복무기간은 현역병으로 복무한 기간으로 본다.

④ 국방부장관은 제2항의 규정에 의하여 전환복무된 사람이 전환복무를 마친 때에는 전환복무를 해제하고 예비역에 편입한다.

⑤ 법무부장관·경찰청장 또는 해양경찰청장은 제2항의 규정에 의하여 전환복무된 사람으로서 제65조제1항 각호의 1에 해당하는 사람에 대하여는 국방부장관에게 전환복무해제를 요청할 수 있다.

⑥ 국방부장관은 제5항의 규정에 의한 전환복무해제의 요청을 받은 때에는 그 해당되는 사람의 전환복무를 해제하고 전역 또는 병역면제의 처분을 하여야 한다.

⑦ 제1항 및 제2항의 규정에 의한 소요인원의 배정과 전환복무에 관하여 필요한 사항은 대통령령으로 정한다.

[전문개정 2001. 8. 14.]

제25조 (추천에 의한 전환복무) ① 국방부장관은 다음 각 호의 1에 해당하는 때에

는 그 추천을 받은 사람을 현역병지원자로 보고 지방병무청장으로 하여금 이들을 입영하게 하여 소정의 군사교육을 마치게 한 후 전환복무시킬 수 있다. <개정 2004. 3. 11., 2006. 3. 24.>

1. 소방방재청장으로부터 『의무소방대설치법』 제3조제2항의 규정에 의하여 소방업무의 보조를 임무로 하는 의무소방원 임용예정자의 추천을 받은 때
2. 경찰청장 또는 해양경찰청장으로부터 『전투경찰대설치법』 제3조제2항 및 제3항의 규정에 의하여 치안업무의 보조를 임무로 하는 전투경찰순경 임용예정자와 경찰대학졸업예정자로서 전투경찰대에 복무할 사람의 추천을 받은 때

② 제1항의 규정에 의하여 전환복무된 사람은 입영한 날부터 기산하여 현역병의 복무기간과 같은 기간 동안 복무를 하여야 한다. 다만, 소방방재청장·경찰청장 또는 해양경찰청장은 국방부장관과 협의하여 6월의 범위 내에서 전환복무기간을 연장할 수 있다. 이 경우 전환복무기간과 연장된 전환복무기간은 현역병으로 복무한 기간으로 본다. <개정 2004. 3. 11.>

③ ㅂ 제24조제4항 내지 제6항의 규정은 제1항의 규정에 의하여 전환복무된 사람이 전환복무를 마친 때의 전환복무의 해제, 예비역에의 편입과 제65조제1항 각 호의 1에 해당하는 경우의 전환복무 해제요청, 전역 및 병역면제 처분에 관하여 이를 준용한다. 이 경우 제24조제5항 중 "법무부장관"은 "소방방재청장"으로 본다. <개정 2004. 3. 11.>

④ 제1항의 규정에 의한 추천인원 배정과 전환복무에 관하여 필요한 사항은 대통령령으로 정한다.

[전문개정 2001. 8. 14.]

제5장 보충역의 복무

제1절 공익근무요원의 복무

제26조 (공익근무요원의 업무 및 소집대상) ① 공익근무요원은 다음 각 호의 업무

에 복무하게 하여야 한다. <개정 1997. 1. 13., 1999. 2. 5., 2000. 12. 26., 2006. 3. 24.>

1. 국가기관 · 지방자치단체 · 공공단체 및 사회복지시설의 공익목적에 필요한 경비 · 감시 · 보호 · 봉사 또는 행정업무 등의 지원업무
2. 삭제 <1999. 2. 5.>
3. 문화창달과 국위선양을 위한 예술 · 체육분야
4. 『국제협력요원에관한법률』에 의한 개발도상국가의 경제 · 사회 · 문화발전 등의 지원업무

② 제1항제1호의 규정에 의한 업무에 복무하여야 할 공익근무요원은 보충역에 대하여, 제1항제3호의 규정에 의한 분야에서 복무하여야 할 공익근무요원은 보충역 또는 현역병입영대상자 중 대통령령이 정하는 예술 · 체육분야의 특기를 가진 사람으로서 문화체육관광부장관이 추천한 사람에 대하여, 제1항제4호의 규정에 의한 업무에 복무하여야 할 공익근무요원은 보충역 또는 현역병입영대상자 중 『국제협력요원에관한법률』에 의하여 외교통상부장관의 추천을 받은 사람에 대하여 각각 소집한다. <개정 1999. 2. 5., 2000. 12. 26., 2006. 3. 24., 2008. 2. 29.>

③ 제1항제1호의 규정에 의하여 사회복지시설의 봉사업무에 복무하여야 할 공익근무요원은 지방병무청장이 선발하되, 선발의 기준 및 절차 등에 관하여 필요한 사항은 병무청장이 정한다. <신설 1999. 2. 5.>

④ 제2항에 해당하는 현역병입영대상자는 보충역에 편입한다.

제27조 (공익근무요원의 배정인원 등 결정) ① 지방 병무청장은 제26조제1항제1호의 규정에 의한 업무에 복무할 공익근무요원을 필요로 하는 국가기관 · 지방자치단체 또는 공공단체의 장으로부터 다음해의 소요인원의 배정요청을 받은 때에는 복무기관 · 복무분야 · 복무형태 및 배정인원 등을 결정한다. <개정 1999. 2. 5., 1999. 12. 28., 2000. 12. 26.>

② 병무청장은 제26조제1항제4호의 규정에 의한 업무에 복무할 공익근무요원에 대하여 외교통상부장관으로부터 다음해의 소요인원의 배정요청을 받은 때에는 복무기관 · 복무분야 및 배정인원 등을 결정한다. <신설 2000. 12. 26.>

제28조 (공익근무요원소집순서의 결정) ① 지방병무청장은 공익근무요원소집대상자에 대하여 지역별로 소집순서를 결정한다. 다만, 제26조제1항제3호 및 제4호의 규정에 의한 공익근무요원소집대상자는 따로 소집순서를 정할 수 있다. <개정 1999. 2. 5., 2000. 12. 26.>

② 제1항의 규정에 의한 지역별 범위 및 소집순서의 결정기준은 신체등위·학력·연령 등 자질을 감안하여 병무청장이 정한다. <개정 1999. 2. 5.>

제29조 (공익근무요원의 소집) ① 지방병무청장은 공익근무요원소집순서가 결정된 사람에 대하여 다음 각 호의 1과 같이 복무기관 또는 복무분야를 정하여 공익근무요원소집을 실시한다. <개정 1999. 2. 5., 2000. 12. 26.>

1. 제26조제1항제1호에 해당하는 사람: 복무기관(다만, 제26조제3항의 규정에 의하여 선발한 공익근무요원에 대하여는 복무기관 및 복무분야를 정하여 별도로 소집할 수 있다)
2. 제26조제1항제3호 및 제4호에 해당하는 사람: 복무분야

② 병무청장은 공익근무요원소집이 연기된 사람으로서 그 사유가 해소된 사람 등 대통령령이 정하는 사람에 대하여는 제1항의 규정에 불구하고 지방병무청장으로 하여금 따로 공익근무요원소집을 하게 할 수 있다.

③ 제1항 및 제2항의 규정에 의하여 공익근무요원으로 소집된 사람에 대하여는 제55조의 규정에 의한 교육소집(교육소집)을 실시하며, 그 교육소집기간은 복무기간에 산입한다.

제30조 (공익근무요원의 복무기간 등) ① 공익근무요원의 복무기간은 다음 각 호의 1과 같다. <개정 2003. 9. 3.>

1. 제26조제1항제1호의 규정에 의한 행정업무 등의 지원업무에 복무하는 공익근무요원은 2년 2월
2. 제26조제1항제3호의 규정에 의한 예술·체육 분야에 복무하는 공익근무요원은 2년 10월
3. 제26조제1항제4호의 규정에 의한 국제 지원업무에 복무하는 공익근무요원은

2년 6월

② 공익근무요원이 징역·금고 또는 구류의 형을 받거나 복무를 이탈한 경우에는 그 형의 집행일수 또는 복무이탈일수는 복무기간에 산입하지 아니한다.

③ 제18조제4항의 규정은 공익근무요원 소집해제의 경우에 이를 준용한다. <신설 1997. 1. 13., 1999. 2. 5.>

④ 공익근무요원 복무기간의 계산과 소집해제 등 공익근무요원의 복무에 관하여 필요한 사항은 대통령령으로 정한다. <개정 2003. 9. 3.>

제31조 (공익근무요원의 복무 및 보수 등) ① 제26조제1항제1호의 규정에 의한 공익근무요원을 배정받은 기관의 장은 복무분야를 지정하여 복무하게 하여야 하며, 그 복무에 관하여 필요한 사항은 이 법에 정하는 사항을 제외하고는 대통령령으로 정한다. 이 경우 공익근무요원의 직무상 행위는 공무수행으로 본다. <개정 1999. 2. 5.>

② 제1항의 규정에 의하여 공익근무요원을 배정받은 기관의 장이 공익근무요원의 복무분야를 지정 또는 변경하는 때에는 미리 관할지방병무청장과 협의하여야 한다. <개정 1999. 2. 5.>

③ 제26조제1항제3호의 규정에 의한 공익근무요원은 해당분야의 특기계발 및 복무에 관한 문화체육관광부장관의 지휘·감독을 받아 복무하여야 한다. <개정 1999. 2. 5., 2008. 2. 29.>

④ 제26조제1항제1호의 규정에 의한 공익근무요원은 출·퇴근 근무하며, 소속기관장의 지휘·감독을 받는다. 다만, 출·퇴근 근무가 곤란하거나 업무수행의 특수성 등에 따라 필요한 경우에는 합숙근무를 하게 할 수 있다.

⑤ 제26조제1항제1호에 따른 공익근무요원의 복무와 관련하여 병무청장은 대통령령으로 정하는 바에 따라 공익근무요원을 관리·감독할 수 있다. 이 경우 복무기관의 장은 이에 협조하여야 한다. <신설 2007. 5. 17.>

⑥ 국가기관·지방자치단체 또는 공공단체의 장은 제26조제1항제1호의 규정에 의한 공익근무요원에 대하여 보수 및 직무수행에 필요한 여비 등을 지급하여야 하며, 그 기준 등에 관하여 필요한 사항은 대통령령으로 정한다. 다만, 봉사업무에 복

무하는 공익근무요원에 대한 보수 및 직무수행에 필요한 여비 등은 국고에서 부담할 수 있다. <개정 1999. 2. 5., 2007. 5. 17., 2007. 12. 31.>

⑦ 제26조제1항제4호의 규정에 의한 공익근무요원은 『국제협력요원에관한법률』이 정하는 바에 따라 외교통상부장관의 지휘·감독을 받아 복무하여야 한다. <신설 2000. 12. 26., 2006. 3. 24.>

⑧ 제26조제1항제4호의 규정에 의한 공익근무요원에 대하여는 『국제협력요원에관한법률』이 정하는 바에 따라 보수 및 직무수행에 필요한 여비 등을 지급한다. <신설 2000. 12. 26., 2006. 3. 24.>

제31조의2 (공익근무요원 복무관리 담당직원의 지정) 제26조제1항제1호의 규정에 따른 공익근무요원을 배정받은 기관으로서 대통령령이 정하는 인원이 복무하는 기관의 장은 공익근무요원 복무관리 담당직원을 지정하여야 한다. 다만, 사회복지시설 등의 봉사업무에 복무하는 공익근무요원에 대하여는 지방병무청장이 그 소속 직원 중에서 복무관리 담당직원을 지정할 수 있다. <개정 2007. 5. 17.>

[본조신설 2006. 3. 24.]

제31조의3 (공익근무요원의 분할복무) ① 지방병무청장은 제26조제1항제1호에 따른 공익근무요원으로 복무 중인 사람이 다음 각 호의 어느 하나에 해당하는 경우에는 일정 기간 복무를 중단한 후 재복무하게 할 수 있다. 다만, 제2호 및 제3호의 경우 복무중단기간은 통산 6개월을 초과할 수 없다.

1. 본인의 질병치료가 필요한 경우
2. 가족의 간병을 위하여 필요한 경우
3. 재난 그 밖의 가사사정으로 본인의 지원이 필요한 경우

② 제1항에 따른 분할복무의 구체적인 기준 및 절차 등에 관하여 필요한 사항은 대통령령으로 정한다.

[본조신설 2007. 5. 17.]

제32조 (공익근무요원의 신상이동통보) ① 공익근무요원을 배정받은 국가기관·지

방자치단체 또는 공공단체의 장은 제26조제1항제1호의 규정에 의한 공익근무요원이 다음 각 호의 어느 하나에 해당하게 된 때에는 14일 이내에 지방병무청장에게 이를 통보(통보)하여야 한다. <개정 1999. 2. 5., 2000. 12. 26., 2006. 3. 24.>

1. 정당한 사유 없이 복무를 이탈하거나 해당분야에 복무하지 아니한 때
2. 정당한 근무명령을 따르지 아니하여 제33조제1항의 규정에 의하여 경고처분된 때
3. 전 가족이 거주지를 이동하여 출·퇴근 근무가 불가능하다고 인정한 때
4. 복무하고 있는 기관이 폐쇄 또는 이동된 때
5. 복무기간 중 징역 또는 금고의 형을 선고받은 경우로서 정상적인 근무가 불가능하다고 인정되는 때
6. 복무기간 중 질병이나 심신장애의 발생 또는 악화로 인하여 복무하고 있는 기관에서 계속 근무하는 것이 불가능하다고 인정한 때

② 삭제 <1999. 2. 5.>

③ 문화체육관광부장관은 제26조제1항제3호의 규정에 의한 공익근무요원이 해당분야에 복무하지 아니한 때에는 그 사유가 발생한 날부터 14일 이내에 병무청장에게 이를 통보하여야 한다. <개정 1999. 2. 5., 2008. 2. 29.>

④ 지방병무청장은 제1항제3호 내지 제6호 및 제5항제4호의 규정에 해당되는 공익근무요원의 통보를 받은 때에는 대통령령이 정하는 바에 따라 그 공익근무요원에 대하여 복무기관을 새로 지정할 수 있다. 이 경우 새로 지정된 복무기관의 장은 복무분야 및 근무지를 지정하여 복무하게 하고, 14일 이내에 관할지방병무청장에게 이를 통보하여야 한다. <개정 1999. 2. 5., 2000. 12. 26.>

⑤ 외교통상부장관은 제26조제1항제4호의 규정에 의한 공익근무요원이 다음 각 호의 1에 해당하게 된 때에는 14일 이내에 지방병무청장에게 이를 통보하여야 한다. <신설 2000. 12. 26., 2006. 3. 24.>

1. 정당한 사유 없이 복무를 이탈하거나 해당분야에 복무하지 아니한 때
2. 정당한 근무명령을 따르지 아니한 때
3. 『국제협력요원에관한법률』 제9조의 규정에 의하여 소환된 때
4. 『국제협력요원에관한법률』 제11조의 규정에 의하여 중도귀국한 때

5. 정당한 사유 없이 『국제협력요원에관한법률』에 의한 직무교육명령에 응하지 아니하거나 국제협력요원으로서의 복무상 의무를 위반한 때

제33조 (공익근무요원의 연장복무 및 소집취소 등〈개정 1999. 2. 5.〉) ① 공익근무요원이 정당한 사유 없이 복무를 이탈한 때에는 그 이탈일수의 5배의 기간을 연장하여 복무하게 하고, 다음 각 호의 어느 하나에 해당하는 때에는 경고처분하되, 1회 경고처분을 받을 때마다 5일을 연장하여 복무하게 한다. 다만, 제1호 내지 제4호 중 어느 하나에 해당하는 사유로 통산 4회 이상 경고처분을 받은 사람과 제89조의2제1호의 규정에 해당하는 사람의 경우에는 그러하지 아니하다. <개정 1999. 2. 5., 1999. 12. 28., 2005. 5. 31.>

1. 다른 사람의 근무를 방해하거나 근무태만을 선동한 때
2. 정당 그 밖의 정치단체에 가입하는 등 정치적 목적을 지닌 행위를 한 때
3. 다른 공익근무요원에 대하여 가혹행위를 한 때
4. 복무와 관련하여 영리를 추구하거나 복무기관의 장의 허가 없이 다른 직무를 겸하는 행위를 한 때
5. 정당한 사유 없이 맡은 임무를 수행하지 아니하거나 지연하게 하는 등 대통령령이 정하는 사유에 해당하는 때

② 제26조제1항제3호 및 제4호의 규정에 따른 공익근무요원으로서 다음 각 호의 어느 하나에 해당하는 사람은 그 공익근무요원의 소집을 취소한다. <개정 2005. 3. 31.>

1. 제70조제1항 또는 제3항의 규정에 따른 국외여행허가 또는 기간연장허가를 받지 아니하고 출국하였거나 국외에 체류하고 있는 사람 또는 정당한 사유 없이 허가된 기간 이내에 귀국하지 아니한 사람
2. 제83조제2항제9호의 규정에 따른 귀국명령을 위반하여 귀국하지 아니한 사람

③ 제2항의 규정에 의하여 소집이 취소된 사람은 편입되기 전의 신분으로 복귀하여 제71조의 규정에 불구하고 현역병으로 입영하게 하거나 제26조제1항제1호의 규정에 의한 공익근무요원으로 소집하여야 한다. <신설 1999. 2. 5.>

④ 공익근무요원으로서 제89조의2제1호 또는 제89조의3의 규정에 의하여 형의

선고를 받은 사람에 대하여는 대통령령이 정하는 바에 따라 잔여복무기간을 제26조제1항제1호의 규정에 의한 공익근무요원으로 복무하게 한다. 다만, 제65조제1항제3호에 해당하는 사람의 경우에는 그러하지 아니하다. <신설 1994. 12. 31., 2005. 5. 31.>

⑤ 제26조제1항제4호의 규정에 의한 공익근무요원으로서 다음 각 호의 1에 해당하는 사람에 대하여는 공익근무요원의 소집을 취소하고 현역병으로 입영하게 하거나 제26조제1항제1호에 의한 공익근무요원으로 소집하여야 한다. <신설 2000. 12. 26., 2006. 3. 24.>

1. 『국제협력요원에관한법률』 제9조의 규정에 의하여 소환된 사람
2. 정당한 사유 없이 『국제협력요원에관한법률』에 의한 직무교육명령에 응하지 아니한 사람

제33조의2 (소양 및 직무교육) 병무청장 또는 지방병무청장은 제26조제1항제1호에 따른 공익근무요원에 대하여 대통령령으로 정하는 바에 따라 공무수행자로서 갖추어야 할 정신자세 확립을 위한 소양교육을 실시할 수 있으며, 담당직무를 효과적으로 수행할 수 있는 능력을 배양하는 데 필요한 직무교육을 관계 행정기관의 장과 협조하여 실시할 수 있다.
[본조신설 2007. 5. 17.]

제2절 공중보건의사 등의 복무

제34조 (공중보건의사 등의 편입) ① 병무청장은 의사·치과의사 또는 한의사의 자격이 있는 사람으로서 다음 각 호의 1에 해당하는 사람에 대하여 원에 의하여 공중보건의사·징병전담의사(한의사의 자격이 있는 사람을 제외한다. 이하 같다) 또는 국제협력의사로 편입할 수 있다. 이 경우 현역병입영대상자는 보충역에 편입한다. <개정 1999. 2. 5., 2000. 12. 26.>

1. 현역병입영대상자로서 제58조제1항제1호의 규정에 의한 의무분야 현역장교의 병적에의 편입을 지원한 사람 중 그 편입이 되지 아니한 사람

2. 제58조제2항제1호의 규정에 의한 의무사관후보생의 병적에 편입된 사람으로서 의무분야 현역장교병적에 편입되지 아니한 사람
3. 의사・치과의사 또는 한의사의 자격이 있는 사람으로서 제26조제1항제1호의 규정에 의한 공익근무요원소집대상인 보충역인 사람

② 제1항의 규정에 의하여 공중보건의사・징병전담의사 또는 국제협력의사로 편입된 사람은 해당분야에 3년간 종사하여야 하며, 그 기간을 마친 때에는 공익근무요원의 복무를 마친 것으로 본다. <개정 1999. 2. 5.>

③ 제1항의 규정에 의하여 공중보건의사・징병전담의사 또는 국제협력의사에 편입된 사람에 대하여는 제55조의 규정에 의한 교육소집을 실시하되, 그 교육소집기간은 복무기간에 산입하지 아니한다. <개정 1999. 2. 5.>

④ 공중보건의사・징병전담의사 또는 국제협력의사의 편입・복무 등에 관하여 필요한 사항은 대통령령으로 정한다. <개정 1999. 2. 5.>

제34조의2 (공익법무관의 편입) ① 병무청장은 변호사의 자격이 있는 사람으로서 다음 각 호의 1에 해당하는 사람에 대하여 원에 의하여 공익법무관으로 편입할 수 있다. 이 경우 현역병 입영대상자는 보충역에 편입한다. <개정 1999. 2. 5.>

1. 현역병 입영대상자로서 제58조제1항제2호의 규정에 의한 법무분야 현역장교의 병적에의 편입을 지원한 사람 중 그 편입이 되지 아니한 사람
2. 제58조제2항제2호의 규정에 의한 법무사관후보생의 병적에 편입된 사람으로서 법무분야 현역장교의 병적에 편입되지 아니한 사람
3. 변호사의 자격이 있는 사람으로서 제26조제1항제1호의 규정에 의한 공익근무요원소집대상인 보충역인 사람

② 제1항의 규정에 의하여 공익법무관에 편입된 사람은 해당분야에서 3년간 종사하여야 하며, 그 기간을 마친 때에는 공익근무요원의 복무를 마친 것으로 본다.

③ 제1항의 규정에 의하여 공익법무관에 편입된 사람에 대하여는 제55조의 규정에 의한 교육소집을 실시하되, 그 교육소집기간은 복무기간에 산입하지 아니한다.

④ 공익법무관의 편입 등에 관하여 필요한 사항은 대통령령으로 정한다.

[본조신설 1994. 12. 31.]

제34조의3 (징병전담의사의 신분 및 보수 등) ① 징병전담의사는 병무청소속 계약직공무원으로 하고, 군인보수의 범위 안에서 보수 및 직무수행에 필요한 여비 등을 지급하되 그 지급기준 등에 관하여 필요한 사항은 대통령령으로 정한다.

② 병무청장은 징병전담의사에 편입된 사람을 소집하여 직무에 필요한 교육 등을 실시하고 신체검사업무 등에 종사하게 하여야 하며, 징병검사를 실시하지 아니하는 기간 중 3월의 범위 안에서 군병원 등에서 직무와 관련된 수련을 실시할 수 있다. <개정 1999. 12. 28.>

③ 제2항의 규정에 의한 의무종사명령·직무교육 및 수련 등에 관하여 필요한 사항은 대통령령으로 정한다.

④ 징병전담의사는 신체검사업무에 성실히 종사하여야 하며, 병무청장의 허가 또는 정당한 사유 없이 근무지를 이탈하여서는 아니 된다.

⑤ 병무청장은 징병전담의사의 복무에 대하여 지휘·감독한다.

⑥『국가공무원법』제33조 각 호의 1에 해당하는 사람은 징병전담의사로 임용될 수 없고, 징병전담의사가『국가공무원법』제33조 각 호의 1에 해당하는 때에는 당연히 그 신분을 상실한다. <개정 2006. 3. 24.>

⑦ 징병전담의사의 복무에 관하여는 이 법에 정한 것을 제외하고는『국가공무원법』에 의한다. <개정 2006. 3. 24.>

[본조신설 1999. 2. 5.]

제34조의4 (징병전담의사의 신분박탈) 징병전담의사가 다음 각 호의 어느 하나에 해당하는 때에는 병무청장은 직권에 의하여 그 신분을 박탈할 수 있다. 다만, 제1호 내지 제3호의 어느 하나에 해당하는 때에는 신분을 박탈하여야 한다. <개정 2006. 3. 24.>

1. 의사·치과의사의 자격을 상실하거나 정지당한 때
2. 징병전담의사로 임용된 사람이 정당한 사유 없이 임용 후의 직무교육소집명령에 응하지 아니한 때
3. 정당한 사유 없이 제34조의3제4항의 규정을 위반하여 통산 8일 이상의 기간 동안 당해 직장을 이탈하거나 해당분야의 업무에 종사하지 아니한 때

4. 신체 또는 정신상의 장애로 1년 이내 또는 생사·소재가 불명하게 된 후 3월 이내에 직무에 복귀할 수 없거나 직무를 감당할 수 없는 때
5. 형사사건으로 기소되어 징병전담의사의 신분을 가지는 것이 부적당한 때
6. 신체등위판정 등 신체검사업무와 관련하여 부정행위를 한 때
7. 이 법 또는 이 법에 의한 명령 기타 직무상 의무를 위반하거나 근무성적이 극히 불량하여 징병전담의사의 신분을 가지는 것이 부적당한 때

[본조신설 1999. 2. 5.]

제34조의5 (징병전담의사의 복무기간 연장 등) ① 징병전담의사가 직무 외의 질병·부상 등의 사유로 인하여 1월 이상 근무하지 못한 때에는 병무청장은 그 기간에 상응하는 기간을 연장하여 복무하게 할 수 있다. 다만, 징병전담의사가 제34조의4제4호의 규정에 의한 사유로 그 신분을 박탈당한 때에는 그러하지 아니하다.

② 징병전담의사가 이 법 또는 이 법에 의한 명령 기타 직무상 의무를 위반하거나 게을리 한 때에는 병무청장은 그 사유에 상응하여 상당한 기간을 연장하여 복무하게 하거나 봉급의 3분의 1 이하를 감액 또는 견책할 수 있다. 다만, 징병전담의사가 제34조의4제2호·제3호·제5호·제6호 및 제7호의 규정에 의한 사유로 그 신분을 박탈당한 때와 정당한 사유 없이 통산 7일 이내의 기간 동안 당해 직장을 이탈하거나 해당분야의 업무에 종사하지 아니하여 제35조제2항의 규정에 의하여 연장근무하게 된 때에는 그러하지 아니하다.

[본조신설 1999. 2. 5.]

제34조의6 (청문) 병무청장은 제34조의4의 규정에 의하여 징병전담의사의 신분을 박탈하고자 하는 때에는 청문을 실시하여야 한다.

[본조신설 1999. 2. 5.]

제34조의7 (공익수의사의 편입) ① 병무청장은 수의사의 자격을 가진 사람으로서 다음 각 호의 어느 하나에 해당하는 사람에 대하여 원에 의하여 공익수의사로 편입할 수 있다. 이 경우 현역병 입영대상자는 보충역에 편입한다.

1. 현역병입영대상자로서 제58조제1항제4호의 규정에 따른 수의분야 현역장교의 병적에의 편입을 지원한 사람 중 그 편입이 되지 아니한 사람
2. 제58조제2항제4호의 규정에 따른 수의사관후보생의 병적에 편입된 사람으로서 수의분야 현역장교병적에 편입되지 아니한 사람
3. 수의사의 자격이 있는 사람으로서 제26조제1항제1호의 규정에 따른 공익근무요원소집대상인 보충역인 사람

② 제1항의 규정에 따라 공익수의사로 편입된 사람은 해당분야에 3년간 종사하여야 하며, 그 기간을 마친 때에는 공익근무요원의 복무를 마친 것으로 본다.

③ 병무청장은 제1항의 규정에 따라 공익수의사에 편입된 사람에 대하여 제55조의 규정에 의한 교육소집을 실시한다. 이 경우 교육소집기간은 제2항의 복무기간에 산입하지 아니한다.

④ 그 밖에 공익수의사의 편입·복무 등에 관하여 필요한 사항은 대통령령으로 정한다.

[본조신설 2006. 3. 24.]

제35조 (공중보건의사 등의 신상이동통보 및 처리) ① 보건복지부장관·지방병무청장 또는 외교통상부장관은 공중보건의사·징병전담의사 또는 국제협력의사가 다음 각 호의 1에 해당하게 된 때에는 14일 이내에 병무청장에게 이를 통보하여야 한다. <개정 1994. 12. 31., 1997. 12. 13., 1999. 2. 5., 2000. 12. 26., 2006. 3. 24.>

1. 의사·치과의사 또는 한의사면허가 취소(취소)되거나 정지(정지)된 때
2. 『농어촌등보건의료를위한특별조치법』 또는 『국제협력요원에관한법률』에 의한 직무교육명령에 응하지 아니한 때
3. 정당한 사유 없이 통산 8일 이상의 기간 근무지역을 이탈하거나 해당분야의 업무에 종사하지 아니한 때
4. 정당한 사유 없이 통산 7일 이내의 기간 근무지역을 이탈하거나 해당분야의 업무에 종사하지 아니한 때
5. 국제협력의사로서『국제협력요원에관한법률』 제9조의 규정에 의하여 소환된 때

6. 『국가공무원법』 제33조 각 호의 1에 해당하게 된 때

② 병무청장은 공중보건의사·징병전담의사 또는 국제협력의사가 제1항제1호·제2호·제5호 및 제6호의 1에 해당하는 때와, 제34조의4의 규정에 해당하는 때에는 그 편입을 취소하고, 제1항제4호에 해당하는 때에는 그 이탈일수 또는 해당업무에 종사하지 아니한 일수의 5배의 기간을 연장하여 근무하게 한다. <개정 1994. 12. 31., 1999. 2. 5., 2000. 12. 26.>

③ 제2항의 규정에 의하여 공중보건의사·징병전담의사 또는 국제협력의사의 편입이 취소된 사람은 편입되기 전의 신분으로 복귀하여 현역병으로 입영하게 하거나 공익근무요원으로 소집하여야 한다. <개정 1999. 2. 5.>

④ 정당한 사유 없이 통산 8일 이상의 기간 근무지역을 이탈하거나 해당분야의 업무에 종사하지 아니한 사람에 대하여는 공중보건의사·징병전담의사 또는 국제협력의사의 편입을 취소하고, 대통령령이 정하는 바에 따라 잔여복무기간을 제26조제1항제1호의 규정에 의한 공익근무요원으로 소집하여 복무하게 한다. 다만, 제65조제1항제3호에 해당하는 사람의 경우에는 그러하지 아니하다. <신설 1994. 12. 31., 1999. 2. 5.>

제35조의2 (공익법무관의 신상이동 통보 및 처리) ① 법무부장관은 공익법무관에 편입된 사람이 다음 각 호의 1에 해당하는 때에는 14일 이내에 병무청장에게 이를 통보하여야 한다. <개정 2006. 3. 24.>

1. 정당한 사유 없이 『공익법무관에관한법률』에 의한 직무교육을 받지 아니한 때
2. 『공익법무관에관한법률』에 의하여 공익법무관으로 임명되지 못한 때
3. 정당한 사유 없이 통산 8일 이상의 기간 해당직장을 이탈하거나 해당분야의 업무에 종사하지 아니하는 등의 사유로 『공익법무관에관한법률』에 의하여 공익법무관의 신분을 박탈당하거나 상실한 때
4. 정당한 사유 없이 통산 7일 이내의 기간 해당직장을 이탈하거나 해당분야의 업무에 종사하지 아니한 때

② 병무청장은 공익법무관에 편입된 사람이 제1항제1호 내지 제3호(정당한 사유 없이 통산 8일 이상의 기간 해당직장을 이탈하거나 해당분야의 업무에 종사하지

아니한 사유를 제외한다)의 1에 해당하는 때에는 그 편입을 취소하고, 제1항제4호에 해당하는 때에는 그 이탈일수 또는 해당업무에 종사하지 아니한 일수의 5배의 기간을 연장하여 근무하게 한다.

③ 제2항의 규정에 의하여 공익법무관의 편입이 취소된 사람은 편입되기 전의 신분으로 복귀하여 현역병으로 입영하게 하거나 공익근무요원으로 소집한다.

④ 정당한 사유 없이 통산 8일 이상의 기간 해당직장을 이탈하거나 해당분야의 업무에 종사하지 아니한 사람에 대하여는 공익법무관의 편입을 취소하고, 대통령령이 정하는 바에 따라 잔여복무기간을 제26조제1항제1호의 규정에 의한 공익근무요원으로 소집하여 복무하게 한다. 다만, 제65조제1항제3호에 해당하는 사람의 경우에는 그러하지 아니하다.

[본조신설 1994. 12. 31.]

제35조의3 (공익수의사의 신상이동 통보 및 처리) ① 농림수산식품부장관은 공익수의사에 편입된 사람이 다음 각 호의 어느 하나에 해당하는 때에는 해당사유가 발생한 날부터 14일 이내에 병무청장에게 이를 통보하여야 한다. <개정 2008. 2. 29.>

1. 『수의사법』에 따라 수의사 면허가 취소되거나 그 효력이 정지된 때
2. 정당한 사유 없이 『공익수의사에관한법률』에 따른 직무교육을 받지 아니한 때
3. 『공익수의사에관한법률』에 따라 공익수의사로 임용되지 아니한 때
4. 『공익수의사에관한법률』에 따라 공익수의사의 신분을 박탈당하거나 상실한 때
5. 『국가공무원법』 제33조 각 호의 어느 하나에 해당하게 된 때
6. 정당한 사유 없이 통산 7일 이내의 기간 근무기관 또는 근무지역을 이탈한 때
7. 정당한 사유 없이 통산 7일 이내의 기간 해당분야의 업무에 종사하지 아니한 때

② 병무청장은 공익수의사에 편입된 사람이 제1항제1호 내지 제5호의 어느 하나에 해당하는 때에는 편입을 취소하고, 편입되기 전의 신분으로 복귀하여 현역병으로 입영하게 하거나 공익근무요원으로 소집한다.

③ 병무청장은 공익수의사에 편입된 사람이 제1항제6호 또는 제7호에 해당하는 때에는 그 이탈일수 또는 해당업무에 종사하지 아니한 일수의 5배의 기간을 연장하여 근무하게 한다.

④ 제2항의 규정에 불구하고 정당한 사유 없이 통산 8일 이상의 기간 근무기관 또는 근무지역을 이탈하거나 해당분야의 업무에 종사하지 아니한 사유로 인하여『공익수의사에관한법률』에 따라 공익수의사의 신분이 박탈된 사람에 대하여는 공익수의사의 편입을 취소하고, 대통령령이 정하는 잔여복무기간을 제26조제1항제1호의 규정에 따른 공익근무요원으로 소집하여 복무하게 한다. 다만, 제65조제1항제3호에 해당하는 사람의 경우는 그러하지 아니하다.
[본조신설 2006. 3. 24.]

제3절 전문연구요원 및 산업기능요원 복무

제36조 (지정업체의 선정 등) ① 병무청장은 연구기관·기간산업체 및 방위산업체 중에서 전문연구요원이나 산업기능요원이 종사할 지정업체(농업회사법인 및 사후봉사업체를 제외한다)를 대통령령이 정하는 기준에 따라 선정한다. <개정 1999. 12. 28.>

② 지정업체로 선정되지 아니한 연구기관·기간산업체 및 방위산업체가 제1항의 규정에 의하여 선정된 지정업체를 인수하는 등 대통령령이 정하는 사유에 해당하게 된 때에는 지정업체로 선정된 것으로 본다.

③ 병무청장은 제1항의 규정에 의하여 선정된 지정업체가 폐업 등 대통령령이 정하는 사유에 해당하게 된 때에는 지정업체의 선정을 취소할 수 있다.

④ 병무청장은 군소요(군소요)인원의 충원에 지장이 없는 범위 안에서 전문연구요원 또는 산업기능요원으로 편입할 수 있는 인원을 결정하고 대통령령이 정하는 바에 따라 지정업체별 배정인원을 결정한다. <개정 1999. 12. 28.>

⑤ 관할지방병무청장[지정업체 또는『농업·농촌기본법』제12조의 규정에 의한 후계농업경영인 및『농어촌발전특별조치법』제4조의 규정에 의한 어업인후계자(이하 "후계농·어업인"이라 한다)의 사업장이 소재하는 행정구역을 관할하는 지방병무청장을 말한다. 이하 이 절에서 같다]은 다음 각 호의 어느 하나에 해당하는 사람으로서 제39조의 규정에 의한 의무종사기간(의무종사기간)을 35세까지 마칠 수 있는 사람에 대하여 전문연구요원(제3호에 해당하는 사람은 제외한다) 또는 산업기능요원으로 편입할 수 있다. 이 경우 현역병입영대상자는 이를 보충역에 편입한다.

<개정 1999. 2. 5., 1999. 12. 28., 2003. 12. 11., 2006. 3. 24., 2007. 5. 17.>

1. 현역병입영대상자
2. 제26조제1항제1호에 따른 공익근무요원 소집대상인 보충역(이하 "공익근무요원소집대상보충역"이라 한다)
3. 제26조제1항제1호에 따른 공익근무요원

⑥ 지정업체의 장은 약정한 근로조건을 성실히 이행하겠다는 서약서를 지방병무청장(병무지청장을 포함한다)에게 제출하여야 한다. <신설 2006. 3. 24.>

⑦ 제1항 내지 제6항의 규정에 의한 지정업체의 선정 · 승계 · 선정취소, 전문연구요원 또는 산업기능요원의 편입 및 서약서의 제출에 관하여 필요한 사항은 대통령령으로 정한다. <개정 2006. 3. 24.>

[전문개정 1997. 1. 13.]

제36조 (지정업체의 선정 등) ① 병무청장은 연구기관 · 기간산업체 및 방위산업체 중에서 전문연구요원이나 산업기능요원이 종사할 지정업체(농업회사법인 및 사후봉사업체를 제외한다)를 대통령령이 정하는 기준에 따라 선정한다. <개정 1999. 12. 28.>

② 지정업체로 선정되지 아니한 연구기관 · 기간산업체 및 방위산업체가 제1항의 규정에 의하여 선정된 지정업체를 인수하는 등 대통령령이 정하는 사유에 해당하게 된 때에는 지정업체로 선정된 것으로 본다.

③ 병무청장은 제1항의 규정에 의하여 선정된 지정업체가 폐업 등 대통령령이 정하는 사유에 해당하게 된 때에는 지정업체의 선정을 취소할 수 있다.

④ 병무청장은 군소요(군소요)인원의 충원에 지장이 없는 범위 안에서 전문연구요원 또는 산업기능요원으로 편입할 수 있는 인원을 결정하고 대통령령이 정하는 바에 따라 지정업체별 배정인원을 결정한다. <개정 1999. 12. 28.>

⑤ 관할지방병무청장[지정업체 또는 『농업 · 농촌및식품산업기본법』 제25조에 따른 후계농업경영인 및 『농어촌발전특별조치법』 제4조의 규정에 의한 어업인후계자(이하 "후계농 · 어업인"이라 한다)의 사업장이 소재하는 행정구역을 관할하는 지방병무청장을 말한다. 이하 이 절에서 같다]은 다음 각 호의 어느 하나에 해당하는 사람으로서 제39조의 규정에 의한 의무종사기간(의무종사기간)을 35세까지 마칠 수

있는 사람에 대하여 전문연구요원(제3호에 해당하는 사람은 제외한다) 또는 산업기능요원으로 편입할 수 있다. 이 경우 현역병입영대상자는 이를 보충역에 편입한다. <개정 1999. 2. 5., 1999. 12. 28., 2003. 12. 11., 2006. 3. 24., 2007. 5. 17., 2007. 12. 21.>

1. 현역병입영대상자
2. 제26조제1항제1호에 따른 공익근무요원 소집대상인 보충역(이하 "공익근무요원소집대상보충역"이라 한다)
3. 제26조제1항제1호에 따른 공익근무요원

⑥ 지정업체의 장은 약정한 근로조건을 성실히 이행하겠다는 서약서를 지방병무청장(병무지청장을 포함한다)에게 제출하여야 한다. <신설 2006. 3. 24.>

⑦ 제1항 내지 제6항의 규정에 의한 지정업체의 선정·승계·선정취소, 전문연구요원 또는 산업기능요원의 편입 및 서약서의 제출에 관하여 필요한 사항은 대통령령으로 정한다. <개정 2006. 3. 24.>

[전문개정 1997. 1. 13.]

제37조 (전문연구요원의 편입대상) 다음 각 호의 1에 해당하는 사람은 원에 의하여 제36조의 규정에 의한 전문연구요원으로 편입할 수 있다. <개정 1997. 1. 13., 2003. 9. 3., 2006. 3. 24., 2007. 1. 19.>

1. 석사 이상의 학위를 취득한 사람(석사학위 및 박사학위의 과정이 통합된 과정을 수료한 사람을 포함한다)으로서 지정업체로 선정된 연구기관에 종사하고 있는 사람(공익근무요원소집대상보충역으로서 자연계학사학위를 취득하고 지정업체로 선정된 연구기관 중 중소기업부설연구기관에 종사하고 있는 사람을 포함한다).
2. 지정업체로 선정된 자연계대학원에서 박사학위과정을 수학 중인 사람(석사학위 및 박사학위의 과정이 통합된 자연계대학원의 과정에서 『고등교육법』 제31조제2항제1호 규정에 의한 석사학위과정의 수업연한 이상을 이수한 자를 포함한다).
3. 의사, 치과의사 또는 한의사의 자격이 있는 사람으로서 제58조제2항제1호의

규정에 따른 군전공의수련기관(군전공의수련기관)에서 소정의 과정을 수료하고, 제2호의 자연계대학원에서 박사학위과정을 수학 중인 사람

제38조 (산업기능요원의 편입대상) 다음 각 호의 1에 해당하는 사람은 원에 의하여 제36조의 규정에 의한 산업기능요원으로 편입할 수 있다. 이 경우 제1호 및 제2호에 해당하는 사람(공익근무요원소집대상보충역을 제외한다)과 제4호에 해당하는 사람(후계농·어업인을 제외한다)은 대통령령이 정하는 기술자격이나 면허를 갖추어야 한다. <개정 1997. 1. 13., 1999. 2. 5., 2000. 12. 26., 2006. 1. 2.>

1. 지정업체로 선정된 공업·광업·에너지산업·건설업·수산업 또는 해운업분야의 기간산업체(기간산업체)에 종사하고 있는 사람(수산업 또는 해운업분야의 경우에는 승선하여 종사하고 있는 사람 또는 승선하여 종사할 사람에 한한다)
2. 『방위사업법』 제18조 및 제35조의 규정에 의한 전문연구기관 및 방위산업체 [군정비부대(군정비부대)를 포함한다] 중에서 지정업체로 선정된 전문연구기관 또는 방위산업체에 종사하고 있는 사람
3. 국제적 수준의 기능을 가진 사람 중 국가이익을 위하여 특히 필요하다고 인정하여 대통령령이 정하는 사람
4. 후계농·어업인, 농업회사법인의 농업기계운전요원 및 사후봉사업체에 종사하고 있는 사람으로서 관할 시장(특별시장·광역시장을 포함한다. 이하 이 절에서 같다) 또는 군수의 추천을 받은 사람

제38조의2 (전문연구요원 및 산업기능요원 편입 등의 제한) 지정업체(지정업체가 기업부설 연구기관인 경우에는 모기업을 말한다) 대표이사의 4촌 이내의 혈족에 해당하는 사람은 그 지정업체에 제37조 및 제38조의 규정에 의한 전문연구요원 또는 산업기능요원으로의 편입이나 제39조제3항 단서의 규정에 의한 전직을 할 수 없다.
[본조신설 2003. 9. 3.]

제39조 (전문연구요원 및 산업기능요원의 복무) ① 전문연구요원 및 산업기능요원은 해당 분야에서 다음 각 호의 구분에 의한 기간 동안 의무종사를 하여야 하며, 그 기간을 마친 때에는 공익근무요원의 복무를 마친 것으로 본다. 이 경우 제37조 제2호 및 제3호의 규정에 의한 전문연구요원의 경우 박사학위과정의 수학기간은 의무종사기간에 산입하지 아니한다. <개정 2003. 9. 3., 2004. 12. 31., 2007. 1. 19., 2007. 5. 17.>

1. 전문연구요원은 3년
2. 산업기능요원은 2년 10월. 다만, 공익근무요원소집대상보충역에서 편입된 산업기능요원은 2년 2개월로 하고, 공익근무요원으로 복무 중에 편입된 사람은 그 잔여기간으로 한다.

② 전문연구요원 및 산업기능요원에 대하여는 제55조의 규정에 의한 교육소집을 실시하며, 그 교육소집기간은 의무종사기간에 산입한다.

③ 전문연구요원 또는 산업기능요원은 편입 당시 지정업체의 해당분야에 종사하여야 한다. 다만, 지정업체의 폐업 등 대통령령이 정하는 경우와 종사하는 지정업체의 변경, 관련업무 수행을 위한 파견·교육훈련, 학문 및 기술의 지도 기타 부득이한 사유로 인하여 편입 당시 지정업체의 해당분야에 종사시킬 수 없어 대통령령이 정하는 바에 의하여 관할지방병무청장의 승인 또는 허가를 받은 경우에는 그러하지 아니하다. <개정 1997. 1. 13.>

④ 전문연구요원 및 산업기능요원에 편입될 사람은 제1항의 의무종사기간 중 성실히 종사하겠다는 서약서(서약서)를 제출하여야 한다.

⑤ 전문연구요원 및 산업기능요원이 종사하여야 할 해당분야, 의무종사기간의 계산, 서약 등 복무에 관하여 필요한 사항은 대통령령으로 정한다.

제40조 (전문연구요원 및 산업기능요원의 신상이동통보) 지정업체의 장(지정업체의 장을 위하여 인사관리를 담당하고 있는 사람을 포함한다), 농업기술센터소장(농업기술센터가 설치되지 아니한 경우에는 관할 시장·군수) 또는 해양수산사무소장(후계농·어업인의 경우에 한한다)은 전문연구요원이나 산업기능요원 또는 그 지정업체가 다음 각 호의 어느 하나에 해당하는 때에는 14일 이내에 관할지방병무청장

에게 통보하여야 한다. 다만, 농어업분야의 산업기능요원을 고용하고 있는 업체의 장, 농업기술센터소장 또는 해양수산사무소장은 관할 시장 또는 군수를 거쳐 관할 지방병무청장에게 이를 통보하여야 한다. <개정 1997. 1. 13., 1999. 2. 5., 1999. 12. 28., 2000. 12. 26., 2004. 12. 31., 2006. 3. 24., 2007. 1. 19.>

1. 종사하고 있는 지정업체에서 해고되거나 퇴직한 때 또는 제37조제2호 및 제3호의 규정에 의한 자연계대학원 박사과정의 전문연구요원으로 편입된 사람이 휴학하거나 제적된 때
2. 편입 당시 지정업체의 해당분야에 종사하지 아니한 때
   2의2. 의무종사기간 중 통산 8일 이상의 기간을 무단결근한 때
3. 해당분야의 기술자격·면허가 취소되거나 정지된 때 또는 농·어업인후계자의 자격이 상실된 때
4. 제39조제1항의 규정에 의한 의무종사기간을 35세까지 마칠 수 없는 때
5. 제55조의 규정에 의한 교육소집을 정당한 사유 없이 받지 아니한 때
6. 휴직하거나 정직된 때 또는 다른 지정업체로부터 전입한 때
7. 종사 중인 지정업체가 휴업·영업정지·직장폐쇄 또는 폐업한 때
8. 기타 대통령령이 정하는 사유가 발생한 때

제41조 (전문연구요원 및 산업기능요원의 편입취소 및 의무부과) ① 관할지방병무청장은 전문연구요원 또는 산업기능요원으로 편입된 사람이 다음 각 호의 1에 해당하는 때에는 그 편입을 취소하여야 한다. 다만, 종사하고 있는 지정업체에서 해고된 사람이 『근로기준법』 제28조제1항의 규정에 의하여 노동위원회에 구제신청을 하거나 법원에 해고의 효력을 다투는 소송을 제기하여 계류 중인 때에는 대통령령이 정하는 바에 의하여 그 결과가 확정될 때까지 편입의 취소를 유보할 수 있으며, 제40조제2호의 규정에 해당하는 사람이 대통령령이 정하는 사유에 해당하는 때에는 대통령령이 정하는 바에 따라 편입을 취소하지 아니하고 해당분야에 종사하지 아니한 기간만큼 의무종사기간을 연장하여 복무하게 할 수 있다. <개정 1997. 1. 13., 1997. 12. 13., 1999. 12. 28., 2003. 9. 3., 2004. 12. 31., 2005. 3. 31., 2006. 3. 24., 2007. 4. 11.>

1. 허위의 진술 또는 자료제출 등 부정한 방법으로 제38조의2의 규정을 위반하여 편입 또는 전직한 때

1의2. 제40조제1호 · 제2호 · 제2호의2 및 제3호 내지 제5호의 1에 해당한 때

2. 종사 중인 지정업체가 폐업하거나 지정업체의 선정이 취소 또는 자격상실이 된 경우 대통령령이 정하는 기간 내에 다른 지정업체에 종사하지 아니한 때

3. 제70조제1항 또는 제3항의 규정에 따른 국외여행허가 또는 기간연장허가를 받지 아니하고 출국하였거나 국외에 체류하고 있는 때 또는 정당한 사유 없이 허가된 기간 이내에 귀국하지 아니한 때

4. 제83조제2항제9호의 규정에 따른 귀국명령을 위반하여 귀국하지 아니한 때

② 관할지방병무청장은 전문연구요원 또는 산업기능요원이 다음 각 호의 1에 해당하는 사유로 의무종사하지 아니한 기간은 대통령령이 정하는 바에 따라 그 기간을 연장하여 종사하게 하여야 한다.

1. 지정업체의 휴업 · 영업정지 또는 직장폐쇄 등의 사유가 발생한 때

2. 휴직 · 정직 등 대통령령이 정하는 사유가 발생한 때

③ 제1항의 규정에 의하여 전문연구요원 및 산업기능요원의 편입이 취소된 사람은 편입되기 전의 신분(신분)으로 복귀(복귀)하여 현역병으로 입영하게 하거나 공익근무요원으로 소집하여야 한다.

④ 전문연구요원 또는 산업기능요원으로 편입되어 1년 이상 종사하다가 제1항의 규정에 의하여 그 편입이 취소되어 입영하는 사람에 대하여는 대통령령이 정하는 기준에 따라 그 복무기간을 단축할 수 있다. <개정 1997. 1. 13., 2004. 12. 31.>

제42조 (공익근무요원 등의 복무기간 조정〈개정 2003. 9. 3.〉) ① 국방부장관은 병무청장의 요청에 따라 다음 각 호의 1에 해당하는 경우에는 공익근무요원 · 전문연구요원 또는 산업기능요원의 복무기간 또는 의무종사기간을 1년의 범위 내에서 조정할 수 있다. 이 경우 공익근무요원소집대상보충역으로 공익근무요원 · 전문연구요원 · 산업기능요원으로 소집 또는 편입된 사람에 대하여는 그 복무기간 또는 의무종사기간의 조정의 범위를 현역병 입영대상자로서 소집 또는 편입된 사람과 달리 정할 수 있다. <개정 1997. 1. 13., 2003. 9. 3.>

1. 현역병의 복무기간 단축 또는 연장으로 복무기간 또는 의무종사기간의 조정이 필요한 경우
2. 근무조건이나 작업환경이 나빠 복무기간 또는 의무종사기간의 단축이 필요한 경우
3. 병역자원의 수급(수급)계획상 필요한 경우

② 국방부장관은 제1항의 규정에 의하여 공익근무요원·전문연구요원 또는 산업기능요원의 복무기간 또는 의무종사기간을 조정하고자 할 때에는 미리 국무회의의 심의를 거쳐 대통령의 승인을 얻어야 한다. <신설 2003. 9. 3.>

제43조 (공익근무요원 등의 실태조사) 지방병무청장 또는 관할지방병무청장은 공익근무요원·전문연구요원 및 산업기능요원이 복무하고 있는 국가기관·지방자치단체·공공단체·사회복지시설 및 지정업체 등에 대하여 그 복무 및 관리에 관한 사항을 대통령령이 정하는 바에 따라 실태조사를 실시할 수 있다. <개정 1999. 2. 5.>

제6장 병력동원소집 등 의무부과

제1절 병력동원소집

제44조 (병력동원소집대상) 병력동원소집은 전시·사변 또는 이에 준하는 국가비상사태에 부대편성이나 작전수요(작전수요)를 위하여 다음 각 호의 사람(이하 "병력동원소집대상자"라 한다)에 대하여 행한다. <개정 2004. 12. 31.>

1. 예비역
2. 교육소집을 마친 보충역
3. 제66조의 규정에 의하여 보충역에 편입된 사람

제45조 (병력동원소집대상자의 지정) ① 지방병무청장은 병력동원소집대상자에 대하여 입영부대별로 소집할 사람을 지정하여야 한다.

② 제1항의 규정에 의하여 병력동원소집대상자의 지정 등에 관하여 필요한 사항은 대통령령으로 정한다.

제46조 (병력동원소집) ① 지방병무청장은 전시·사변 또는 이에 준하는 국가비상사태에는 병력동원소집대상자로 지정된 사람에 대하여 병력동원소집을 한다. <개정 2004. 12. 31.>

② 병무청장은 전시·사변 등의 긴급한 사태에 대비하여 지방병무청장으로 하여금 병력동원소집통지서를 미리 송달하게 할 수 있다. 이 경우 병력동원소집통지서를 미리 송달받은 사람은 병무청장이 신문·텔레비전 또는 라디오로 공고하는 일시(일시)에 입영하여야 한다.

제47조 (병력동원소집 입영신체검사 및 귀가〈개정 1999. 2. 5.〉) ① 입영부대의 장은 병력동원소집대상자가 입영한 때에는 입영한 날부터 2일 이내에 신체검사를 하여야 한다.

② 입영부대의 장은 입영신체검사의 결과 병력동원소집복무에 적합하지 아니하거나 질병 또는 심신장애로 15일 이상의 치유기간이 필요하다고 인정되는 사람에 대하여는 신체등위 또는 치유기간을 명시하여 귀가시킬 수 있다. <개정 1999. 2. 5.>

③ 지방병무청장은 제2항의 규정에 의하여 귀가한 사람으로서 신체등위가 명시된 사람 중 병력동원소집복무를 감당할 수 없는 사람은 제2국민역 또는 병역면제의 처분을 하고, 치유기간이 명시된 사람은 재소집 또는 재검사를 할 수 있다. <개정 1999. 2. 5.>

제48조 (병력동원소집된 사람의 복무 등) ① 병력동원소집으로 입영한 사람의 복무 및 처우(처우)는 현역과 같이한다.

② 병력동원소집으로 입영한 사람에 대한 소집해제에 관하여 필요한 사항은 대통령령으로 정한다.

제2절 병력동원훈련소집

제49조 (병력동원훈련소집대상 등) 병력동원훈련소집은 병력동원소집에 대비한 훈련(훈련) 또는 점검(점검)을 위하여 병력동원소집대상자에 대하여 실시하며 그 기간은 연간 30일 이내로 한다.

제50조 (병력동원훈련소집) ① 지방병무청장은 병력동원소집대상자로 지정된 사람에 대하여 병력동원훈련소집을 한다.

② 병무청장은 필요하다고 인정하는 경우에는 지방병무청장으로 하여금 병력동원훈련소집통지서를 미리 송달하게 할 수 있다. 이 경우 제46조제2항 후단의 규정을 준용한다.

③ 병력동원훈련소집통지서를 받은 사람은 지정된 일시 및 장소에 입영하여야 한다. <신설 1997. 1. 13.>

④ 지방병무청장은 전시 · 사변 등의 긴급한 사태에 대비하여 병력동원소집절차를 점검하고자 하는 때에는 병력동원소집대상자에 대하여 병력동원훈련소집통지서를 교부하지 아니하고, 제46조제2항 전단의 규정에 의하여 미리 송달한 병력동원소집통지서에 따라 병무청장이 신문 · 텔레비전 또는 라디오 등으로 공고하는 일시에 입영하도록 병력동원훈련소집을 할 수 있다. <신설 1999. 2. 5.>

⑤ 지방병무청장은『비상대비자원관리법』제14조의 규정에 의한 비상대비훈련을 위하여 불시에 실시하는 병력동원훈련소집에 있어서 병력동원훈련소집통지서의 교부와 그에 따른 입영의 독려를 위하여 시장 · 군수 또는 구청장(자치구의 구청장을 말한다. 이하 같다)에게 협조를 요청할 수 있으며, 협조 요청을 받은 시장 · 군수 또는 구청장은 이를 지원하여야 한다. 이 경우 지방병무청장은 시장 · 군수 또는 구청장과 협의하여 이에 소요되는 비용을 지원할 수 있다. <신설 2002. 12. 5., 2006. 3. 24.>

제51조 (병력동원훈련소집 입영신체검사 및 귀가〈개정 1999. 2. 5.〉) ① 입영부대의 장은 병력동원훈련소집으로 입영한 사람에 대하여는 입영한 날부터 2일 이내

에 신체검사를 하여야 한다.

② 입영부대의 장은 입영신체검사결과 질병 또는 심신장애로 병력동원훈련이 곤란하다고 인정되는 사람에 대하여는 귀가시킬 수 있다. <개정 1999. 2. 5.>

③ 지방병무청장은 제2항의 규정에 의하여 귀가한 사람에 대하여는 재소집하거나 그 해의 병력동원훈련소집을 면제할 수 있다. <개정 1999. 2. 5.>

第52條 (병력동원훈련소집된 사람의 복무) ① 병력동원훈련소집으로 입영한 사람은 현역에 준하여 복무하며, 예산의 범위 내에서 급식 또는 실비지급 등을 할 수 있다.

② 병력동원훈련소집으로 입영한 사람이 복무 중 범죄로 인하여 구속되거나 정당한 사유 없이 그 복무기간의 3분의 1 이상의 일수를 초과하여 훈련을 받지 못한 경우에는 재소집할 수 있다.

③ 병력동원훈련소집의 해제에 관하여 필요한 사항은 대통령령으로 정한다.

제3절 전시근로소집

第53條 (전시근로소집대상 등) ① 전시근로소집은 전시·사변 또는 이에 준하는 국가비상사태에 군사업무를 지원하기 위하여 다음 각 호의 1에 해당하는 사람에 대하여 실시한다. <개정 1997. 1. 13., 1999. 2. 5., 2004. 12. 31., 2006. 3. 24., 2008. 2. 29.>

1. 제44조제2호의 보충역 중 병력동원소집지정에서 제외된 자
2. 제2국민역(『국가기술자격법』 기타 다른 법령에 의하여 면허 또는 자격을 취득한 자 및 외국의 법령에 의하여 기술면허 또는 자격을 취득한 자로서 행정안전부장관이 인정하는 자를 제외한다)

② 제1항의 규정에 의한 전시근로소집대상자에 대하여는 전시근로소집에 대비한 점검을 실시할 수 있으며, 그 기간은 연간 2일 이내로 한다. <개정 1997. 1. 13.>

第54條 (전시근로소집 및 입영신체검사 등) ① 전시근로소집대상자의 지정·소집

· 입영신체검사 · 귀가 및 복무 등에 관하여는 제45조 내지 제48조의 규정을 준용한다. 이 경우 "병력동원소집"은 "전시근로소집"으로, "병력동원소집복무"는 "전시근로소집복무"로 본다. <개정 1997. 1. 13., 1999. 2. 5.>

② 국방부장관은 전시근로소집된 사람에 대하여는 제1항의 규정에 불구하고 군부대 밖에서 거주하게 할 수 있으며, 예산의 범위 내에서 급식 또는 실비지급 등을 할 수 있다. <개정 1997. 1. 13., 1999. 2. 5.>

제4절 교육소집

제55조 (교육소집대상 등) ① 교육소집은 군사교육을 위하여 보충역 · 승선근무예비역에 대하여 60일 이내로 실시할 수 있으며, 그 시기 · 소집기간 · 소집해제 등에 관하여 필요한 사항은 대통령령으로 정한다. 다만, 제2국민역에 대하여는 군사교육이 필요한 경우 이를 실시할 수 있다. <개정 2007. 7. 27.>

② 국방상 필요한 경우에는 대통령령이 정하는 바에 따라 예비역 · 보충역 또는 제2국민역에 대하여 진급시키거나 장교임용에 필요한 자격을 부여하기 위하여 제1항의 소집을 할 수 있다. 이 경우 소집기간은 120일 이내로 한다.

제56조 (입영신체검사 및 복무 등) ① 제55조제1항 본문의 규정에 의하여 교육소집된 보충역의 입영신체검사 및 귀가에 관하여는 제17조의 규정을 준용한다. 이 경우 "현역병입영"은 "교육소집"으로, "현역복무"는 "보충역복무"로 본다. <개정 1999. 2. 5.>

② 제55조제1항 단서 또는 제2항의 규정에 의하여 교육소집된 예비역 · 보충역 또는 제2국민역의 입영신체검사 및 귀가에 관하여는 제47조의 규정을 준용한다. 이 경우 "병력동원소집"은 "교육소집"으로, "15일 이상의 치유기간"은 "7일 이상의 치유기간"으로 본다. <개정 1999. 2. 5.>

③ 교육소집으로 입영한 사람의 복무 및 처우는 현역의 경우와 같이 한다.

제7장 학생군사교육 및 의무장교 등의 병적 편입

제57조 (학생군사교육 등) ① 고등학교 이상의 학교에 재학하는 학생에 대하여는 대통령령이 정하는 바에 따라 일반군사교육을 실시할 수 있으며, 그 군사교육을 받은 사람에 대하여는 현역병(제21조 · 제24조 및 제25조의 규정에 의하여 복무 중인 사람을 포함한다) 또는 공익근무요원의 복무기간을 단축할 수 있다.

② 고등학교 이상의 학교에 학생군사교육단 사관후보생 또는 부사관후보생(이하 "학군무관후보생"이라 한다)과정을 둘 수 있으며 그 과정을 마친 사람은 현역의 장교 또는 부사관의 병적에 편입할 수 있다. <개정 2000. 12. 26.>

③ 삭제 <1994. 12. 31.>

④ 제1항 및 제2항의 규정에 의한 군사교육을 받은 사람에 대하여는 대통령령이 정하는 바에 따라 예산의 범위 내에서 급식 또는 실비지급 등을 할 수 있다.

제58조 (의무 · 법무 · 군종 · 수의장교 등의 병적 편입 〈개정 2006. 3. 24.〉) ① 현역병입영대상자로서 다음 각 호의 1에 해당하는 사람에 대하여는 원에 의하여 의무 · 법무 · 군종 또는 수의분야의 현역장교의 병적에 편입할 수 있다. 이 경우 제3호의 규정에 의한 군종분야의 병적 편입 대상 종교의 선정기준과 군종분야의 현역장교 선발기준 및 절차 등에 관하여 필요한 사항은 대통령령으로 정한다. <개정 2000. 12. 26., 2002. 12. 26., 2006. 3. 24.>

1. 의사 · 치과의사 또는 한의사의 자격이 있는 사람
2. 판사 · 검사 또는 변호사의 자격이 있는 사람
3. 학사 이상의 학위를 가진 목사 · 신부 · 승려 그 밖에 이와 동등한 직무를 수행하는 자로서 각 소속 종교단체에서 그 자격을 인정한 사람
4. 수의사의 자격이 있는 사람

② 다음 각 호의 1에 해당하는 사람 중 의무 · 법무 · 군종 · 수의사관후보생을 지원한 사람은 의무 · 법무 · 군종 · 수의사관후보생의 병적에 편입할 수 있으며, 그 편입대상 및 제한연령(제한연령) 등에 관하여 필요한 사항은 대통령령으로 정한다. <개정 1994. 12. 31., 1999. 2. 5., 2002. 12. 26., 2006. 3. 24.>

1. 의사·치과의사 또는 한의사의 자격이 있는 사람으로서 군전공의수련기관(군전공의수련기관)에서 소정의 과정을 이수하고 있는 사람
2. 판사·검사 또는 변호사의 자격을 얻기 위하여 해당연수기관에서 소정의 과정을 이수하고 있는 사람
3. 목사·신부·승려 그 밖에 이와 동등한 직무를 수행하는 자의 자격을 얻기 위하여 신학대학·불교대학 그 밖에 성직자의 양성을 목적으로 하는 대학에 재학하고 있는 사람
4. 수의사의 자격을 얻기 위하여 수의과대학(수의학과가 설치된 대학의 수의학과를 포함한다)에 재학하고 있는 사람

③ 제2항의 규정에 의하여 의무·법무·군종·수의사관후보생의 병적에 편입된 사람은 35세까지의 범위 내에서 특수병과(특수병과)의 현역장교의 병적에 편입할 수 있으며, 의무·법무·군종·수의사관후보생의 병적에서 제적된 사람은 그 신체등위에 따라 현역병으로 입영하게 하거나 공익근무요원으로 소집할 수 있다. <개정 1999. 2. 5., 2006. 3. 24.>

④ 제1항·제3항 및 제59조의 규정에 의하여 현역장교의 병적에 편입할 사람에 대하여는 군부대에 입영시켜 군사교육을 받게 할 수 있다.

⑤ 입영부대의 장은 제4항의 규정에 의한 사람이 군부대에 입영한 때에는 입영한 날부터 5일 이내에 신체검사를 하여야 하며, 신체검사의 결과 질병 또는 심신장애로 인하여 현역복무에 적합하지 아니하거나 15일 이상의 치유기간이 필요하다고 인정되는 사람에 대하여는 그 질병 또는 심신장애의 정도와 치유기간(치유기간을 알 수 있는 경우에 한한다)을 명시하여 귀가시켜야 한다. 군사교육 중 질병 또는 심신장애로 15일 이상의 치유기간이 필요하다고 인정되는 사람에 대하여도 또한 같다. <개정 2003. 9. 3.>

⑥ 병무청장은 제5항의 규정에 의하여 귀가한 사람에 대하여는 대통령령이 정하는 바에 의하여 재신체검사를 한 후 그 신체등위에 따라 병역처분을 변경하거나 다시 입영시켜야 한다. 다만, 치유기간이 3월 미만으로 명시되어 귀가한 사람에 대하여는 재신체검사를 하지 아니하고 다시 입영시킬 수 있다. <개정 2003. 9. 3.>

⑦ 제1항의 규정에 따른 군종분야 병적 편입 대상 종교의 선정 및 군종분야 현

역장교의 선발 등과 제2항의 규정에 따른 수의사관후보생 선발 등에 관한 사항을 심의하기 위하여 국방부에 각각 군종장교운영심사위원회와 수의사관후보생선발위원회를 둔다. 이 경우 각 위원회의 구성·운영 등에 관하여 필요한 사항은 대통령령으로 정한다. <개정 2006. 3. 24.>

제59조 (5급공개경쟁채용시험합격자 등의 기본병과장교에의 편입) 제58조제1항제2호에 해당하는 사람 또는 제58조제2항제2호의 규정에 의한 법무사관후보생과정을 마친 사람으로서 법무분야의 현역장교의 병적에 편입되지 아니한 사람과, 현역병입영대상자로서 『국가공무원법』에 의한 5급공무원공개경쟁채용시험 또는 『지방공무원법』에 의한 5급공무원공개경쟁임용시험에 합격한 사람은 원에 의하여 기본병과(기본병과)분야의 현역장교의 병적에 편입할 수 있다. 이 경우 5급공무원공개경쟁채용시험 또는 5급공무원공개경쟁임용시험에 합격한 사람의 경우 그 편입을 29세까지로 한다. <개정 1997. 1. 13., 2006. 3. 24.>

제8장 병역의무의 연기 및 감면

제60조 (징병검사 및 입영 등의 연기) ① 지방병무청장은 징병검사대상자로서 다음 각 호의 1에 해당하는 사람에 대하여는 징병검사를 연기할 수 있다.

1. 국외를 왕래하는 선박의 선원
2. 국외에 체재(체재) 또는 거주하고 있는 사람
3. 범죄로 인하여 구속되거나 형의 집행 중에 있는 사람

② 지방병무청장은 징병검사를 받은 사람으로서 다음 각 호의 1에 해당하는 사람과 제1항제1호 내지 제3호에 해당하는 사람에 대하여는 징집 또는 소집을 연기할 수 있다. <개정 1999. 2. 5.>

1. 고등학교 이상의 학교에 재학 중인 학생
2. 연수기관에서 소정의 과정을 이수 중에 있는 사람
3. 국위선양을 위한 체육분야 우수자

③ 제1항 또는 제2항의 규정에 의하여 징병검사·징집 또는 소집이 연기된 사람으로서 징병검사·징집 또는 소집을 원하는 사람과 그 연기사유가 끝나는 사람에 대하여는 그 해 또는 그 다음 해에 징병검사를 받게 하거나 징집 또는 소집한다.

④ 제2항의 규정에 의하여 징집 또는 소집이 연기된 사람이 다시 징집 또는 소집될 때에는 그 징집 또는 소집되는 해의 병역처분기준(병역처분기준)에 의하여 병역처분을 변경할 수 있다.

⑤ 제2항의 규정에 의한 학교·연수기관 및 체육분야 우수자의 범위와 연기의 제한 등에 관하여 필요한 사항은 대통령령으로 정한다. <개정 1999. 2. 5.>

제61조 (입영기일 등의 연기) ① 징병검사·징집 또는 소집통지서를 받은 사람 또는 받을 사람으로서 질병·심신장애·재난 등의 사유로 그 의무이행기일에 이를 이행하기 어려운 사람에 대하여는 원에 의하여 그 기일을 연기할 수 있다. 다만, 재난 등 대통령령이 정하는 사유로 입영기일 등의 연기원서의 제출이 곤란한 경우에는 지방병무청장이 직권으로 그 기일을 연기할 수 있다. <개정 1999. 2. 5., 2004. 12. 31.>

② 제1항의 규정에 의하여 의무이행기일이 연기된 사람에 대하여는 다시 기일을 정하여 통지서를 송달하여야 한다. 다만, 징집 또는 소집통지서를 받은 사람이나 받을 사람으로서 질병 또는 심신장애로 그 병역을 감당할 수 없다고 인정되는 사람에 대하여는 신체검사를 받게 하여 병역처분을 변경할 수 있다. <개정 1999. 2. 5.>

제62조 (가사사정으로 인한 제2국민역편입 등) ① 현역병입영대상자로서 제1호에 해당하는 사람은 원에 의하여 제2국민역으로, 제2호에 해당하는 사람은 원에 의하여 보충역으로 처분할 수 있다.<개정 1999. 2. 5., 2006. 3. 24.>

1. 본인이 아니면 가족의 생계(생계)를 유지할 수 없는 사람
2. 부·모·배우자 또는 형제·자매 중 전사자(전사자)·순직자(순직자)가 있거나 전(전)·공상(공상)으로 인한 장애인(장애인)이 있는 경우의 1인

② 보충역으로서 제1항제1호에 해당하는 사람에 대하여는 원에 의하여 제2국민역에 편입할 수 있다.

③ 제1항의 규정에 의한 가족의 범위, 생계유지곤란의 기준·출원(출원)시기, 전

사자 · 순직자의 범위 및 전 · 공상으로 인한 장애인의 범위 등에 관하여 필요한 사항은 대통령령으로 정한다. <개정 2006. 3. 24.>

제63조 (가사사정으로 인한 전역 등) ① 현역병(제21조 · 제24조 및 제25조의 규정에 의하여 복무중인 사람을 포함한다. 이하 이 조에서 같다)으로서 제62조제1항제1호에 해당하는 사람에 대하여는 원에 의하여 제2국민역에 편입할 수 있다.

② 현역병 또는 공익근무요원으로 복무 중인 사람으로서 제62조제1항제2호에 해당하는 사람에 대하여는 원에 의하여 복무기간을 6월로 단축할 수 있으며, 그 복무기간을 마친 사람은 보충역에 편입하거나 그 소집을 해제한다.

③ 병력동원소집 또는 전시근로소집에 의하여 복무 중인 병(소집통지서를 받은 사람을 포함한다)으로서 제62조제1항제1호에 해당하는 사람에 대하여는 원에 의하여 제2국민역에 편입하거나 그 소집을 해제 또는 연기할 수 있다. <개정 1997. 1. 13.>

제64조 (제1국민역의 병역면제 등) ① 지방병무청장은 제1국민역으로서 제1호(신체등위가 6급에 해당하는 사람에 한한다) 또는 제3호에 해당하는 사람에 대하여는 원에 의하여 징병검사를 하지 아니하고 병역을 면제할 수 있고, 제1호에 해당하는 사람 중에서 신체등위가 5급에 해당하는 사람과 제4호에 해당하는 사람은 원에 의하여 징병검사를 하지 아니하고 제2국민역에 편입할 수 있다. <개정 1999. 2. 5., 2004. 12. 31.>

1. 전신기형자(전신기형자) 등 외관상 명백한 장애인
2. 삭제 <2004. 12. 31.>
3. 군사분계선이북지역(군사분계선이북지역)에서 이주하여 온 사람
4. 제65조제1항제3호의 사유에 해당되는 사람

② 제1항의 규정에 의한 장애인의 범위와 출원절차 등에 관하여 필요한 사항은 대통령령으로 정한다. <개정 2004. 12. 31.>

제65조 (병역처분변경등) ① 현역병(제21조 · 제24조 및 제25조의 규정에 의하여 복무 중인 사람과 현역병입영대상자를 포함한다) 또는 보충역으로서 제1호에 해당

하는 사람에 대하여는 신체검사를 거쳐 보충역편입 · 제2국민역편입 또는 병역면제의 처분을, 제3호 · 제4호에 해당하는 사람에 대하여는 보충역편입 또는 제2국민역으로의 편입을 할 수 있다. <개정 1997. 1. 13., 1999. 2. 5., 2004. 12. 31., 2007. 12. 31.>

1. 전상 · 공상 · 질병 또는 심신장애로 인하여 그 병역을 감당할 수 없는 사람
2. 삭제 <2004. 12. 31.>
3. 수형(수형) · 고령(고령) 등 대통령령이 정하는 사유로 그 병역에 적합하지 아니하다고 인정되는 사람
4. 제3조제3항에도 불구하고 인종 · 피부색 등으로 인하여 병역을 수행하는 데 심각한 영향을 받을 것으로 인정되는 사람으로서 대통령령으로 정하는 사람

② 현역병(제21조 · 제24조 및 제25조의 규정에 의하여 복무 중인 사람을 포함한다) 또는 보충역으로 복무 중인 사람이 가족과 같이 국외로 이주하는 경우에는 대통령령이 정하는 바에 따라 보충역에 편입하거나 공익근무요원소집의 해제를 할 수 있다. <신설 2004. 12. 31., 2007. 5. 17.>

③ 예비역 또는 제2국민역으로서 제1항제1호에 규정된 사유로 그 병역을 감당할 수 없는 사람에 대하여는 원에 의하여 필요한 경우 신체검사를 거쳐 제2국민역 편입 또는 병역면제의 처분을 할 수 있다. <개정 2004. 12. 31.>

④ 예비역의 병중 수형자에 대하여는 대통령령이 정하는 바에 따라 제2국민역에 편입할 수 있다.

⑤ 제2항의 규정에 의하여 가족과 같이 국외 이주하는 사유로 보충역에 편입되거나 공익근무요원소집이 해제된 사람이 국내에서 영주할 목적으로 귀국하는 등 대통령령이 정하는 사유에 해당하는 때에는 그 처분을 취소하고 병역의무를 부과할 수 있다. <개정 1999. 2. 5., 2004. 12. 31., 2007. 5. 17.>

⑥ 지방병무청장은 공익근무요원소집대상보충역으로서 제60조제1항제1호의 규정에 의한 사유로 국외를 왕래하는 선박의 선원으로서 대통령령이 정하는 날부터 3년 이상 공익근무요원소집이 연기된 사람에 대하여는 제55조의 규정에 의한 교육소집을 실시하며, 그 교육소집을 마친 때에는 공익근무요원의 복무를 마친 것으로 본다. <개정 2006. 3. 24.>

⑦ 지방병무청장은 보충역 또는 제2국민역으로서 질병 또는 심신장애가 치유되었거나 학력이 변동되어 현역 또는 공익근무요원의 복무를 원하는 사람에 대하여는 대통령령이 정하는 바에 따라 그 처분을 취소하고 병역처분을 변경할 수 있다. <신설 1999. 2. 5., 2000. 12. 26.>

⑧ 지방병무청장은 공익근무요원 소집대상자가 제27조의 규정에 의하여 결정된 공익 근무요원 배정인원보다 많은 경우에는 소집대상자의 학력·보충역 편입연도 등을 감안하여 대통령령이 정하는 기준에 따라 그중 일부를 제2국민역에 편입할 수 있다. <신설 2000. 12. 26.>

⑨ 제2항의 규정에 의한 가족의 범위에 관하여는 대통령령으로 정한다. <신설 2004. 12. 31.>

제66조 (장교 등의 보충역편입 및 취소) ① 현역 및 예비역의 장교·준사관 또는 부사관이 『군인사법』에 의한 임용결격사유에 해당되어 제적되거나 그 신분이 상실된 경우에는 보충역의 장교·준사관 또는 부사관에 편입한다. <개정 1994. 12. 31., 2000. 12. 26., 2006. 3. 24.>

② 의무·법무·군종 및 수의의 예비역장교는 그 자격을 상실하거나 면허가 취소된 때에는 그 신분이 상실되며, 보충역에 편입한다. <개정 2006. 3. 24.>

③ 제1항 및 제2항의 규정에 의하여 보충역에 편입된 사람 중 보충역편입사유가 소멸된 사람으로서 다음 각 호에 해당하는 사람에 대하여는 원에 의하여 보충역편입처분을 취소할 수 있다. 이 경우 그 취소처분의 효력은 소급하지 아니한다.

1. 사상이 건전한 사람
2. 소행이 단정한 사람
3. 체력이 강건한 사람(제4항의 규정에 의한 퇴역 또는 면역대상자를 제외한다)

④ 제3항의 규정에 의하여 보충역편입처분이 취소된 사람으로서 그 취소된 날에 보충역편입 당시의 계급의 『군인사법』의 연령정년(연령정년)을 초과하지 아니한 사람은 그 계급의 예비역에 편입하되, 심신장애로 인하여 예비역을 감당할 수 없는 사람과 연령정년을 초과한 사람은 퇴역(퇴역)시킨다. <개정 1994. 12. 31., 2006. 3. 24.>

⑤ 제3항 및 제4항의 규정에 의한 보충역편입처분의 취소 및 예비역편입 등 절차에 관하여 필요한 사항은 대통령령으로 정한다.

제67조 (병력동원소집 또는 전시근로소집 순위의 후순위조정) ① 지방병무청장은 병력동원소집 또는 전시근로소집대상자로서 전시 국가동원기능을 수행하는 국가기관 또는 방위산업체 등에 종사하는 사람 중 특히 필요하다고 인정되는 사람에 대하여는 대통령령이 정하는 바에 따라 그 소집순위를 후순위로 조정할 수 있다. <개정 1997. 1. 13.>

② 고용주(고용주를 위하여 인사관리를 담당하는 사람을 포함한다. 이하 같다)는 제1항의 규정에 의하여 소집순위가 후순위로 조정된 사람이 퇴직 또는 보직변경 등으로 그 대상에서 제외된 때에는 14일 이내에 관할지방병무청장에게 이를 통보하여야 한다. <개정 1997. 1. 13.>

제68조 (병역의무의 연기 및 감면의 제한) 제86조 내지 제88조 또는 제94조에 규정된 죄(죄)를 범한 사람, 징집 또는 소집 후 복무를 이탈한 사람과 고의로 병역의무의 연기 또는 감면사유를 발생하게 한 사람에 대하여는 다음 각 호의 처분을 하지 아니한다. 다만, 본인이 아니면 가족의 생계를 유지할 수 없는 사람의 경우에는 고의로 그 사유를 발생하게 한 사람을 제외하고는 그러하지 아니하다. <개정 1999. 2. 5., 2000. 12. 26.>

1. 제26조제1항제3호 · 제4호 및 제36조의 규정에 의한 공익근무요원 · 전문연구요원 및 산업기능요원편입
2. 제60조제1항제1호 · 제2호 및 동조제2항의 규정에 의한 징병검사 및 징집 또는 소집의 연기
3. 제62조의 규정에 의한 가사사정으로 인한 제2국민역편입 또는 보충역편입
4. 제63조의 규정에 의한 가사사정으로 인한 현역병 또는 공익근무요원의 복무기간 단축

제9장 병역의무자의 거주지이동 및 국외여행

제69조 (거주지이동신고 등〈개정 1999. 2. 5.〉) ① 병역의무자(현역을 제외한다)가 거주지를 이동한 때에는 14일 이내에 『주민등록법』 제16조의 규정에 따라 전입신고(전입신고)를 하여야 한다. <개정 1999. 2. 5., 2006. 3. 24., 2007. 5. 11.>

② 행정안전부장관은 병역의무자의 관리를 위하여 제1항의 규정에 의한 거주지 이동 등 병역의무자의 신상변동사항을 병무청장에게 통보하여야 한다. <신설 1999. 2. 5., 2008. 2. 29.>

③ 제2항의 규정에 의한 통보절차 등에 관하여 필요한 사항은 대통령령으로 정한다. <신설 1999. 2. 5.>

제69조의2 (병역처분사항 등의 통보) ① 병무청장은 병역의무자의 병역처분사항(변경처분사항을 포함한다. 이하 같다)과 입영·전역 또는 소집해제 등 주민등록표의 정리에 필요한 신상변동사항에 관한 자료를 행정안전부장관에게 통보하여야 한다. <개정 2008. 2. 29.>

② 제1항의 규정에 의하여 통보하는 자료의 내용·범위 및 절차 등에 관하여 필요한 사항은 대통령령으로 정한다.

[본조신설 1999. 2. 5.]

제70조 (국외여행의 허가 및 취소〈개정 2004. 12. 31.〉) ① 병역의무자로서 다음 각 호 외의 사람이 국외여행을 하고자 할 때에는 병무청장의 허가를 받아야 한다. <개정 2006. 9. 22.>

1. 현역복무를 마친 사람(현역복무를 마친 것으로 보는 사람을 포함한다)
2. 공익근무요원복무를 마친 사람(공익근무요원복무를 마친 것으로 보는 사람을 포함한다)
3. 제2국민역에 편입된 사람
4. 25세가 되지 아니한 사람(현역·상근예비역·전환복무 또는 보충역으로 복무 중인 사람을 제외한다)

② 병무청장은 정당한 사유 없이 징병검사 또는 입영을 기피한 사실이 있거나 기피하고 있는 사람 등 대통령령이 정하는 사람에 대하여는 다음 각 호의 기준에 따라 처리하여야 한다. 다만, 가족의 사망 등 불가피한 사유로서 대통령령이 정하는 경우에는 그러하지 아니하다. <개정 2006. 9. 22.>

1. 제1항의 규정에 따른 국외여행허가 대상자인 경우에는 국외여행 허가를 하여서는 아니 된다.
2. 제1항제4호에 해당하는 사람인 경우에는 국외여행이 제한되도록 필요한 조치를 취하여야 한다.

③ 국외여행의 허가를 받은 사람이 허가기간 내에 귀국하기 어려운 때에는 기간만료 15일 전까지, 25세가 되기 전에 출국한 사람은 25세가 되는 해의 1월 15일까지 병무청장의 기간연장 또는 국외여행 허가를 받아야 한다. <개정 2006. 9. 22.>

④ 제1항 및 제3항의 규정에 의한 국외여행 또는 기간연장허가의 범위 및 절차에 관하여는 대통령령으로 정한다. <개정 2002. 12. 5.>

⑤ 국외여행 또는 기간연장허가를 받은 사람은 출국할 때에 대통령령이 정하는 바에 따라 출국확인을 받아야 한다. <개정 2006. 9. 22.>

⑥ 삭제 <2005. 3. 31.>

⑦ 제1항 및 제3항의 규정에 의하여 국외여행 또는 기간연장허가를 받은 사람이 국내에서 영주할 목적으로 귀국하는 등 대통령령이 정하는 사유에 해당하는 때에는 국외여행허가 또는 기간연장허가를 취소하고 병역의무를 부과할 수 있다. <신설 2004. 12. 31.>

제10장 병역의무의 종료

제71조 (입영의무 등의 감면) ① 징병검사·현역병입영 또는 공익근무요원소집의무는 31세부터 면제되며, 면제된 사람은 제2국민역에 편입한다. 다만, 다음 각 호의 어느 하나에 해당하는 사람은 36세부터 면제된다. <개정 1994. 12. 31., 1997. 1. 13., 1999. 2. 5., 2000. 12. 26., 2002. 12. 5., 2004. 12. 31., 2006. 3. 24.,

2007. 5. 17.>

1. 정당한 사유 없이 징병검사 · 현역병입영 또는 공익근무요원소집을 기피하고 있는 사람과 행방을 알 수 없는 사람
2. 제33조제5항의 규정에 의하여 공익근무요원의 소집이 취소된 사람
3. 제35조제2항 · 제4항, 제35조의2제2항 · 제4항 또는 제35조의3제2항 · 제4항의 규정에 의하여 공중보건의사 · 징병전담의사 · 국제협력의사 · 공익법무관 또는 공익수의사의 편입이 취소된 사람
4. 제41조제1항의 규정에 의하여 전문연구요원 또는 산업기능요원의 편입이 취소된 사람
5. 제58조제3항의 규정에 의한 의무 · 법무 · 군종 · 수의사관후보생의 병적에서 제적된 사람
6. 제70조제1항 또는 제3항의 규정에 의한 허가를 받지 아니하고 출국한 사람 · 국외에서 체류하고 있는 사람 또는 정당한 사유 없이 허가된 기간 내에 귀국하지 아니한 사람
7. 제60조제1항제2호의 사유로 징병검사 또는 입영 등이 연기된 사람
8. 제65조제2항의 사유로 보충역에 편입되거나 공익근무요원소집이 해제된 사람
9. 제65조제5항의 규정에 의하여 보충역편입처분이나 공익근무요원소집의 해제처분이 취소된 사람
10. 허위 기타 부정한 방법으로 병역면제 · 제2국민역 또는 보충역의 처분을 받고 그 처분이 취소된 사람
11. 『국적법』 제9조의 규정에 의하여 국적회복허가를 받아 대한민국의 국적을 취득한 사람. 다만, 귀화에 의하여 대한민국의 국적을 취득한 사람의 경우는 제외한다.

② 제1항 단서의 규정에 의하여 현역병으로 입영하여야 할 사람 중 31세 이상인 사람은 공익근무요원으로 복무하게 할 수 있다.

제72조 (병역의무의 종료) ① 현역 · 예비역 · 보충역의 병과 제2국민역의 병역의무는 40세까지로 하고, 예비역 · 보충역의 장교 · 준사관 및 부사관의 병역의무는 『군

인사법』에 의한 그 계급의 연령정년이 되는 해까지로 한다. <개정 1994. 12. 31., 2000. 12. 26., 2006. 3. 24.>

② 제1항의 규정에 의한 병역의무기간을 마친 때에 장교·준사관 및 부사관의 경우는 퇴역이 되고, 병의 경우는 면역이 된다. <개정 1994. 12. 31., 2000. 12. 26.>

제11장 병역의무이행자 등에 대한 권익보장

제73조 (복학보장 및 군 복무 중 학점취득 인정 〈개정 2007. 1. 19.〉) ① 고등학교 이상의 학교의 장은 징집·소집 또는 지원에 의하여 입영하거나 소집 등에 의한 보충역복무(공익근무요원·공중보건의사·국제협력의사·공익법무관·공익수의사·전문연구요원·산업기능요원으로 복무 또는 의무종사하는 것을 말한다. 이하 제74조에서 같다)를 하는 학생에 대하여는 입영 또는 복무와 동시에 휴학하게 하고, 그 복무를 마친 때에는 원에 의하여 복학시켜야 한다. 등록기간이 지난 때에도 학사일정(학사일정)에 지장이 없는 사람에 대하여는 원에 의하여 복학시켜야 한다. <개정 1994. 12. 31., 2006. 3. 24.>

② 제1항의 학교(고등학교 또는 이에 해당하는 학력인정을 받은 교육시설은 제외한다)의 장은 제1항의 규정에 따라 입영 또는 복무로 인하여 휴학 중인 자가 방송·통신 또는 인터넷 등 정보통신망을 활용한 원격수업을 수강하여 학점을 취득하고자 하는 경우 학칙이 정하는 바에 따라 등록을 허용할 수 있다. <신설 2007. 1. 19.>

제74조 (복직보장 등) ① 국가기관, 지방자치단체의 장 또는 고용주는 소속공무원 또는 임·직원이 징집·소집 또는 지원에 의하여 입영하거나 소집 등에 의한 보충역복무(당해 기관 등에서 재직하면서 보충역복무를 하는 사람은 제외한다)를 하게 된 때에는 휴직하게 하고, 그 복무를 마친 때에는 복직시켜야 한다. 다만, 그 공무원 또는 임·직원이 복무 중 범죄행위로 인하여 제적·전역 또는 소집해제된 때에는 그러하지 아니하다.

② 국가기관, 지방자치단체의 장 또는 고용주는 제1항의 규정에 의하여 휴직된 사람에 대하여는 그 승진에 있어 의무복무기간을 실제근무기간으로 산정하여야 하며, 군 또는 의무복무기관에서 지급하는 보수와 입영 또는 소집 등에 의한 보충역 복무 전 보수와의 차액의 범위 안에서 상당한 보수를 지급할 수 있다. 다만, 소집 등에 의한 보충역의 의무복무기간을 마친 사람의 의무복무기간을 실제근무기간으로 산정하여야 할 기간은 징집에 의하여 입영한 육군 현역병의 복무기간의 범위 내에서 대통령령으로 정한다.

③ 국가기관, 지방자치단체의 장 또는 고용주는 공무원 또는 임·직원의 임용·채용 및 승진에 있어 징집·소집 등 병역의무를 이행할 것, 이행하고 있는 것(재직하면서 보충역복무를 하는 사람에 한한다) 또는 이행하였던 것을 이유로 불이익한 처우를 하지 못한다.

제74조의2 (채용 시 우대 등) ①『국가유공자등예우및지원에관한법률』 제30조의 규정에 따른 취업보호실시기관의 장은 소집 등에 의한 보충역복무(제26조제1항제3호 및 제4호의 업무에 복무하는 공익근무요원·공중보건의사·징병전담의사·국제협력의사·공익법무관·공익수의사·전문연구요원·산업기능요원으로 복무 또는 의무종사하는 것을 말한다. 이하 이 조에서 같다)를 마친 사람이 채용시험에 응시하는 경우에는 대통령령이 정하는 바에 따라 3세의 범위 안에서 응시상한연령을 연장하여야 한다. <개정 2006. 3. 24.>

② 보충역복무 중인 사람이 복무 만료 예정일 전 6월 이내에 채용시험에 응시하는 경우에는 복무를 마친 사람으로 본다.

[본조신설 2005. 5. 31.]

제75조 (보상 및 가료) ① 군 복무(징집 또는 소집되어 관계공무원의 인솔하에 집단수송 중인 경우를 포함한다) 중 전사·순직한 사람의 유족과 전상·공상 또는 공무상 질병으로 인하여 전역되거나 병역이 면제된 사람 및 그 가족은『국가유공자등예우및지원에관한법률』이 정하는 바에 따라 보상을 받을 수 있다. <개정 1997. 1. 13., 2006. 3. 24.>

② 제26조제1항제1호의 규정에 의한 공익근무요원으로 복무 중 순직한 사람(공상 또는 공무상 질병으로 사망한 사람을 포함한다. 이하 같다)의 유족과 공상 또는 공무상 질병으로 인하여 제2국민역에 편입되거나 병역이 면제된 사람 및 그 가족에 대하여는『국가유공자등예우및지원에관한법률』에 의한 보상을 행한다. 이 경우 보상대상자의 해당요건과 그 확인·결정에 관하여 필요한 사항은 대통령령으로 정한다. <개정 1996. 8. 16., 1997. 1. 13., 2006. 3. 24.>

③ 제2항 전단의 경우 순직한 사람의 유족은『국가유공자등예우및지원에관한법률』제4조제1항제5호의 규정에 의한 순직군경의 유족으로 보고, 공상 또는 공무상 질병으로 인하여 제2국민역에 편입되거나 병역이 면제된 사람 및 그 가족은 동법 제4조제1항제6호의 규정에 의한 공상군경과 그 가족으로 본다. <신설 1996. 8. 16., 1997. 1. 13., 2006. 3. 24.>

④ 제26조제1항제1호의 규정에 의한 공익근무요원으로 복무 중 질병에 걸리거나 부상한 사람에 대하여는 대통령령이 정하는 바에 따라 국가·지방자치단체 또는 공공단체 등의 부담으로 군의료시설이나 국가·지방자치단체 또는 민간의 의료시설에서 가료한다. <개정 1999. 2. 5.>

⑤ 제57조제1항 또는 제2항의 규정에 의한 학생군사교육 중 그 군사교육이 직접 원인이 되어 사망하거나 부상한 사람에 대하여는 제1항 및 제4항의 규정을 준용한다. <개정 1996. 8. 16.>

⑥ 제11조 및 제20조제1항의 규정에 의한 신체검사가 직접 원인이 되어 가료 등이 필요하게 된 사람에 대하여는 대통령령이 정하는 바에 따라 국가의 부담으로 군의료시설이나 국가·지방자치단체 또는 민간의 의료시설에서 가료할 수 있다. <신설 2004. 12. 31.>

제75조의2 (재해 등에 대한 보상) ① 제26조제1항제1호의 규정에 의한 공익근무요원으로 복무 중에 순직(공상 또는 공무상 질병으로 사망한 경우를 포함한다)하거나 공상 또는 공무상 질병을 얻은 때에는 재해보상금을 지급한다. 다만, 다른 법령에 의하여 국가·지방자치단체 또는 공공단체의 부담에 의한 같은 종류의 보상금을 지급받은 자에 대하여는 그 보상금에 상당하는 금액은 이를 지급하지 아니한다.

<개정 1999. 2. 5.>

② 제1항의 규정에 의한 보상금은 국가·지방자치단체 또는 공공단체가 부담한다. <개정 1999. 2. 5.>

③ 제1항 및 제2항의 규정에 의한 보상금의 액과 지급 등에 관하여 필요한 사항은 대통령령으로 정한다.

[본조신설 1996. 8. 16.]

제76조 (병역의무불이행자에 대한 제재) ① 국가기관, 지방자치단체의 장 또는 고용주는 다음 각 호의 1에 해당하는 사람을 공무원 또는 임·직원으로 임용 또는 채용할 수 없으며, 재직 중인 경우에는 해직하여야 한다.

1. 징병검사를 기피하고 있는 사람
2. 징집·소집을 기피하고 있는 사람
3. 군 복무 및 공익근무요원복무를 이탈하고 있는 사람

② 국가기관 또는 지방자치단체의 장은 제1항 각 호의 1에 해당하는 사람에 대하여는 각종 관허업(관허업)의 특허·허가·인가·면허·등록 또는 지정 등을 하여서는 아니 되며, 이미 이를 받은 사람에 대하여는 취소하여야 한다.

③ 제70조제1항 또는 제3항의 규정에 의한 허가를 받지 아니하고 출국한 사람, 국외에 체류하고 있는 사람 또는 정당한 사유 없이 허가된 기간 내에 귀국하지 아니한 사람에 대하여는 40세까지 제1항 및 제2항의 규정을 준용한다. 다만, 귀국하여 병역의무를 마친 때에는 그러하지 아니하다. <개정 2002. 12. 5.>

제12장 병무행정

제77조 (병무행정의 주관) ① 징집·소집 기타의 병무행정은 병무청장이 관장한다.

② 병무청장은 지방병무청장의 명령(명령)이나 처분이 위법 또는 부당하다고 인정할 때에는 이를 중지하거나 취소할 수 있다.

第78조 (병무행정사무의 위임) ① 제20조, 제34조의3제5항, 제70조제1항 · 제3항 · 제5항 및 제95조의 규정에 의한 병무청장의 권한은 대통령령이 정하는 바에 따라 지방병무청장 또는 지방병무청장 소속기관의 장에게 위임할 수 있다. <개정 1999. 2. 5., 1999. 12. 28., 2002. 12. 5.>

② 이 법에 의한 지방병무청장의 권한 중 그 일부를 대통령령이 정하는 바에 따라 그 소속기관의 장에게 위임할 수 있다. <개정 1999. 12. 28., 2001. 12. 29.>

③ 삭제 <2001. 12. 29.>

④ 제70조제3항의 규정에 의한 병무청장의 권한 및 제60조제1항제2호의 규정에 의한 지방병무청장의 권한은 대통령령이 정하는 바에 따라 그 일부를 재외공관(재외공관)의 장에게 위임할 수 있다.

第79조 (여비 등의 국고부담 〈개정 2007. 5. 17.〉) ①삭제 <2001. 12. 29.>

② 징병검사 또는 현역병지원 신체검사를 받는 사람의 여비(여비)와 징집 · 소집 또는 현역병을 지원하여 입영하거나 귀가하는 사람의 여비는 국고에서 부담한다. <개정 1994. 12. 31., 2003. 9. 3., 2007. 5. 17.>

③ 제11조제4항 후단에 따른 위탁검사에 필요한 비용은 국고에서 부담한다. <신설 2007. 5. 17.>

④ 제2항에 따른 여비 및 제3항에 따른 위탁검사비용의 지급에 관하여는 대통령령으로 정한다. <신설 2007. 5. 17.>

第80조 (병무행정에 대한 협조) ① 병무행정관서의 장은 그 직무를 수행함에 있어서 필요한 때에는 국가기관, 지방자치단체의 장 또는 전자계산 · 정보처리시설을 보유하는 기관의 장에게 병무행정에 대한 협조를 요청할 수 있다.

② 제1항의 요청을 받은 기관의 장은 이에 협조하여야 하며, 정당한 사유 없이 이를 거부하지 못한다.

第81조 (병무사범의 예방 및 단속) ① 병무청장은 병무사범의 예방과 단속을 위하여 필요하다고 인정하는 경우에는 병역의무자의 병역이행사항의 확인 · 점검 및 병역법령 위반사실의 확인을 위한 자료를 수집할 수 있다.

② 병무청장은 국가기관·지방자치단체 및 공공기관에 대하여 제1항의 규정에 의한 병역이행사항의 확인·점검에 필요한 자료의 제공을 대통령령이 정하는 바에 따라 요청할 수 있다. 이 경우 자료제공을 요청받은 기관의 장은 특별한 사유가 없는 한 이에 응하여야 한다.

③ 병무청장은 병역의무자를 고용하고 있는 고용주에 대하여 제1항의 규정에 의한 병역법령 위반사실의 확인에 필요한 자료의 제출을 요구하거나 사실에 관하여 질문할 수 있다.

④ 병무청장은 제2항 및 제3항의 규정에 의하여 취득한 자료를 병무사범의 예방 및 단속 외의 목적으로 사용하거나 다른 기관에 제공하여서는 아니 된다.

[본조신설 2004. 12. 31.]

제82조 삭제 <1999. 12. 28.>

제82조의2 삭제 <2002. 12. 5.>

제13장 전시특례

제83조 (전시특례) ① 국방부장관은 전시·사변이나 동원령이 선포된 때 또는 국방상 필요한 경우에는 다음 각 호의 조치를 할 수 있다. 다만, 국방상 필요한 경우에는 제5호의 조치만을 할 수 있다. <개정 1994. 12. 31., 1999. 2. 5., 2000. 12. 26., 2001. 8. 14., 2006. 3. 24., 2007. 7. 27.>

1. 제18조제2항의 규정에 의한 현역병복무기간의 연장(연장)
2. 제21조의 규정에 의한 상근예비역소집대상자의 전역정지(전역정지) 및 상근예비역으로 소집된 사람의 현역병으로의 전역(전역)

2의2. 제23조의2에 따라 승선근무예비역의 복무를 마친 사람 중 40세 이하의 사람에 대한 예비역 장교 또는 부사관 병적에의 편입

3. 제24조 및 제25조의 규정에 의한 교정시설경비교도 · 전투경찰대원 및 의무소방원으로의 전환복무의 정지 또는 해제
4. 제34조 · 제34조의2 및 제34조의7의 규정에 의한 공중보건의사 · 국제협력의사 · 공익법무관 또는 공익수의사의 편입의 정지 및 병력동원소집대상으로의 전환
5. 제38조제1호의 규정에 의한 기간산업체 중 수산업 및 해운업분야의 산업기능요원으로서 의무종사기간을 마친 사람 중 40세 이하의 사람에 대한 예비역장교 또는 부사관 병적에의 편입
6. 삭제 <1999. 2. 5.>
7. 삭제 <1999. 2. 5.>
8. 제58조제1항 각 호의 규정에 의한 의무 · 법무 · 군종 · 수의분야의 자격을 가진 40세 이하의 사람에 대한 예비역장교 병적에의 편입
9. 제65조 및 제66조제1항의 규정에 의한 병역처분변경 및 제적(제적)의 정지
10. 제72조제1항의 규정에 의한 현역 · 예비역 · 보충역의 병과 제2국민역의 병역의무기간의 45세까지의 연장

② 병무청장은 전시 · 사변 또는 동원령이 선포된 때에는 다음 각 호의 조치를 할 수 있다. <개정 1999. 12. 28., 2002. 12. 5., 2004. 12. 31.>

1. 제6조의 규정에 의한 병역의무부과통지서의 송달방법을 신문 · 텔레비전 또는 라디오에 의한 공고의 방법으로 갈음하는 행위
2. 제11조제1항의 규정에 의한 징병검사연령의 변경
3. 제26조 및 제36조의 규정에 의한 공익근무요원 · 전문연구요원 및 산업기능요원의 소집 또는 편입의 정지
4. 제14조제1항제1호의 규정에 의한 보충역 및 제36조의 규정에 의한 전문연구요원 또는 산업기능요원인 보충역 중 제55조의 규정에 의한 교육소집을 받지 아니한 사람의 현역병입영대상으로의, 교육소집을 마친 사람은 병력동원소집대상으로의 전환
5. 제60조제1항 및 제2항의 규정에 의한 징병검사연기 및 징집 · 소집연기의 정지

5의2. 제61조제1항의 규정에 의한 의무이행기일 연기의 제한

6. 제69조의 규정에 의한 거주지이동신고기간의 7일 이내로의 단축

7. 제70조제1항 각 호의 1에 해당하는 사람 중 18세 내지 45세의 사람에 대한 국외여행허가대상자로의 변경
8. 제71조제1항의 규정에 의한 징병검사 및 현역병입영의무의 35세까지의 연장
9. 국외체재 중인 병역의무자에 대한 귀국명령
10. 전시·사변 또는 동원령이 선포되기 전에 허가한 국외여행허가의 취소

③ 지방병무청장은 전시·사변 또는 동원령이 선포된 때에는 다음 각 호의 전시 지원업무에 관하여 특별시장·광역시장 또는 도지사(이하 "시·도지사"라 한다) 및 시장·군수 또는 구청장에게 협조를 요청할 수 있으며, 협조 요청을 받은 시·도지사 및 시장·군수 또는 구청장은 이를 우선 지원하여야 한다. <개정 2002. 12. 5.>

1. 병력동원소집통지서 및 전시근로소집통지서의 교부와 교부결과의 통보
2. 병력동원소집 및 전시근로소집 대상자에 대한 입영의 독려
3. 병력동원 및 전시근로소집 기피자에 대한 고발·색출 및 단속의 지원
4. 병력동원에 따른 차량·급식 및 수용시설 등에 대한 지원
5. 그 밖에 병력동원과 관련하여 지방병무청장이 지원을 요청하는 업무

제83조의2 (병무사범방지대책위원회) ① 전시·사변이나 동원령이 선포된 때에는 제84조 내지 제94조에 규정된 죄를 범한 병역기피자, 행방불명자 그 밖의 병무사범의 발생예방과 단속 등에 관련된 다음 각 호의 사항을 심의하기 위하여 병무청에 중앙병무사범방지대책위원회를 두고, 특별시·광역시 또는 도에 지방병무사범방지대책위원회를 둔다. <개정 2007. 5. 17.>

1. 병역기피 및 면탈행위의 예방과 단속
2. 병역의무자 중 행방불명자의 조사 및 처리
3. 전문연구요원 및 산업기능요원의 편입·종사의무위반 등의 단속 및 점검
4. 고용금지 및 복직보장 위반 등의 단속 및 지도
5. 병역의무와 관련되는 가족관계등록 및 주민등록에 관한 사항
6. 그 밖의 병무사범의 예방·단속에 관한 사항

② 국가기관·지방자치단체의 장 또는 고용주는 제1항의 규정에 의한 병무사범방지 대책위원회의 활동에 적극 협조하여야 한다.

③ 제1항의 규정에 의한 병무사범방지대책위원회의 구성 및 운영 등에 관하여 필요한 사항은 대통령령으로 정한다.
[본조신설 2002. 12. 5.]

第83조의3 (병역증 · 전역증 소지의무) 전시 · 사변이나 동원령이 선포된 때에는 병역의무자는 병역증 또는 전역증을 지니고 다녀야 한다.
[본조신설 2007. 5. 17.]

제14장 벌칙

第84조 (신상이동통보불이행 등〈개정 1999. 12. 28.〉) ①삭제 <1999. 12. 28.>

② 고용주가 정당한 사유 없이 제40조 또는 제67조제2항의 규정에 의한 신상이동통보를 하지 아니하거나 허위통보를 한 때에는 6월 이하의 징역 또는 2천만 원 이하의 벌금에 처한다.

③ 다음 각 호의 1에 해당하는 사람은 200만 원 이하의 벌금 또는 구류에 처한다. <신설 1999. 12. 28.>

1. 제69조제1항의 규정에 의한 전입신고를 정당한 사유 없이 하지 아니하거나 허위로 신고한 사람
2. 제70조제5항의 규정에 의한 출국확인을 받지 아니하고 출국한 사람
3. 삭제 <2006. 9. 22.>

第85조 (통지서수령거부 및 전달의무태만) 제6조의 규정에 의하여 병역의무부과통지서를 수령 또는 전달할 의무가 있는 사람이 정당한 사유 없이 그 수령을 거부한 때 또는 이를 전달하지 아니하거나 전달을 지체한 때에는 6월 이하의 징역 또는 100만 원 이하의 벌금에 처한다.

第86조 (도망 · 신체손상 등〈개정 2005. 5. 31.〉) 병역의무를 기피하거나 감면받

을 목적으로 도망하거나 행방을 감춘 때 또는 신체손상(신체손상)이나 사위행위(사위행위)를 한 사람은 1년 이상 5년 이하의 징역에 처한다. <개정 2005. 5. 31>

제87조 (징병검사의 기피 등 〈개정 2006. 10. 4.〉) ① 징병검사 또는 신체검사를 받을 사람을 대리(대리)하여 징병검사 또는 신체검사를 받은 사람은 1년 이상 3년 이하의 징역에 처한다. <개정 2006. 10. 4.>

② 제11조의2제2항의 규정을 위반한 자는 3년 이하의 징역 또는 1천만 원 이하의 벌금에 처한다. <신설 2006. 10. 4.>

③ 징병검사 또는 신체검사통지서를 받은 사람이 정당한 사유 없이 그 기일에 징병검사 또는 신체검사를 받지 아니한 때에는 6월 이하의 징역에 처한다. <개정 2006. 10. 4.>

제88조 (입영의 기피) ① 현역입영 또는 소집통지서(모집에 의한 입영통지서를 포함한다)를 받은 사람이 정당한 사유 없이 입영 또는 소집기일부터 다음 각 호의 기간이 경과하여도 입영하지 아니하거나 소집에 불응한 때에는 3년 이하의 징역에 처한다. 다만, 제53조제2항의 규정에 의하여 전시근로소집에 대비한 점검통지서를 받은 사람이 정당한 사유 없이 지정된 일시의 점검에 불참한 때에는 6월 이하의 징역이나 200만 원 이하의 벌금 또는 구류에 처한다. <개정 1997. 1. 13., 1999. 2. 5., 2004. 12. 31.>

1. 현역입영은 3일
2. 공익근무요원소집은 3일
3. 교육소집은 3일
4. 병력동원소집 · 전시근로소집은 2일

② 제1항의 규정에 의한 통지서를 받고 입영할 사람 또는 소집될 사람을 대리하여 입영한 사람 또는 소집에 응한 사람은 1년 이상 3년 이하의 징역에 처한다. 다만, 제53조제2항의 규정에 의하여 전시근로소집에 대비한 점검을 받아야 할 사람을 대리하여 출석한 사람은 1년 이하의 징역에 처한다. <개정 1997. 1. 13.>

第89條 (공익근무요원의 대리복무) 공익근무요원으로 복무할 사람을 대리하여 복무한 사람은 1년 이상 3년 이하의 징역에 처한다.

第89조의2 (공익근무요원 등의 복무이탈〈개정 1999. 2. 5., 2005. 5. 31.〉) 다음 각 호의 1에 해당하는 사람은 3년 이하의 징역에 처한다. <개정 1999. 2. 5., 2005. 5. 31., 2006. 3. 24.>

1. 공익근무요원으로서 정당한 사유 없이 통산 8일 이상의 기간 복무를 이탈하거나 해당분야에 복무하지 아니한 사람
2. 공중보건의사·징병전담의사 또는 국제협력의사로서 정당한 사유 없이 통산 8일 이상의 기간 근무지역을 이탈하거나 해당분야의 업무에 종사하지 아니한 사람
3. 공익법무관으로서 정당한 사유 없이 통산 8일 이상의 기간 직장을 이탈하거나 해당분야의 업무에 종사하지 아니한 사람
4. 공익수의사로서 정당한 사유 없이 통산 8일 이상의 기간 근무기관 또는 근무지역을 이탈하거나 통산 8일 이상의 기간 해당분야의 업무에 종사하지 아니한 사람

[본조신설 1994. 12. 31.]

第89조의3 (공익근무요원의 복무의무 위반) 공익근무요원이 제33조제1항제1호 내지 제4호 중 어느 하나에 해당하는 사유로 통산 4회 이상 경고처분을 받은 경우에는 1년 이하의 징역에 처한다. [본조신설 2005. 5. 31.]

第90條 (병력동원훈련소집의 기피) ① 병력동원훈련소집통지서를 받은 사람이 정당한 사유 없이 지정된 일시에 입영하지 아니하거나 점검에 불참한 때에는 6월 이하의 징역 또는 200만 원 이하의 벌금이나 구류에 처한다. <개정 1997. 1. 13.>

② 병력동원훈련소집통지서를 받고 입영하거나 점검을 받아야 할 사람을 대리하여 입영하거나 점검에 출석한 사람은 1년 이하의 징역에 처한다.

第91條 (허위증명서 등의 발급) 공무원·의사 또는 치과의사로서 병역의무를 연기

또는 면제시키거나 이 법에 복무기간을 단축시킬 목적으로 허위의 서류·증명서 또는 진단서를 발급한 사람은 1년 이상 10년 이하의 징역에 처한다. 이 경우 10년 이하의 자격정지를 병과할 수 있다.

제92조 (전문연구요원 등의 편입 및 종사의무위반 등) ① 고용주가 제38조의2의 규정을 위반하여 지정업체 대표이사의 4촌 이내의 혈족에 해당하는 사람을 전문연구요원 또는 산업기능요원으로 편입 또는 전직하도록 한 경우와 제39조제3항의 규정을 위반하여 전문연구요원 또는 산업기능요원으로 의무종사 중인 사람을 당해 지정업체의 해당분야에 종사하게 하지 아니한 경우에는 200만 원 이상 2천만 원 이하의 벌금에 처한다. <개정 2004. 12. 31.>

② 고용주나 국가기능검정 또는 면허사무를 취급하는 사람이 제36조의 규정에 의한 전문연구요원 또는 산업기능요원의 편입이나 제67조의 규정에 의한 병력동원소집 또는 전시근로소집순위의 후순위조정에 관련하여 부정한 행위를 한 때에는 3년 이하의 징역에 처한다. <개정 1997. 1. 13.>

제93조 (고용금지 및 복직보장위반 등) ① 고용주가 제76조제1항 또는 제3항의 규정에 위반하여 병역의무 불이행자(불이행자)를 임·직원으로 채용하거나 재직 중인 사람을 해직하지 아니한 때에는 6월 이하의 징역 또는 200만 원 이상 2천만 원 이하의 벌금에 처한다.

② 학교의 장 또는 고용주가 정당한 사유 없이 제73조 또는 제74조제1항의 규정에 위반하여 복학 또는 복직을 거부한 때에도 제1항의 형과 같다.

③ 고용주가 정당한 사유 없이 제74조제2항 또는 제3항의 규정에 위반하여 의무복무기간을 실제근무기간으로 산정하지 아니하거나 징집·소집 등에 의한 병역의무를 이행할 것, 이행하고 있는 것(재직하면서 보충역복무를 하는 사람에 한한다) 또는 이행하였던 것을 이유로 불리한 처우를 한 때에는 300만 원 이상 3천만 원 이하의 벌금에 처한다.

제94조 (국외여행허가의무 위반) 제70조제1항 또는 제3항의 규정에 의한 허가를

받지 아니하고 출국한 사람, 국외에 체류하고 있는 사람 또는 정당한 사유 없이 허가된 기간 내에 귀국하지 아니한 사람(제83조제2항제9호의 규정에 의한 귀국명령에 위반하여 귀국하지 아니한 사람을 포함한다)은 3년 이하의 징역에 처한다. <개정 2002. 12. 5.>

제95조 (과태료〈개정 2004. 12. 31., 2005. 3. 31.〉) ① 삭제 <2005. 3. 31.>

② 고용주가 정당한 사유 없이 제81조제3항의 규정에 의한 자료제출 요구나 질문에 불응하는 경우에는 300만 원 이하의 과태료에 처한다. <신설 2004. 12. 31.>

③ 제2항의 규정에 따른 과태료는 대통령령이 정하는 바에 따라 병무청장이 이를 부과·징수한다. <개정 2004. 12. 31., 2005. 3. 31.>

④ 제3항의 규정에 의한 과태료처분에 불복이 있는 사람은 그 처분의 고지를 받은 날부터 30일 이내에 병무청장에게 이의를 제기할 수 있다. <개정 2004. 12. 31.>

⑤ 병무청장은 제4항의 규정에 의하여 이의신청을 받은 때에는 지체 없이 관할법원에 그 사실을 통보하여야 하며 그 통보를 받은 관할법원은 『비송사건절차법』에 의한 과태료의 재판을 한다. <개정 2004. 12. 31., 2006. 3. 24.>

⑥ 제4항의 규정에 의한 기간 내에 이의를 제기하지 아니하고 과태료를 납부하지 아니한 때에는 병무청장은 관할세무서장에게 위탁하여 국세체납처분의 예(예)에 의하여 이를 징수한다. <개정 2004. 12. 31.>

제96조 (법인처벌) 고용주가 제84조제2항·제92조 또는 제93조의 죄를 범한 때에는 그 행위자를 벌하는 외에 그 법인에 대하여도 300만 원 이상 3천만 원 이하의 벌금에 처한다.

제97조 (전시 등에 있어서의 형의 가중) 전시·사변 또는 동원령이 선포된 때에 이 법에 규정된 죄를 범한 사람에 대하여는 각 본조(본조)에 정한 형의 장기의 2분의 1까지 가중한다.

부칙: 하략

부록 2

군인복지기본법

[제정 2007. 12. 21. 법률 제8731호]

제1조 (목적) 이 법은 군인의 생활안정과 삶의 질 향상을 도모하고 군의 사기를 높이며 나아가 군인으로 하여금 임무수행에 전념할 수 있도록 하기 위하여 군인에 대한 복지정책의 수립 및 복지사업의 수행에 필요한 사항을 규정함을 목적으로 한다.

제2조 (정의) 이 법에서 사용하는 용어의 정의는 다음과 같다.

1. "군인"이란 현역으로서 『군인사법』 제2조제1호에 따른 장교・준사관・부사관 및 병을 말한다.
2. "군인가족"이란 다음 각 목의 어느 하나에 해당하는 자를 말한다.
   가. 배우자
   나. 본인 및 배우자의 직계존속
   다. 본인 및 배우자의 직계비속
3. "복지시설"이란 군인의 복지를 증진하기 위하여 국방부장관이 운영하는 다음 각 목의 시설을 말한다.
   가. 군인 자녀 기숙사
   나. 군 매점, 영내 주유소
   다. 복지회관, 휴양소 및 콘도미니엄
   라. 가목부터 다목까지에 따른 시설에 부수되는 시설

4. “체육시설”이란 군인의 체력을 유지·향상시키기 위하여 설치된 시설(군 골프장을 포함한다)을 말한다.

제3조 (국가의 책무) ① 국가는 국토방위의 의무를 수행하는 군인이 복무 중에는 그 임무수행에만 전념하고, 전역 후에는 안정된 생활을 할 수 있도록 여건을 조성하여야 한다.

② 국가는 군인복지에 관하여 필요한 시책을 수립·시행하여야 한다.

제4조 (다른 법률과의 관계) 군인의 복지에 관하여 다른 법률에 규정된 것을 제외하고는 이 법으로 정하는 바에 따른다.

제5조 (복지사업 재원) 군인의 복지사업에 사용되는 재원은 『군인복지기금법』에 따른 군인복지기금으로 충당한다.

제6조 (군인복지기본계획의 수립·시행) ① 국방부장관은 5년마다 제8조에 따른 군인복지위원회의 심의를 거쳐 군인복지기본계획(이하 “기본계획”이라 한다)을 작성하고 관계 중앙행정기관의 장과 협의한 후 대통령의 승인을 받아 이를 확정한다. 수립된 기본계획을 변경하는 때에도 또한 같다.

② 기본계획에는 다음 각 호의 사항이 포함되어야 한다.

1. 군인복지정책의 기본목표 및 추진방향
2. 군인의 복지시설 및 체육시설(이하 “복지시설 등”이라 한다)의 설치·운영에 관한 사항
3. 군인의 복지사업에 사용되는 재원조달 및 운용에 관한 사항
4. 그 밖에 군인의 복지증진을 위하여 필요하다고 인정하는 사항

③ 관계 중앙행정기관의 장은 기본계획에 따라 소관별로 연도별 시행계획을 수립하여 국방부장관에게 통보하고 이를 시행하여야 한다.

④ 기본계획의 수립절차 및 시행계획의 수립·시행 등에 필요한 사항은 대통령령으로 정한다.

제7조 (실태조사) ① 국방부장관은 5년마다 군인의 복지실태에 관한 조사를 실시하고 그 결과를 기본계획에 반영하여야 한다.

② 제1항에 따른 실태조사 사항 및 방법 등에 필요한 사항은 대통령령으로 정한다.

제8조 (군인복지위원회) ① 군인에 대한 복지정책의 수립 및 그 시행 등에 관한 사항을 심의하기 위하여 국방부에 군인복지위원회(이하 "위원회"라 한다)를 둔다.

② 위원회는 위원장 1인을 포함한 10인 이내의 위원으로 구성한다.

③ 위원장은 국방부차관이 되고, 위원은 군인복지정책에 관한 학식과 경험이 풍부한 사람과 고위공무원단에 속하는 관계 중앙행정기관의 일반직 공무원 및 국방부 소속 공무원 중에서 국방부장관이 위촉하거나 임명한다.

④ 위원회는 다음 각 호의 사항을 심의한다.

1. 군인복지정책의 기본방향에 관한 사항
2. 군인복지 향상을 위한 법령 및 제도개선과 예산지원에 관한 사항
3. 기본계획의 수립에 관한 사항
4. 제7조에 따른 군인복지 실태조사에 관한 사항
5. 그 밖에 군인복지와 관련하여 위원장이 제안하는 사항

⑤ 위원회의 사무를 처리하기 위하여 위원회에 간사 1인을 두되, 간사는 국방부 소속 공무원 중에서 위원장이 지명한다.

⑥ 위원의 임기 및 위원회의 구성과 운영 등에 필요한 사항은 대통령령으로 정한다.

제9조 (군 숙소 지원) ① 국가는 군인이 안정된 주거생활을 함으로써 근무에 전념할 수 있도록 하기 위하여 군인(지원에 의하지 아니하고 임용된 부사관 및 병을 제외한다. 이하 이 조 및 제10조에서 같다)에게 관사 또는 독신자숙소(이하 이 조에서 "군 숙소"라 한다)를 제공하여야 한다.

② 군 숙소의 규모와 시설기준은 예산의 범위 안에서 국민의 평균주거수준을 고려하여 정한다.

③ 군 숙소의 관리 등을 위하여 필요한 사항은 국방부장관이 정한다.

제10조 (주택의 우선공급 등) ① 국가는 10년 이상 복무한 군인 중 무주택세대주에 대하여는 주택을 우선적으로 공급할 수 있다. 이 경우 입주자의 기준은 무주택기간, 복무기간, 부양가족 수 등을 고려하여 대통령령으로 정한다.

② 『택지개발촉진법』 제7조에 따른 택지개발사업의 시행자는 군인의 생활안정과 복지증진을 도모할 목적으로 설립된 법인이 무주택 군인을 대상으로 주택을 공급하기 위하여 택지를 필요로 하는 경우에는 이를 우선하여 공급할 수 있다.

③ 국방부장관은 국방·군사시설을 다른 지역으로 이전함으로써 용도폐지된 잡종재산을 매각하려는 경우 무주택 군인을 대상으로 주택을 공급하는 용도로 사용하려는 자에게 이를 우선하여 매각할 수 있다. 이 경우 『국유재산법』 제39조에 따라 해당 재산의 용도와 그 용도에 사용하여야 할 기간을 정하여 매각할 수 있다.

제11조 (보육 및 교육 지원) ① 국가는 군인의 근무지 이동으로 인하여 그 자녀가 『초·중등교육법』에 따른 학교의 전·입학이 필요한 경우에는 군인의 특수성을 고려하여 전·입학을 지원한다.

② 국가 및 지방자치단체가 『영유아보육법』 제12조에 따라 군인 밀집지역에 국공립보육시설을 설치하는 경우 국방부장관은 보육시설 설치에 필요한 시설을 지방자치단체에 무상으로 사용·수익하게 할 수 있다.

③ 국방부장관은 군인의 근무형편상 군인과 같이 생활할 수 없는 군인의 직계비속(군인이 부양하는 배우자의 직계비속을 포함한다)이 『초·중등교육법』 또는 『고등교육법』에 따른 학생(국내에 소재하는 학교의 학생에 한하며, 대학원생을 제외한다)인 경우 숙식시설을 제공할 수 있다.

④ 제3항에 따른 숙식시설의 입주요건과 비용부담 등에 관한 사항은 대통령령으로 정한다.

제12조 (의료지원) ① 국가는 군인의 전투력을 유지하기 위하여 정기적인 검진과 진료 등의 의료지원을 할 수 있다.

② 제1항에 따른 의료지원은 군 의료기관에서 제공하되, 필요한 경우 민간 의료기관에 의뢰하거나 위탁할 수 있다.

제13조 (건강검진) ① 국가는 『국민건강보험법』 제47조의 적용 대상이 아닌 군인에 대하여 건강검진을 실시할 수 있다.

② 제1항에 따른 건강검진의 대상 · 횟수 · 절차, 그 밖에 필요한 사항은 대통령령으로 정한다.

제14조 (군인복지시설의 설치 · 운영) ① 국방부장관은 군인의 복지증진과 체력의 유지 · 향상을 위하여 필요한 경우에는 제6조의 기본계획 및 시행계획에 따라 복지시설 등을 설치 · 운영할 수 있다.

② 국방부장관은 복지시설 등의 효율적인 운용을 위하여 필요한 경우에는 군인과 군인가족 외의 자에게도 복지시설 등을 이용하게 할 수 있다.

③ 국방부장관은 복지시설 등을 통합하여 관리 · 운영하고 복지시설 등의 운용에 따른 회계처리는 『군인복지기금법』의 규정에 따르며, 군별로 복지시설 등의 관리책임자를 지정할 수 있다.

④ 국방부장관은 복지시설 등의 효율적 운영을 위하여 필요한 경우에는 위원회의 심의를 거쳐 복지시설 등을 민간업체에 위탁하여 운영할 수 있다.

⑤ 복지시설 등의 관리책임자 지정 및 위탁 운영 등 복지시설 등의 관리 · 운영에 필요한 사항은 대통령령으로 정한다.

부칙 <제8731호, 2007. 12. 21.>

① (시행일) 이 법은 2008년 3월 1일부터 시행한다. 다만, 제14조제3항에 따른 복지시설 등의 통합운영은 이 법 시행 후 6개월이 경과한 날부터 시행한다.

② (복지시설 등에 관한 경과조치) 이 법 시행 당시 설치 · 운영되고 있는 복지시설 등은 이 법에 따라 설치 · 운영되는 것으로 보며, 이 법 시행 당시 설치 중인 복지시설 등은 이 법에 따라 설치 중인 것으로 본다.

③ (복지사업에 관한 경과조치) 이 법 시행 당시 시행 중인 군인복지사업은 이 법에 따라 시행 중인 것으로 본다.

④ (복지시설 등 위탁 운영에 관한 경과조치) 이 법 시행 당시 복지시설 등을

민간업체에 위탁 운영 중인 경우 종전의 위탁운영계약은 이 법에 따른 것으로 보되, 계약기간을 따로 정하지 아니한 경우 그 계약은 2008년 12월 31일에 만료된다.

부록 3

국방개혁에관한법률

[제정 2006. 12. 28. 법률 제8097호]

제1장 총칙

제1조 (목적) 이 법은 지속적인 국방개혁을 통하여 우리 군이 북한의 핵실험 등 안보환경 및 국내외 여건 변화와 과학기술의 발전에 따른 전쟁양상의 변화에 능동적으로 대처할 수 있도록 국방운영체제, 군구조 개편 및 병영문화의 발전 등에 관한 기본적인 사항을 정함으로써 선진 정예 강군을 육성하는 것을 목적으로 한다.

제2조 (기본이념) 국방개혁은 다음 각 호의 사항을 추진함으로써 국민과 함께하는 국민의 군대를 육성하여 국가안보를 튼튼히 하고 나아가 국제평화에 기여하는 것을 기본이념으로 한다.

1. 국방정책을 추진함에 있어서 문민기반의 확대
2. 미래전의 양상을 고려한 합동참모본부의 기능 강화 및 육군 · 해군 · 공군의 균형 있는 발전
3. 군구조의 기술집약형으로의 개선
4. 저비용 · 고효율의 국방관리체제로의 혁신
5. 사회변화에 부합하는 새로운 병영문화의 정착

제3조 (정의) 이 법에서 사용하는 용어의 정의는 다음과 같다.

1. “국방개혁”이라 함은 정보 · 과학 기술을 토대로 국군조직의 능률성 · 경제성 · 미래지향성을 강화해 나가는 지속적인 과정으로서 전반적인 국방운영체제를 개선 · 발전시켜 나가는 것을 말한다.
2. “국방운영체제”라 함은 군을 비롯하여 국방에 관련된 모든 조직을 관리 · 운영하는 법적 · 제도적 장치를 말한다.
3. “군구조”라 함은 국방 및 군사임무 수행에 관련되는 전반적인 군사력의 조직 및 구성관계로서 육군 · 해군 · 공군이 상호 관련되는 체계를 말한다.
4. “문민기반의 확대”라 함은 국방부가 효율적으로 군을 관리 · 지원하여야 한다는 원칙에 따라 국가의 국방정책을 군사적 측면에서 구현하고, 민간관료와 군인의 특수성 · 전문성이 상호균형과 조화를 이루는 가운데 국방정책결정과정에 민간참여를 확대하는 것을 말한다.
5. “전력체계”라 함은 전쟁을 수행할 목적과 기능을 갖는 무력 또는 군사력으로서 국방인력, 군사무기 체계, 장비, 전술교리, 군사훈련체계 및 기반시설 등이 통합된 전체 구조를 말한다.
6. “합동성”이라 함은 첨단 과학기술이 동원되는 미래전쟁의 양상에 따라 총체적인 전투력의 상승효과를 극대화하기 위하여 육군 · 해군 · 공군의 전력을 효과적으로 통합 · 발전시키는 것을 말한다.

제4조 (정부의 기본의무) ① 정부는 국방개혁이 지속적이고 일관성 있게 추진될 수 있도록 기반과 환경을 조성하여야 한다.

② 정부는 제1항의 규정에 따른 국방개혁의 기반과 환경을 조성하기 위하여 국방개혁에 소요되는 재원을 안정적으로 확보하도록 노력하여야 하며 필요한 인적자원에 대하여 최적화 수준을 유지하도록 충원 · 관리하여야 한다.

제2장 국방개혁의 추진

제5조 (국방개혁기본계획의 수립) ① 국방부장관은 국방개혁을 효율적으로 추진하기 위하여 국방운영체제의 혁신, 군구조개편 및 병영문화의 개선 등에 관한 국방개혁기본계획을 대통령의 승인을 얻어 수립하여야 한다.

② 국방개혁기본계획에는 다음 각 호의 사항이 포함되어야 한다.

1. 국방개혁의 목표
2. 국방개혁의 분야별 · 과제별 추진계획
3. 국방개혁의 추진과 관련된 국방운영체제 및 재원에 관한 사항
4. 그 밖에 국방개혁을 추진하기 위하여 필요한 주요사항

③ 국방부장관은 국방개혁기본계획을 추진함에 있어서 5년 단위의 국방개혁추진계획을 수립 · 시행하되, 매 5년의 중간 및 기간 만료시점에 한미동맹 발전, 남북군사관계 변화추이 등 국내외 안보정세 및 국방개혁 추진 실적을 분석 · 평가하여 그 결과를 국방개혁기본계획에 반영하여야 한다.

④ 제3항의 규정에 따른 국방개혁추진계획의 수립에 관하여 필요한 사항은 대통령령으로 정한다.

제6조 (국방개혁위원회) 지속적이고 일관된 국방개혁을 추진하고 국방개혁과 관련된 중요 정책사항을 심의하기 위하여 국방부장관 소속하에 국방개혁위원회(이하 "위원회"라 한다)를 둔다.

제7조 (위원회의 기능) 위원회는 다음 각 호의 사항을 심의한다.

1. 국방개혁을 위한 국내외 안보정세의 평가
2. 제6조의 규정에 따른 국방개혁기본계획 및 국방개혁추진계획의 수립에 관한 사항
3. 국방개혁과 관련하여 소요되는 예산에 관한 사항
4. 국방개혁과 관련된 법령의 제 · 개정에 관한 사항
5. 상비병력 및 예비병력의 조정에 관한 사항
6. 그 밖에 국방개혁의 추진과 관련하여 위원장이 부의하는 사항

제8조 (위원회의 구성) ① 위원회는 위원장 1인을 포함한 20인 이내의 위원으로 구성한다.

② 위원회의 위원장은 국방부장관이 되고, 위원은 관계중앙행정기관의 차관급 이상 공무원 중에서 위원장이 위촉하되, 필요한 때에는 국방·안보 관련 전문가를 포함할 수 있다.

③ 위원회의 운영 등에 관하여 필요한 사항은 대통령령으로 정한다.

제9조 (보고 등) ① 국방부장관은 매년 대통령 및 국회에 전년도 국방개혁의 추진실적 및 향후계획 등 국방개혁과 관련된 제반사항을 보고하여야 한다.

② 국방부장관은 국방개혁을 추진함에 있어서 범정부적인 협조와 지원을 위한 의사결정이 필요한 경우에는 국무회의 또는 국가안전보장회의에 이를 보고할 수 있다.

제3장 국방운영체제의 선진화

제10조 (문민기반의 조성) 국방운영체제의 인력운영구조는 국가안보환경의 변화에 능동적으로 대처할 수 있도록 민간인력과 군인의 전문성 및 특수성이 상호 보완되도록 발전시켜야 한다.

제11조 (국방부 소속 공무원의 구성) ① 국방부장관은 현역군인의 전문성이 요구되는 직위를 제외한 국방부 직위에 군인이 아닌 공무원의 비율이 연차적으로 확대될 수 있도록 인사관리를 하여야 한다.

② 제1항의 규정에 따른 국방부 소속 공무원의 구성비율에 따라 군인이 아닌 공무원을 연도별·직급별로 충원하기 위하여 필요한 사항은 대통령령으로 정한다.

제12조 (합동참모의장의 인사 청문) 대통령이 합동참모의장을 임명하는 때에는 국회의 인사 청문을 거쳐야 한다.

제13조 (민간인력의 활용확대) ① 국군의 부대와 기관은 국방 관련 업무의 전문성·연속성을 높이기 위하여 군무원 등을 포함한 민간인력의 활용을 확대하여야 한다.

② 국군의 부대와 기관에서 분야별·직급별 민간인력의 활용을 확대하기 위하여 필요한 사항은 대통령령으로 정한다.

제14조 (국방인력 운용구조의 발전방향) 국가는 미래 안보환경에 부응할 수 있도록 군구조를 기술집약형으로 개편하고, 기술집약형 군대의 원활한 운영 및 관리를 도모하며, 병역자원의 양적·질적 변화에 능동적으로 대처하기 위하여 국방인력 운영구조를 개선·발전시켜야 한다.

제15조 (우수한 군 인력의 확보 및 전문성 향상) ① 국방부장관은 우수한 군 인력을 확보하고, 군 인력의 전문성을 높이기 위한 인력양성 및 교육·훈련체계를 발전시켜야 한다.

② 국방부장관은 전문분야 또는 특수한 기술분야의 복무능력을 보유하거나, 격지·오지 또는 도서지역 등 특수한 지역에서 복무할 수 있는 지원병 모집을 확대하여야 한다.

③ 국방부장관은 우수한 숙련병을 확보하기 위하여 유급지원병제를 시행할 수 있다.

④ 제3항의 규정에 따른 유급지원병제의 시행 및 운영에 관하여 구체적인 사항은 따로 법률로 정한다.

제16조 (여군 인력의 활용확대) ① 국방부장관은 여성인력의 활용을 확대하고 우수한 여군 인력을 활용함으로써 전력을 강화하기 위하여 2020년까지 연차적으로 장교 정원의 100분의 7까지, 부사관 정원의 100분의 5까지 여군 인력을 확충하여야 한다.

② 여군 인력을 활용함에 있어서 각 군별·연도별 여군 인력의 비율확대를 위하여 필요한 사항은 대통령령으로 정한다.

第17조 (책임운영기관 등의 확대) ① 국방부장관은 국방업무의 전문성 및 효율성을 향상시키기 위하여 전투근무지원 분야의 업무를 분야별·기능별로 구분하여 책임운영기관으로 지정·운영하거나, 민간부문에 위탁하여 수행하게 할 수 있다.

② 제1항의 규정에 따른 전투근무지원 분야의 책임운영기관 지정·운영 및 업무위탁에 관하여 필요한 사항은 따로 법률로 정한다.

第18조 (장교의 진급) ① 장교의 진급에 대한 임용권자의 권한은 합리적인 절차에 따라 공정하게 행사되어야 한다.

② 국방부장관은 장교의 진급인원을 선발할 때에는 개인의 자질과 능력 및 군 기여도에 따라 선발하되, 장교 양성과정별 인력운영의 사정을 고려하여 균형 있는 진급기회가 보장되고 안정적인 장교수급이 이루어지도록 노력하여야 한다.

第19조 (국방부, 합동참모본부 등의 장교 보직) ① 국방부, 합동참모본부 및 연합·합동부대에서 근무하는 장교의 직위에는 합동성 및 전문성 등 그 직위에 필요한 요건을 갖춘 장교가 보직되도록 하여야 한다.

② 국방부장관은 합동참모본부 및 연합·합동부대의 장교 직위 중 합동성·전문성 등이 요구되는 직위에 대하여 합동참모의장의 요청을 받아 합동직위로 지정한다.

③ 각 군 참모총장은 제1항의 규정에 따른 요건을 갖춘 장교에 대하여 우선적으로 합동직위에 근무할 수 있는 합동특기 등의 전문자격을 부여하여야 한다.

第20조 (참모총장 등에 대한 보직 추천) 국방부장관은 각 군 참모총장 또는 참모차장의 직위에 다양한 분야의 경력을 갖춘 장교가 임명될 수 있도록 병과·특기 등을 균형 있게 고려하여 추천 또는 제청하여야 한다.

第21조 (중장 이상 장교의 보직관리) 중장 이상 장관급 장교는 정원의 한도 안에서 보직되어야 하고, 정원으로 정한 직위에서 해임 또는 면직되거나 보직 기간이 종료된 후 동일 계급 이상의 다른 직위에 보직되지 아니하는 경우에는 『군인사법』 제44조제2항의 규정에 불구하고 현역에서 전역된다.

제4장 군구조·전력체계 및 각 군의 균형 발전

제22조 (발전방향) 국가는 병력 규모 위주의 양적·재래식 군사력 구조를 독자적인 정보 수집·관리, 첨단기술 및 현대화된 장비 위주의 질적·기술집약형 군사력 구조로 개선하여 다양한 위협에 효율적으로 대응할 수 있도록 발전시켜야 한다.

제23조 (군구조의 개선) ① 국방부, 합동참모본부, 육군·해군·공군본부 등 군 상부 조직은 문민기반 위에서 통합전력이 최대한 발휘될 수 있도록 그 기능 및 조직을 개선·발전시켜야 한다.

② 국방부장관은 합동참모본부의 방위기획 및 작전수행 능력을 배양하고 합동성을 향상시킬 수 있도록 그 기능 및 조직을 보강·발전시켜야 한다.

③ 합동참모의장은 합동작전능력 및 이와 관련된 합동군사 교육체계 등을 개발·발전시키고, 합동작전 지원분야에 있어서 각 군 참모총장과 원활한 협의체계를 수립하여야 한다. 이 경우 필요한 때에는 국방부장관에게 합동작전 지원분야에 관하여 의견을 제시하고 이에 따른 육군·해군·공군의 기능 및 합동성에 관하여 조정을 건의할 수 있다.

④ 각 군 참모총장은 각 군 고유의 전문성을 유지·발전시키되 합동성의 강화를 위하여 그 기능 및 조직을 정비하고, 중간 지휘제대의 단계를 점진적으로 축소·조정하여 단위부대의 전투능력과 작전의 효율성을 증대시켜야 한다.

제24조 (무기 및 장비분야 전력체계 발전) 주요 무기 및 장비 등의 전력화는 단계별 추진계획에 따라 전략개념 및 군구조 개편과 연계하여 동시에 추진하여야 한다.

제25조 (상비병력 규모의 조정) ① 국군의 상비병력 규모는 군구조의 개편과 연계하여 2020년까지 50만 명 수준을 목표로 한다.

② 제1항의 목표 수준을 달성하기 위한 단계별 목표수준을 정할 때에는 북한의 대량살상무기와 재래식 전력의 위협평가, 남북 간 군사적 신뢰구축 및 평화상태의 진전 상황 등을 감안하여야 하고, 이를 매 3년 단위로 국방개혁기본계획에 반영한다.

③ 제1항의 규정에 따른 상비병력은 각 군별로 최고의 전력체계를 유지하고, 육군·해군·공군의 균형적인 발전을 통하여 합동성을 극대화할 수 있는 적정수준의 구성비율을 유지하여야 한다.

④ 국가는 군구조 개편에 따라 전역하게 되는 장교·준사관 및 부사관에 대하여 적정한 보상을 시행하고 생활안정대책을 마련하도록 노력하여야 한다.

⑤ 제1항 및 제3항의 규정에 따른 연도별 상비병력의 규모, 각 군별 구성비율에 관하여 필요한 사항은 대통령령으로 정한다.

제26조 (적정 간부비율의 유지) ① 국군의 장교·준사관 및 부사관 등 간부의 규모는 2020년까지 기술집약형 군구조 개편과 연계하여 연차적으로 각 군별 상비병력의 100분의 40 이상 수준으로 편성하여야 한다.

② 제1항의 규정에 따른 장교·준사관 및 부사관 등 간부비율의 개편을 위한 군별·연도별 추진목표 등에 관하여 필요한 사항은 대통령령으로 정한다.

제27조 (예비전력규모의 조정 및 정예화) ① 국가는 예비군 조직을 정비하고 훈련체계를 개선하며, 무기·장비 및 전투 예비물자를 현대화하여 상비병력을 대체할 수 있는 정예화된 예비전력으로 발전시켜야 한다.

② 예비전력규모는 2020년까지 상비병력규모와 연동하여 개편·조정하여야 한다.

③ 연도별 예비전력의 규모 및 예비전력 발전에 관하여 필요한 사항은 대통령령으로 정한다.

제28조 (해안 등에 대한 경계임무의 전환) ① 군이 수행하고 있는 해안·항만·공항·국가시설 및 특정경비지역 등의 경계임무는 치안기관 또는 당해 시설을 관리·운영하는 기관으로 전환할 수 있도록 연차적으로 제도개편을 추진하여야 한다.

② 제1항의 규정에 따른 경계임무의 전환 등에 관하여 필요한 사항은 대통령령으로 정한다.

제29조 (합동참모본부의 균형편성 등) ① 합동참모본부의 각 군 인력은 균형편성

및 순환보직을 통하여 합동성 및 통합전력이 극대화될 수 있도록 하여야 한다.

② 합동참모의장과 합동참모차장은 각각 군을 달리하여 보직하되, 그중 1인은 육군 소속 군인으로 보한다.

③ 합동참모본부에 두는 군인의 공통직위는 해군 및 공군은 같은 비율로, 육군은 해군 또는 공군의 2배수의 비율로 보하며, 장관급 장교로 보직되는 공통직위는 각 군 간 순환하여 보직하는 것을 원칙으로 한다.

④ 제1항의 규정에 따른 합동성 및 통합전력의 극대화를 위하여 합동참모본부에 두는 필수직위 및 공통직위의 지정과 공통직위의 보직에 관하여 필요한 사항은 대통령령으로 정한다.

제30조 (국방부 직할부대 등의 균형편성) ① 장관급 장교가 지휘하는 국방부 직할부대 및 기관, 합동부대 지휘관은 해군 및 공군은 같은 수로, 육군은 해군 또는 공군의 3배수의 비율로 하여 순환보직함을 원칙으로 한다.

② 순환보직 등에 관하여 필요한 사항은 대통령령으로 정한다.

제5장 병영문화의 개선 · 발전

제31조 (발전방향) 국방부장관은 군에서 복무하는 장병에 대하여 기본권을 보장하고 군 복무와 관련된 문화적 갈등요인을 최소화함으로써 군 복무에 대한 자긍심을 높이며, 군인으로서의 임무수행을 충실히 수행할 수 있도록 병영문화를 개선 · 발전시켜야 한다.

제32조 (장병 기본권 등의 보장) ① 국방부장관은 장병의 기본권이 보장될 수 있도록 군인의 복무에 관련된 제반 환경을 개선 · 발전시켜야 한다.

② 국방부장관은 장병이 민주시민으로서 건전한 가치관을 정립하고, 자기계발의 기회를 향유하며 군 복무에 대한 사회적 명예를 고양시킬 수 있는 제반 정책을 수립 · 시행하여야 한다.

③ 국방부장관은 장병이 군인으로서의 임무를 충실히 수행할 수 있도록 부대관리 체계를 발전시키고 복지수준을 향상시키기 위하여 종합적인 계획을 수립·시행하여야 한다.

④ 장병 기본권의 보장 및 복지수준의 향상을 위하여 필요한 사항은 따로 법률로 정한다.

부칙 <제8097호, 2006. 12. 28.>

① (시행일) 이 법은 공포 후 3개월이 경과한 날부터 시행한다.

② (중장 이상 보직관리에 관한 적용례) 제21조의 규정에 따른 중장 이상 보직관리는 이 법 시행 후 최초로 중장 이상으로 진급하는 자부터 적용한다.

부록 4

군인복무규율

대통령령 제15954호 일부개정 1998. 12. 31.

대통령령 제17178호(군인사법시행령) 일부개정 2001. 03. 27.

대통령령 제20282호 일부개정 2007. 09. 20.

제1장 총칙

제1조 (목적) 이 영은 군인사법 제47조의2의 규정에 의하여 군인의 복무 기타 병영생활에 관한 기본사항을 규정함을 목적으로 한다. [개정 98. 12. 31.]

제2조 (정의) 이 영에서 사용하는 용어의 정의는 다음과 같다. [개정 98. 12. 31.]

1. "병영생활"이라 함은 내무생활·근무·교육훈련 기타 병영을 중심으로 이루어지는 모든 활동을 말한다.
2. "내무생활"이라 함은 영내 거주의무가 있는 군인의 내무실을 중심으로 이루어지는 일상활동을 말한다.
3. "지휘관"이라 함은 중대 이상의 단위부대의 장과 함정 또는 항공기를 지휘하는 자를 말한다.
4. "상관"이라 함은 명령복종관계에 있는 자 사이에서 명령권을 가진 자를 말한다.

5. "전쟁법"이라 함은 무력충돌 행위에 관련된 모든 국제법 중에서 대한민국이 당사자로서 가입한 조약과 일반적으로 승인된 국제법규를 말한다.

제3조 (적용범위) 이 영은 현역에 복무하는 장교·준사관·부사관·병과 사관생도·사관후보생·부사관후보생 및 소집되어 군에 복무하는 예비역·보충역인 군인에게 적용한다. [2001. 3. 27. 대17158호]

제2장 강령

제4조 (강령) 군인의 복무상의 강령은 다음과 같다. [개정 98. 12. 31.]

1. 국군의 이념

국군은 국민의 군대로서 국가를 방위하고 자유민주주의를 수호하며 조국의 통일에 이바지함을 그 이념으로 한다.

2. 국군의 사명

국군은 대한민국의 자유와 독립을 보전하고 국토를 방위하며 국민의 생명과 재산을 보호하고 나아가 국제평화의 유지에 이바지함을 그 사명으로 한다.

3. 군인정신

군인정신은 전쟁의 승패를 좌우하는 필수적인 요소이다. 그러므로 군인은 명예를 존중하고 투철한 충성심, 진정한 용기, 필승의 신념, 임전무퇴의 기상과 죽음을 무릅쓰고 책임을 완수하는 숭고한 애국애족의 정신을 굳게 지녀야 한다.

4. 군기

군기는 군대의 기율이며 생명과 같다. 군기를 세우는 목적은 지휘체계를 확립하고 질서를 유지하며 일정한 방침에 일률적으로 따르게 하여 전투력을 보존·발휘하는 데 있다. 그러므로 군대는 항상 엄정한 군기를 세워야 한다. 군기를 세우는 으뜸은 법규와 명령에 대한 자발적인 준수와 복종이다. 따라서 군인은 정성을 다하여 상관에게 복종하고 법규와 명령을 지키는 습성을 길러야 한다.

5. 사기

군대의 강약은 사기에 좌우된다. 사기는 군 복무에 대한 군인의 정신적 자세이며, 사기왕성한 군인은 자진하여 어려움에 임하고 즐거이 그 직책을 수행할 수 있다. 그러므로 군인은 자기 직책에 대한 이해와 자신을 가져야 하며 굳센 정신력과 튼튼한 체력을 길러 죽음에 임하여서도 맡은 바 임무를 완수하겠다는 왕성한 사기를 간직하여야 한다.

6. 단결

전쟁의 승리는 오직 단결된 힘에 의하여 얻을 수 있다. 단결의 요체는 전원이 한마음 한 뜻으로 뭉쳐 준법정신, 희생정신, 공사의 명확한 구분과 상호이해를 바탕으로 공동의 목표를 달성하기 위하여 모든 역량을 통합·집중하는 데 있다. 그러므로 모든 부대는 군기가 상징하는 부대의 전통과 명예를 위하여 지휘관을 중심으로 굳게 단결하여야 한다.

7. 교육훈련

교육훈련은 전투력 배양의 필수요소로서 그 목적은 적과 싸워 이길 수 있는 개인 및 부대를 육성하는 데 있다. 그러므로 군인은 투철한 국가관과 확고한 사상무장을 바탕으로 군인정신을 기르고, 직무수행에 필요한 지식과 기술을 익히며 필승의 전기전술을 연마하고 강인한 체력을 단련하며, 부대훈련에 힘써야 한다.

제3장 복무

제1절 복무태도

제5조 (입영 및 임관선서) 군인은 입영 또는 임관 시 다음과 같이 선서하여야 한다.

1. 입영선서

(입영계급) ○○○는 대한민국의 군인으로서 국가와 민족을 위하여 충성을 다하고 법규를 준수하며 상관의 명령에 복종하고 맡은 바 임무를 성실히 수행할 것을 엄숙히 선서합니다.

2. 임관선서

(임관계급) ○○○는 대한민국의 장교로서 국가와 민족을 위하여 충성을 다하고 헌법과 법규를 준수하며 부여된 직책과 임무를 성실히 수행할 것을 엄숙히 선서합니다.

제6조 (충성의 의무) 군인은 국군의 이념과 사명을 자각하여 정치적 중립을 엄정히 지키며 맡은 바 임무를 완수하여 국가와 국민에게 충성을 다하여야 한다.

제7조 (성실의 의무) ① 군인은 직무에 태만하여서는 아니 되며 직무수행에 있어서 어떠한 위험이나 어려움이 따르더라도 이를 회피함이 없이 성실하게 그 직무를 수행하여야 한다.

② 군인은 직책과 계급에 따라 업무의 범위나 내용이 다를지라도 지향하는 목표는 같으므로 서로 도와서 업무를 유기적으로 수행하여야 하며, 항상 창의력과 진취성을 발휘하여야 한다.

제7조의2 (국민에 대한 친절의 의무) 군인은 대민업무 수행 시 친절 · 공정 · 신속하게 업무를 처리하여야 하고, 작전 및 훈련 중 대민피해를 방지하도록 노력하여야 하며, 피해가 발생한 때에는 법규에 따라 신속히 조치하여야 한다. [본조신설 98. 12. 31.]

제8조 (정직의 의무) 군인은 정직하여야 하며, 명령의 하달이나 전달, 보고 및 통보에는 허위 · 왜곡 · 과장 또는 은폐가 있어서는 아니 된다. [개정 98. 12. 31.]

제9조 (품위유지의 의무) 군인은 군의 위신과 군인으로서의 명예를 손상시키는 행동을 하여서는 아니 되며 항상 용모와 복장을 단정히 하여 품위를 유지하여야 한다.

제10조 (비밀엄수의 의무) ① 군인은 복무 중뿐만 아니라 전역 후에도 직무상 알게 된 비밀을 엄수하여야 한다.

② 군인은 어떠한 경우에도 그가 직무상 알게 된 비밀을 공무 외의 목적으로 사

용하여서는 아니 된다.

제10조의2 (전쟁법 준수의 의무) ① 군인은 전쟁법을 준수하여야 한다.

② 지휘관은 예하 장병들에게 전쟁법 준수를 위한 교육을 시킬 책무가 있다. [본조신설 98. 12. 31.]

제11조 (청렴 및 검소의 의무) ① 군인은 항상 청렴결백하고 검소하 게 생활하여야 한다.

② 군인은 직무와 관련하여 직접 또는 간접을 불문하고 사례·증여 또는 향응을 주거나 받아서는 아니 된다.

③ 군인은 직무상의 관계여하를 불문하고 그 소속상관에게 증여하거나 소속부하로부터 증여를 받아서는 아니 된다.

제11조의2 (환경보전의 의무) ① 군인은 직무수행 시 자연생태계를 보전하고 환경오염을 방지하기 위한 제반대책을 강구하여야 한다.

② 지휘관은 주둔지 시설물의 환경오염물질 배출을 규제·감독하여야 하며, 장병이 환경보전 및 전장정리를 생활화하도록 교육·지도하여야 한다. [본조신설 98. 12. 31.]

제12조 (직무유기 및 근무지 이탈 금지) 군인은 직무를 유기하거나 소속상관의 허가 없이 근무지를 이탈하여서는 아니 된다.

제13조 (집단행위의 금지) ① 군인은 군무 외의 일을 위한 집단행위를 하여서는 아니 된다.

② 군인은 국방부장관이 허가하는 경우를 제외하고는 일체의 사회단체에 가입하여서는 아니 된다. 그러나 군무에 영향을 주지 아니하는 순수한 친목단체에의 가입이나 친목활동은 예외로 한다.

제14조 (직권남용의 금지) 군인은 어떠한 경우에도 직권을 남용하여서는 아니 된다.

제15조 (사적 제재의 금지) ① 군인은 어떠한 경우에도 구타·폭언 및 가혹행위 등 사적 제재를 행하여서는 아니 되며, 사적 제재를 일으킬 수 있는 행위를 하여서도 아니 된다. [개정 98. 12. 31.]

② 지휘관 및 상관은 병영생활의 지도 또는 군기확립을 구실로 구타·폭언 기타 가혹행위가 발생하지 아니하도록 부하를 지도·감독하여야 한다. [개정 98. 12. 31.]

제16조 (영리행위 및 겸직금지) 군인은 군무 외의 영리를 목적으로 하는 업무에 종사하거나 다른 직무를 겸할 수 없다. 그러나 그 직무가 정치적·반사회적 또는 영리적이 아니며 이를 겸직하여도 군무에 지장이 없다고 인정되어 국방부장관이 허가한 것은 예외로 한다.

제16조의2 (불온표현물 소지·전파 등의 금지) 군인은 불온유인물·도서·도화 기타 표현물을 제작·복사·소지·운반·전파 또는 취득하여서는 아니 되며, 이를 취득한 때에는 즉시 신고하여야 한다.
[본조신설 98. 12. 31.]

제17조 (대외발표 및 활동) ① 군인이 국방 및 군사에 관한 사항을 군외부에 발표하거나, 군을 대표하여 또는 군인의 신분으로 대외활동을 하고자 할 때에는 국방부장관의 허가를 받아야 한다. 그러나 순수한 학술·문화·체육 등의 분야에서 개인적으로 대외활동을 하는 경우로서 일과에 지장이 없는 때에는 예외로 한다.

② 국방부장관은 제1항의 규정에 의한 허가권을 각 군 참모총장에게 위임할 수 있다.

제18조 (정치적 행위의 제한) 군인은 법률이 정하는 바에 의한 선거권 또는 투표권을 행사하는 외에 다음의 행위를 하여서는 아니 된다.

1. 정당 기타 정치단체에 가입하거나 그 목적을 달성하기 위한 행위

2. 특정 정당이나 정치단체를 지지 또는 반대하는 행위
3. 법률에 의한 공직선거에 있어서 특정의 후보자를 당선하게 하거나, 낙선하게 하기 위한 행위
4. 각종 투표에 있어서 어느 한쪽에 찬성하거나 반대하도록 영향을 주는 행위
5. 기타 정치적 중립성을 해하는 행위

제2절 명령 및 복종

제19조 (명령) "명령"이라 함은 상관이 부하에게 발하는 직무상의 지시를 말하며, 발령자의 의도와 수명자의 임무가 명확하고 간결하게 표현되어야 한다.

제20조 (명령계통) 명령은 지휘계통에 따라 하달하여야 한다. 그러나 부득이한 경우에는 지휘계통에 따르지 아니하고 하달할 수 있으며, 이 경우 발령자와 수명자는 지체 없이 각각 이를 지휘계통의 중간지휘관에게 알려야 한다.

제21조 (명령의 하달) ① 명령의 하달은 문서·구술 또는 신호로써 이루어지며 정확·신속하여야 한다.

② 발령자는 명령을 해당부하에게 철저히 알릴 책임이 있으며, 수명자는 그 임무를 확인할 의무가 있다.

제22조 (발령자의 책임) ① 발령자는 건전한 판단과 결심하에 적시 적절한 명령을 내려야 하며, 직무와 관계가 없거나 법규 및 상관의 정당한 명령에 반하는 사항 또는 자기 권한 밖의 사항 등을 명령하여서는 아니 된다.

② 발령자는 명령의 하달 및 실행을 감독·확인하여야 한다.

③ 발령자는 자신이 내린 명령의 실행결과에 대하여 책임을 진다.

제23조 (복종 및 실행) ① 부하는 상관의 명령에 복종하여야 하며, 명령받은 사항을 신속·정확하게 실행하여야 한다.

② 부하는 명령의 실행에 관하여 적시에 보고하여야 한다.

제24조 (의견의 건의) ① 부하는 군에 유익하거나 정당한 의견이 있는 경우 지휘계통에 따라 단독으로 상관에게 건의할 수 있다. 이 경우 상관이 자기와 의견을 달리하는 결정을 하더라도 항상 상관의 의도를 존중하고 기꺼이 이에 복종하여야 한다.

② 상관은 부하의 건의를 경시하거나 소홀히 다루어서는 아니 되며 부하의 의견이 유익하거나 정당하다고 인정될 때에는 이를 받아들여 필요한 조치를 하여야 한다.

제3절 고충처리

제25조 (고충처리) ① 군인은 부당한 대우를 받거나 현저히 불편 또는 불리한 상태에 있다고 판단하거나 질병 기타 일신상의 사정으로 업무수행이 곤란할 경우에는 이를 지휘계통에 따라 상담 또는 건의하거나, 군인사법 제51조의3 및 동법시행령 제60조의5의 규정에 의하여 고충심사를 청구할 수 있다. [개정 98. 12. 31.]

② 제1항의 건의 등을 받은 상관이 고충의 청취를 기피하거나 조치가 불만족할 경우 이를 차상급 상관에게 건의하거나 말할 수 있다. [개정 98. 12. 31.]

③ 상관은 부하가 복무에 전념할 수 있도록 부하의 고충을 파악하고 이를 해결하기 위하여 노력하여야 한다.

④ 군인은 복무와 관련된 고충사항을 진정·집단서명 기타 법령이 정하지 아니한 방법을 통하여 군외부에 그 해결을 요청하여서는 아니 된다. [신설 98. 12. 31.]

제4절 비상소집

제26조 (비상소집) ① "비상소집"이라 함은 비상사태에 대처하기 위하여 군인을 긴급히 소집하는 것을 말한다.

② 군인은 비상소집이 발령된 때에는 지체 없이 소속부대에 귀영·집결하여야 한다.

제27조 (비상소집의 발령) 비상소집은 다음 각 호의 1에 해당하는 때에 지휘관이

발령한다.

1. 국가비상사태가 발생한 때
2. 작전비상사태가 발생한 때
3. 천재지변, 기타 재난이 발생한 때
4. 기타 지휘관이 필요하다고 인정한 때

제4장 병영생활

제1절 내무생활

제28조 (내무생활의 목적) 내무생활의 목적은 군인으로 하여금 내무생활을 통하여 전우애를 기르고 단체생활에 필요한 협동정신과 자율성을 배양하며, 병영생활에서 오는 심신의 피로를 회복하고, 유사시 즉시 임무를 수행할 준비를 갖추는 데 있다.

제29조 (내무생활의 의무) ① 영내에 거주하여야 하는 군인은 내무생활을 하여야 한다.

② 내무생활대상자 및 내무생활에 관하여 필요한 사항은 국방부장관이 정한다. 이 경우 국방부장관은 이를 각 군 참모총장에게 위임할 수 있다.

제2절 종교생활

제30조 (종교생활) 종교생활은 군인이 참된 신앙을 통하여 인생관을 확립하고 인격을 도야하며 도덕적인 생활을 하게 하는 데 그 목적이 있다. 따라서 지휘관은 부대의 임무수행에 지장이 없는 범위 안에서 개인의 종교생활을 보장하여야 한다.

제31조 (종교행사의 참여) ① 군인은 소속부대장이 정하는 교회·사찰 또는 기타 장소 등에서 종교의식에 참여할 수 있다.

② 군종장교가 보직되어 있지 아니하거나 교회 또는 사찰 등이 없는 부대의 군인은 소속부대장의 허가를 받아 인근부대의 교회·사찰 또는 민간의 교회·사찰 등에서 종교의식에 참여할 수 있다.

第32조 (종교생활과 복 무) 군인은 자기가 믿는 종교의 교리 또는 종교생활을 이유로 임무수행에 위배되거나 군의 단결을 저해하는 일체의 행위를 하여서는 아니 된다.

제3절 특별근무

第33조 (특별근무) ① 부대의 인원과 재산을 보호하고 규율과 보안을 유지하며 각종 사고를 예방하고 비상사태에 대비하기 위하여 부대별로 특별근무를 실시한다.

② 특별근무는 당직근무·영내위병근무 및 기타 근무로 구분하며, 기타 근무는 불침번근무·위생당직근무 및 군기순찰근무로 구분한다.

③ 특별근무는 계급과 직책에 따라 공정하게 배정하여야 한다.

第34조 (초병의 무기사용) ① 초병은 다음 각 호의 1에 해당하는 경우에 한하여 휴대하고 있는 무기를 사용할 수 있다. [개정 98. 12. 31.]

1. 신체·생명 또는 재산을 보호함에 있어서 그 상황이 급박하여 무기를 사용하지 아니하면 보호할 방법이 없을 때
2. 야간에 3회 이상 수하하여도 이에 불응하여 대답이 없거나, 도주하거나, 초병에 접근할 때
3. 폭행을 당하거나 또는 당할 우려가 있는 경우 그 상황이 급박하여 자위상 부득이할 때

② 초병은 지휘계통상의 상관의 명령이나 지시없이 휴대하고 있는 무기나 탄약을 타인에게 넘겨주어서는 아니된다. [신설 98. 12. 31.]

제4절 건강관리 및 안전

第35조 (건강관리) ① 군인은 항상 보건위생에 유의하고 심신의 단련에 힘써야 하며 고의 또는 부주의로 건강을 손상시켜서는 아니된다.

② 건강관리에 관하여 필요한 사항은 국방부장관이 정한다.

第36조 (안전) ① 군인은 제반사고에 의한 인원과 재산의 손실을 예방하기 위하여 항상 안전에 유의하여야 한다.

② 안전에 관하여 필요한 사항은 국방부장관이 정한다.

제5절 통신 및 우편

第37조 (통신보안) 군인은 부대의 소재·부대이동·편성 및 군인사 등 군사보안에 저촉되는 일체의 사항을 통신수단을 이용하여 교신하거나 우편물에 기재하여서는 아니 된다.

第38조 (서신비밀의 보장) 모든 우편물의 발송과 수신은 신속하고 정확하게 하여야 하며, 서신의 비밀이 보장되어야 한다. [개정 98. 12. 31.]

제5장 휴가

第39조 (휴가의 종류 및 시행) ① 군인의 휴가는 연가(年暇)·공가(公暇)·청원휴가·특별휴가로 구분한다.

② 근무지나 행선지가 먼 거리일 경우 허가권자는 교통편의 등을 고려하여 제39조의2부터 제39조의5까지의 규정에 따른 휴가기간에 실제 필요한 왕복소요일수를 더하여 휴가를 허가할 수 있다.

③ 장기복무하사 이상 군인의 휴가기간 중의 공휴일은 휴가일수에 산입하지 아

니한다. 다만, 휴가일수가 1개월 이상 계속되는 경우에는 그러하지 아니하다.
[전문개정 2007. 9. 20.]
[본조제목개정 2007. 9. 20.]

제39조의2 (연 가) ① 군인은 연 21일 이내의 연가일수를 갖는다.

② 허가권자는 제1항에 따른 연가일수를 1회나 여러 차례로 나누어 허가할 수 있다.

③ 장기복무하사 이상 군인의 연가는 오전 또는 오후의 반일(半日) 단위로 허가할 수 있으며, 반일 연가 2회는 연가 1일로 계산한다.

④ 연가의 허가 일수는 다음 산식에 따라 산출한다. 이 경우 15일 이상은 1개월로 계산하고, 15일 미만은 산입하지 아니하며, 산식에 따라 산출된 소수점 이하의 일수는 반올림한다. 연가의 허가 일수 = 실제 복무 개월 수/12월 × 해당 연도 연가일수

⑤ 다음 각 호의 기간은 제4항에 따른 연가일수 산식에서 실제로 복무한 개월 수에 포함하지 아니한다.

1. 1개월 이상의 교육훈련기간
2. 휴직기간
3. 직업보도교육기간

⑥ 공무상의 사유로 장기복무하사 이상 군인에 대하여 연가를 허가할 수 없거나 해당 군인이 연가를 활용하지 아니할 경우에는 예산의 범위에서 연가일수에 해당하는 연가보상비를 지급하고 연가를 갈음할 수 있다.

[본조신설 2007. 9. 20.]

제39조의3 (공 가) 허가권자는 소속 부하가 다음 각 호의 어느 하나에 해당할 때에는 이에 필요한 기간 동안 공가를 허가하여야 한다. 다만, 제3호에 따른 공가는 30일 이내로 한정하여 허가한다.

1. 국회 · 법원 · 검찰 그 밖의 국가기관에 공무가 있을 때
2. 법률의 규정에 따라 투표에 참여할 때

3. 공무상 질병이나 부상으로 직무를 수행할 수 없을 때
4. 외국유학 · 군사교육 또는 군 시설 외에서의 위탁교육을 위한 시험에 응시할 때
5. 올림픽 · 전국체육대회 등 국가적인 행사에 참가할 때
6. 천재지변 · 교통차단 그 밖의 사유로 출근이 불가능할 때

[본조신설 2007. 9. 20.]

제39조의4 (청원휴가) ① 허가권자는 군인의 신청이 있을 때에는 다음 각 호의 구분에 따른 휴가를 허가할 수 있다.

1. 본인이 부상 또는 질병으로 요양이 필요하거나 그 직계가족의 부상 또는 질병 등으로 본인이 간호를 하여야 할 때에는 30일 이내. 다만, 장기복무하사 이상 군인이 『국민건강보험법』에 따른 요양기관에서 요양을 하게 될 때에는 그 요양에 필요한 기간
2. 본인이 혼인할 때에는 7일 이내
3. 배우자가 출산한 때에는 3일 이내
4. 배우자의 사망이나 본인 또는 배우자의 부모가 사망한 때에는 5일 이내
5. 본인 및 배우자의 조부모나 외조부모가 사망한 때에는 2일 이내
6. 자녀나 자녀의 배우자가 사망한 때에는 2일 이내
7. 『입양촉진및절차에관한특례법』에 따라 입양을 실시할 때에는 14일 이내

② 허가권자는 임신 중인 여성 군인에 대하여 출산의 전후를 통하여 90일의 출산휴가를 허가하되, 휴가기간은 출산 후에 45일 이상이 되게 하여야 한다.

③ 허가권자는 임신 중인 군인이 임신 16주 이후 유산(『모자보건법』 제14조제1항에 따라 허용되는 경우의 인공임신중절에 의한 유산만을 말한다. 이하 같다) 또는 사산(死産)한 경우에 그 군인의 신청이 있을 때에는 다음 각 호의 기준에 따라 유산 또는 사산 휴가를 주어야 한다.

1. 유산 또는 사산한 군인의 임신기간(이하 "임신기간"이라 한다)이 16주 이상 21주 이내인 경우: 유산 또는 사산한 날부터 30일까지
2. 임신기간이 22주 이상 17주 이내인 경우: 유산 또는 사산한 날부터 60일까지
3. 임신기간이 28주 이상인 경우: 유산 또는 사산한 날부터 90일까지

④ 허가권자는 여성 군인에 대하여 매 생리기와 임신한 경우 검진을 위하여 매월 1일의 여성보건휴가를 허가할 수 있다. 다만, 생리로 인한 여성보건휴가는 무급으로 한다.

⑤ 허가권자는 생후 1년 미만의 유아를 가진 여성 군인에 대하여 1일 1시간의 육아 시간을 허가할 수 있다.

[본조신설 2007. 9. 20.]

제39조의5 (특별휴가) ① 허가권자는 훈련·검열 그 밖에 특별한 근무로 피로가 심한 자 또는 20년 이상 근속한 자에 대하여 7일 이내의 범위에서 위로휴가를 허가할 수 있다. 이 경우 20년 이상 근속한 자에 대한 위로휴가는 재직기간 중 1회에 한정한다.

② 허가권자는 군인의 모범이 되는 공적이 있는 자에 대하여 10일 이내의 범위에서 포상휴가를 허가할 수 있다. 다만, 대간첩작전유공자 등에 대한 휴가기간은 각 군 참모총장이 별도로 정할 수 있다.

③ 허가권자는 명예전역 또는 정년전역하는 자에 대하여 3개월 이내의 범위에서 전역 전 휴가(전역전휴가)를 허가할 수 있다.

④ 허가권자는 전방 경계업무 등으로 1주일에 40시간을 초과하여 근무하는 군인으로서 국방부장관이 정하는 범위에 해당하는 자에 대하여 한 달에 3일 이내의 범위에서 보상휴가를 허가할 수 있다.

⑤ 허가권자는 풍해·수해·화재 등 재해로 인하여 피해를 입은 군인에 대하여 5일 이내의 범위에서 재해구호휴가를 허가할 수 있다.

[본조신설 2007. 9. 20.]

제40조 (허가범위·허가권자 및 절차) ① 휴가의 허가범위는 그 부대 현재 병력의 5분의 1 이내로 함을 원칙으로 하되, 그 부대상황에 따라 조정할 수 있다.

② 허가권자 및 기타 절차에 관하여 필요한 사항은 각 군 참모총장이 정한다.

제41조 (국외여행) 군인은 다음의 경우에 허가권자의 승인을 얻어 공무 외의 목적

으로 국외여행을 할 수 있다.

1. 국외거주 친족의 경조사가 있거나 본인의 질병을 치료하기 위하여 필요한 때
2. 휴가 중 국외여행을 하고자 할 때

제42조 (외출 · 외박 · 휴가의 제한 및 보류) ① 지휘관은 부대임무를 수행함에 있어서 긴급한 경우 부대원의 외출 · 외박 및 휴가를 제한할 수 있다.

② 다음 각 호의 1에 해당하는 자의 외출 · 외박 또는 휴가는 일시 보류할 수 있다.

1. 환자
2. 형사피의자 · 피고인 또는 징계혐의자
3. 기타 지휘관이 일시 보류가 필요하다고 인정하는 자

제6장 보칙

제43조 (시행규칙) ① 이 영 시행에 관하여 필요한 사항은 국방부 및 그 직할부대 또는 직할기관에 근무하는 장병에 대하여는 국방부장관이, 각 군 소속의 장병에 대하여는 각 군 참모총장이 이를 정한다.

② 해군의 함상생활 및 이에 준하는 생활에 있어서 이 영을 적용할 수 없는 부분에 한해서는 해군참모총장이 이를 따로 정할 수 있다.

부칙

이 영은 공포한 날부터 시행한다.

부칙 [94. 9. 30.]

이 영은 공포한 날부터 시행한다.

부칙 [96. 3. 16.]

이 영은 공포한 날부터 시행한다. 다만, 제39조제4항의 개정규정은 1996년 1월1일부터 적용한다.

부칙 [98. 12. 31.]

이 영은 공포한 날부터 시행한다.

부칙

제1조(시행일) 이 영은 2001년 3월 27일부터 시행한다.

제2조 내지 제3조 생략

부칙 [2007. 9. 20. 제20282호]

제1조(시행일) 이 영은 공포한 날부터 시행한다. 다만, 제39조의2제1항부터 제5항까지의 개정규정은 2008년 1월 1일부터 시행한다.

제2조(공무상 질병으로 인한 청원휴가 등에 관한 경과조치) 이 영 시행 당시 공무상 질병, 혼인, 배우자의 사망 등 제39조의3제3호, 제39조의4제1항제2호 및 같은 항 제4호부터 제6호까지에 규정된 사유로 휴가 중인 군인에 대하여는 해당 개정규정에도 불구하고 종전의 규정에 따른 휴가일수를 적용한다.

제3조(부상 등으로 인한 청원휴가에 관한 경과조치) 이 영 시행 당시 종전의 제39조제1항제3호가 목 본문 및 같은 호 라목에 따라 휴가 중인 군인에 대하여는 제39조의4제1항제1호 본문 및 같은 조 제2항의 개정규정을 적용한다.

부록 5

군인복무기본법(안)

[국방부공고 제2006-79호(2006. 12. 26.)]

제1장 총칙

제1조(목적) 이 법은 복무기간 중 군인이 준수해야 할 의무사항과 보장해야 할 군인의 권리사항을 규정함으로써 국군의 사명을 완수할 수 있는 강한 군대 육성에 기여함을 목적으로 한다.

제2조(용어의 정의) 이 법에서 사용하는 각 용어의 정의는 다음과 같다.

1. "지휘관"이라 함은 중대급 이상의 단위 부대의 장과 함정 또는 항공기를 지휘하는 자를 말한다.
2. "상관"이라 함은 명령복종관계에 있는 자 사이에서 명령권을 가진 자를 말한다.
3. "명령"이라 함은 상관이 직무상 발하는 구체적, 개별적인 지시를 말한다.

제3조 (적용범위) ① 이 법은 대한민국의 영역 내·외를 불문하고 대한민국 군인에게 적용한다.

② 전항에서 군인이라 함은 현역에 복무하는 장교, 준사관, 부사관 및 병을 말한다.

③ 다음 각 호의 1에 해당하는 자에게는 군인에 준하여 이 법을 준용한다.

1. 군적을 가진 사관생도 · 사관후보생 · 부사관후보생

2. 소집되어 실역에 복무 중인 예비역 및 보충역

④ 이 법의 적용대상자들은 이 법의 적용에 있어서 평등하게 취급되어야 하며 차별되지 아니한다.

제4조 (국가의 기본책무) 국가는 군인의 복무여건 개선을 위한 제반 환경과 군인으로서의 임무를 충실히 수행할 수 있도록 기본적 권리 보장의 수준을 향상시킨다.

제5조 (다른 법률과의 관계) 군인의 복무에 관하여는 이 법을 다른 법률에 우선하여 적용한다.

제2장 군인복무기본정책

제6조(군인복무기본정책) ① 국방부장관은 군인의 의무사항, 기본적 권리 보장 및 권리 제한 등에 관한 군인복무기본정책을 수립하여야 한다.

② 제1항의 규정에 의한 군인복무기본정책에는 다음 각 호의 사항이 포함되어야 한다.

1. 군인복무정책의 기본목표
2. 군인복무정책의 연도별, 과제별 추진계획
3. 군인복무정책과 관련된 재원확보계획
4. 그 밖에 군인복무정책에 필요한 주요사항

③ 국방부장관은 제1항의 규정에 의한 군인복무기본정책의 시행계획을 매 5년 단위로 수립하고 시행하여야 한다.

④ 제1항의 규정에 의한 군인복무기본정책 및 제3항의 규정에 의한 시행 계획의 수립에 관하여 필요한 사항은 대통령령으로 정한다.

제7조(군인복무정책심의위원회) 군인의 의무사항, 기본적 권리 보장 및 권리 제한

등에 관련된 중요 정책사항을 심의하기 위하여 국방부장관 소속하에 군인복무정책 심의위원회(이하 “위원회”라 한다)를 둔다.

제8조(위원회의 구성) ① 위원회는 위원장 1인을 포함한 10인 이내의 위원으로 구성한다.

② 위원장은 국방부장관이 되고, 위원은 군인복무정책에 관한 학식과 경험이 풍부한 자와 국방부 소속 공무원 및 장관급 장교 중에서 위원장이 임명한다.

③ 위원회를 지원하기 위하여 국방부 소속 국장급 공무원을 단장으로 하는 실무지원단을 구성하며, 실무지원단의 단장은 위원회의 간사를 겸한다.

④ 위원회와 실무지원단의 구성 및 운영 등에 관하여 필요한 사항은 대통령령으로 정한다.

제9조(위원회의 기능) 위원회는 다음 각 호의 사항을 심의한다.

1. 군인의 의무에 관한 사항
2. 군인의 기본적 권리 보장 및 권리 제한에 관한 사항
3. 군인복무기본정책의 수립에 관한 사항
4. 군인의 기본적 권리 보장 실태 조사에 관한 사항
5. 군인복무정책과 관련한 법령 및 제도의 개선에 관한 사항
6. 그 밖에 군인복무정책과 관련하여 위원장이 제안하는 사항

제3장 군인의 의무

제10조 (충성의 의무) 군인은 정치적 중립을 지키며, 맡은 바 임무를 완수하여 국가와 국민에게 충성을 다하여야 한다.

제11조 (성실의 의무) 군인은 성실히 그 직무를 수행해야 하며 직무수행 중 요구되는 위험과 책임을 고의로 회피하거나 상관의 허가 없이 직무를 이탈할 수 없다.

제12조 (명령복종 및 실행 의무) 부하는 상관의 적법한 명령에 복종하여야 하며 명령받은 사항을 신속·정확하게 실행하여야 한다.

제13조 (비밀엄수) ① 군인은 직무수행 중 알게 된 비밀을 직무와 관련된 공무 외의 목적으로 사용할 수 없으며, 공무의 목적이라도 대외공개 또는 일반인에게 제공시에는 국방부장관의 승인을 득하여야 한다.

② 군 복무 중 취득한 비밀은 현역을 면한 후에도 누설하여서는 아니 된다.

제14조 (사적 제재의 금지) 군인은 어떠한 경우에도 구타·가혹행위 및 언어폭력 등 기타 사적 제재를 하여서는 아니 된다.

제15조 (병 상호간의 관계) 병은 다음 각 호에 해당하는 경우를 제외하고는 다른 병에게 어떠한 명령이나 지시 등을 할 수 없고 간섭할 수 없다.

1. 지휘계통상 상관으로부터 권한을 위임받은 경우
2. 사수, 조장, 조교 등과 같이 편제상 직책을 수행할 경우
3. 기타 법령이나 내규에 의하여 병 상호간에 명령이나 지시를 할 권한이 부여된 경우

제16조 (기타 금지 행위) 군인은 다음 각 호의 행위를 하여서는 아니 된다.

1. 언어적·신체적 성희롱, 성추행, 성폭력 등 성 군기 위반행위
2. 병영 내 도박 및 사행성 오락행위
3. 근거 없는 인신공격 혹은 무기명에 의한 인터넷 게시 등을 통한 무고행위

제4장 군인의 기본적 권리 보장과 한계

제17조(기본적 권리의 보장) 군인은 헌법상 권리의 주체이며, 헌법과 법률, 기타 정당한 사유에 의하지 아니하고는 권리를 제한받지 아니한다.

제18조(서신 등의 자유) 모든 군인은 서신, 인터넷 및 통신의 비밀을 침해받지 아니한다. 다만 군인은 부대의 소재 · 이동 · 편성 및 군 인사 등 군사보안에 저촉되는 사항을 인터넷, 통신수단을 이용하여 게재 또는 교신하거나 우편물에 기재하여서는 아니 된다.

제19조(종교 활동) ① 모든 군인은 종교의 자유를 가진다.

② 지휘관은 부대의 임무수행에 지장이 없는 범위 안에서 개인의 종교생활을 보장하여야 한다.

③ 군인은 자신의 종교상의 이유로 임무수행을 거부할 수 없으며, 지휘관이 지정하는 종교시설에서 종교의식을 하는 것을 원칙으로 한다.

④ 지휘관이 지정하는 종교시설 이외의 장소에서 종교의식을 요구 시에는 부대 운영을 고려 지휘관이 승인여부를 결정한다.

제20조(진료) ① 모든 군인은 전투력을 보존하고, 건강한 심신을 유지하기 위하여 적시에 적절한 진료를 받을 수 있다.

② 군은 의무체계를 선진화하여 장병들의 진료를 적극적으로 보장한다.

제21조(휴가) ① 군인은 매년 휴가를 받을 수 있다. 다만 나음 각 호의 경우에는 지휘관은 이를 제한할 수 있다.

1. 국가비상사태가 발생한 경우
2. 작전상황이 발생한 경우
3. 천재지변 기타 재난이 발생한 경우
4. 소속대의 야외훈련, 평가, 검열 등이 실시 중이거나 임박한 경우
5. 피의자, 피고인, 징계혐의자 또는 환자로서 휴가를 받기에 적절하지 않은 경우

② 휴가의 종류와 휴가권자, 기간, 시행방법 등은 대통령령으로 정한다.

제22조(영내대기의 금지) ① 지휘관은 법령에 의하지 아니하고 처벌, 훈계 등을 목적으로 영내거주자가 아닌 군인을 영내에 대기시킬 수 없다.

② 영내거주자의 범위와 업무상 필요시 영내대기를 시킬 수 있는 경우는 국방부 장관이 별도로 정한다.

제23조 (의견 건의) ① 군인은 규정과 제도 개선 등 군에 유익하거나 임무수행을 위해 더 좋은 방법이 있는 경우 지휘계통에 따라 상관에게 건의할 수 있으며, 의견 건의를 이유로 어떠한 불이익을 받지 아니한다.

② 건의를 접수한 상관은 건의내용을 검토 후 그 결과를 30일 이내에 건의한 당사자에게 서면, 게시, 구두 등의 방법으로 통보하여야 한다.

제24조 (고충처리) ① 군인은 근무여건 · 인사관리 · 건강관리 · 신상관리 등에 관하여 부당한 대우를 받거나, 업무 수행이 곤란할 경우에는 문서 · 전자문서 또는 구술로 고충의 심사를 청구할 수 있으며 이를 이유로 불이익한 처분이나 대우를 받지 아니한다.

② 제1항의 규정에 의하여 청구된 고충을 심사, 처리하기 위하여 국방부, 각 군 본부 및 장관급장교가 지휘하는 부대에 군인 고충심사위원회를 둔다.

③ 군인 고충심사위원회는 다음 사항을 심의한다.

1. 휴가 · 진료 등 기본적 권리에 관한 고충사항
2. 구타 · 가혹행위 · 언어폭력 · 성희롱 등 인권침해사항
3. 복무부적응 병 보직 및 근무지 조정여부
4. 그 밖에 장관급 지휘관이 해소할 필요가 있다고 인정하는 장병 고충사항

④ 군인 고충심사위원회의 심사에 대해 장교 · 준사관 · 부사관이 제기한 재심청구는 군인사법 제51조에 의한 중앙 군인사소청심사위원회에서 심사하며, 병이 제기한 재심청구는 차 상급 부대의 군인 고충심사위원회에서 심사한다.

⑤ 군인 고충심사위원회의 구성 · 운영과 심사절차에 관하여 세부 사항은 대통령령으로 정한다.

⑥ 군인은 이 법 및 다른 법령에 의하여 허용된 고충심사기관 이외에는 고충심사 청구를 하여서는 아니 된다.

제25조 (기본권 교육) ① 국방부장관은 군인 등을 대상으로 군인의 기본적 권리에 대한 내용, 침해 시 구제절차 등이 포함된 교육을 실시하여야 한다.

② 국방부장관은 제1항에 규정한 교육을 각 군 참모총장에게 위임하여 실시할 수 있다.

제26조 (전문상담관) ① 국방부장관은 군인의 기본적 권리와 관련된 상담, 교육 등을 위하여 전문상담관을 운영할 수 있다.

② 전문상담관의 신분, 자격요건, 임무, 보수 등 구체적인 사항은 대통령령으로 정한다.

제27조 (복무규정) 군인의 복무에 관하여는 이 법에 규정한 것을 제외하고는 따로 대통령령으로 정한다.

제5장 기본적 권리의 제한

제28조 (집단행위의 금지) ① 군인은 다음 각 호에 해당하는 집단행위를 하여서는 아니 된다.

1. 노동단체의 결성, 단체교섭 및 단체행동
2. 군무에 영향을 줄 목적의 결사 및 단체행동
3. 집단을 형성하여 상급자에게 건의 또는 항의하는 행위
4. 집단으로 훈련을 거부하거나 지시사항을 위반하는 행위
5. 기타 지휘권을 침해하거나 군의 기강을 문란시키고, 군의 단결을 저해하는 행위

② 군인은 국방부장관이 허가하는 경우를 제외하고는 일체의 사회단체에 가입하여서는 아니 된다.

단, 순수한 학술, 문화, 체육, 친목, 종교활동 등을 목적으로 하는 단체는 허가를 받지 않고 가입할 수 있으나 그와 같은 단체가 군인의 의무와 충돌할 염려가 있을 때에는 탈퇴를 명할 수 있다.

③ 국방부장관은 제2항의 규정에 의한 허가범위를 별도로 정하며, 허가권을 각 군 참모총장에게 위임할 수 있다.

제29조 (이동지역 제한) 군인은 비상소집이 발령된 때에는 지체 없이 소속부대에 집결하여야 하며, 이를 위하여 장관급 지휘관은 대통령령이 정하는 바에 따라 소속 부대원의 이동지역을 제한할 수 있다.

제30조 (대외발표 및 그 활동의 제한) ① 군인이 국방 및 군사에 관한 사항을 군 외부에 발표하거나, 군을 대표하여 또는 군인의 신분으로 대외 활동을 하고자 할 때에는 국방부장관의 허가를 받아야 한다.

② 그러나 순수한 학술 · 문화 · 체육 · 친목활동 등의 분야에서 개인적으로 대외 활동을 하는 경우로서 군무에 지장이 없는 때에는 예외로 하며, 구체적인 사항은 국방부장관이 별도로 정한다.

③ 국방부장관은 제1항의 규정에 의한 허가권을 각 군 참모총장에게 위임할 수 있다.

제31조 (정치적 행위 제한) 군인은 법률이 정하는 바에 의한 선거권 또는 투표권을 행사하는 외에 다음의 행위를 하여서는 아니 된다.

1. 정당 · 기타 정치단체에 가입하거나 그 목적을 달성하기 위한 행위
2. 특정 정당이나 정치단체를 지지 또는 반대하는 행위
3. 법률에 의한 공직선거에 있어서 특정의 후보를 당선하게 하거나 낙선하게 하기 위한 행위
4. 각종 투표에 있어서 어느 한쪽에 찬성하거나, 반대하도록 영향을 주는 행위
5. 정치적 시위나, 정치적 의견을 언론이나 인터넷 등에 공표하는 행위

제32조 (영리행위 및 겸직 금지) ① 군인은 군무 외 영리를 목적으로 하는 업무에 종사하거나 다른 직무를 겸할 수 없다.

② 영리 목적이 아닌 업무에 종사하거나, 다른 직무를 겸할 경우에는 국방부 장

관의 허가를 받아야 한다.

③ 영리를 목적으로 하는 업무의 범위 및 겸직 허용 기준은 대통령령으로 정한다.

부칙

제1조 (시행일) 이 법은 공포 후 6월이 경과한 날부터 시행한다.

제2조 (다른 법률의 개정) 군인사법 중 다음과 같이 개정한다.

1. 제46조 (휴가)를 삭제한다.
2. 제47조 (직무수행의 의무)를 삭제한다.
3. 제47조의2 (복무규율)을 삭제한다.
4. 제51조의3 (고충처리)를 삭제한다.

찾아보기

• 저자 •

김창주 육군종합행정학교 정훈공보학처 교수

유명덕 국방대학교 리더십개발원 교수

이원봉 국방대학교 정신교육단 교수

박균열 경상대학교 사범대학 윤리교육과 교수

병영문화와 인권친화리더십

• 초판 인쇄 2008년 7월 31일
• 초판 발행 2008년 7월 31일

• 지 은 이 김창주, 유명덕, 이원봉, 박균열
• 펴 낸 이 채종준
• 펴 낸 곳 한국학술정보㈜
경기도 파주시 교하읍 문발리 513-5
파주출판문화정보산업단지
전화 031) 908-3181(대표) · 팩스 031) 908-3189
홈페이지 http://www.kstudy.com
e-mail(출판사업부) publish@kstudy.com
• 등 록
• 가 격 33,000원

ISBN 978-89-534-9809-9 93390 (Paper Book)
978-89-534-9810-5 98390 (e-Book)